國家圖書館出版品預行編目資料

ISBN 978-986-88471-2-5上冊（精裝）

解讀使用農民曆及紅皮通書的第一本教材(上冊)

作　　者 ／ 太乙
總 編 輯 ／ 杜佩穗
執行編輯 ／ 王彩鸞
發 行 人 ／ 楊貴美
美編設計 ／ 圓杜杜工作室
出 版 者 ／ 易林堂文化事業
發 行 者 ／ 易林堂文化事業
地　　址 ／ 台南市中華南路一段186巷2號
電　　話 ／ (06)2158691
傳　　真 ／ (06)2130812
電子信箱 ／ too_sg@yahoo.com.tw
2012年9月初版

總 經 銷 ／ 紅螞蟻圖書有限公司
地　　址 ／ 台北市內湖區舊宗路二段121巷28號4樓
網　　站 ／ www.e-redant.com
郵撥帳號 ／ 1604621-1 紅螞蟻圖書有限公司
電　　話 ／ (02)27953656　傳　　真 ／ (02)27954100
定　　價　480元

目　錄

◎教您使用農民曆至此止◎

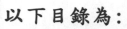
以下目錄為：

教您使用農民曆及紅皮通書的教材，上冊、中冊相同
之觀念篇　　安神位、入宅、開市、買車、擇日篇

以下目錄為:教您使用農民曆及紅皮通書的第一本教材(上冊)結婚、嫁娶細批全章吉課篇

以下目錄為：

教您使用農民曆及紅皮通書的第二本教材(中冊)

起基、動土、造宅、修造、入殮、地理、安葬吉課篇

序 文

　　農民曆及紅皮通書是我們的老祖先，將宇宙的萬物、萬象，利用大自然和氣的變化知識、歸納、綜合，而產生的一份統計數據報告，這份的數據就成陰陽五行、八卦、十天干、十二地支等，用此作為表徵各種事物功能性質的一個符號，用自然生態的哲學，而予以錯綜複雜的關係，如同八卦以錯卦、綜卦、互卦的關係解釋，處理人們每天所面對的實事，進而「趨吉避凶」。

　　怎樣使用農民曆？傳統的書籍都將簡單的事情複雜化了；嚴格講起來，只要您將五行、陰陽、八卦、十天干、十二地支有基本的了解，就會使用了。但一般人聽到這些名稱，總覺得這裏面的學問是很大的，如同八卦錯綜複雜的關係，但簡單而言，您只要懂得花草、樹木是如何長大的，也就是太陽運行日出而作、日落而息的道理，再來參閱這本的著作，就可完全了解，您就會覺得輕而易舉了。想要再進階，再購買「教您使用農民曆及紅皮通書的第一本教材」，此書前面的觀念及基礎篇與本書「教您使用農民曆」相同，至第 321 頁後為「擇日學」的整套過程，包含：一般擇日、

動土、起基、上樑、安門、安灶、入宅、搬家、買車、開幕、開市、開工、祭祀、安神、生小孩、及「結婚、婚嫁吉課」等之整套的擇日教學精華篇；又「教您使用農民曆及紅皮通書的第二本教材－中冊」前面觀念及一般擇日應用與上冊相同，後為地理、豎造、造葬、入殮、喪葬之整套得教學精華篇，不得不看的精彩內容，也是最值得收藏的整組精裝書套。

使用農民曆要把握下列幾項要點：

　　農民曆中有數十項註記的意義，此註記意義其實它每天都依序排列，是固定的，

1. 讀者要先了解自己的八字，也就是出生年、月、日、時（排八字對照可購買「易林堂出版的史上最便宜、最豐富、最精準的彩色精校萬年曆」查對，總頁數 576 頁，精裝書籍，是史上最便宜的萬年曆，最精準又超低的優惠訂價，原價 650 元，特優惠訂價 320 元。本書第 164 頁至第 190 頁止有排八字的方法）。以推知自己的八字，依其擇日目的，以本身的出生年及出生日，尤以出生日的干支為要，依自己本命的五行之生、剋、制、化喜忌，因事擇日，定吉凶方位，以達趨吉避凶之目的。

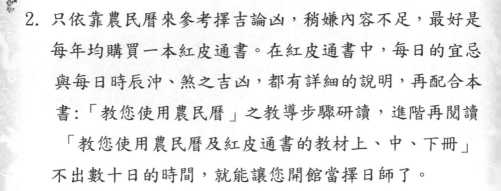

2. 只依靠農民曆來參考擇吉論凶，稍嫌內容不足，最好是每年均購買一本紅皮通書。在紅皮通書中，每日的宜忌與每日時辰沖、煞之吉凶，都有詳細的說明，再配合本書：「教您使用農民曆」之教導步驟研讀，進階再閱讀「教您使用農民曆及紅皮通書的教材上、中、下冊」不出數十日的時間，就能讓您開館當擇日師了。

3. 一般的日子沒絕對的好壞，端看您要用什麼事。凡事擇良辰吉時不要以迷信視之，而這代表著您相當重視您要做的每一件事情，重視自然成功率就高，草率行事必為失敗，再配合時空及契機法的應用，必能讓您掌握先機。

4. 除了擇日之應用，讀者可購買「八字時空洩天機－雷、風兩集」，雅書堂出版；我們只要花一點時間去了解這兩本書，去認識它、應用它、使用它，必能將八字、地理、擇日學融會貫通，相互結合，成為最有實力的名師。

　　農民曆最特別的地方就是普及化，家家戶戶都有二本以上，而且每年全台灣省的印刷量，更是一仟多萬本，是最熱賣暢銷的書。農民曆中每日都有干支的排列，每個時辰也都有干支的排列，干支是宇宙大自然運行的

一個符號，人生於天地之間直接受這個環境的影響，當然要去配合它、認識它、應用它，如果您會使用它，必能提升行事效率與結果，以達到「趨吉避凶」、「事半功倍」之功，一生受用無窮。

　　自民國七十九年成立「太乙三元地命理擇日中心」，已逾二十二年，本人累積了無數之經驗與心得，將都會展現於所有著作當中，也歡迎有心人、讀者一起加入「太乙文化事業」的學習行列，共同研究、學習。

　　每一項的學術我都有師承，絕對不是「半夜孔子或是神佛下降所教」，當然擇日學也不例外，在此要感謝我的家父，也是我的「地理、命理、擇日學」啟蒙恩師「王福寶先生」及基隆易經、地命理及曆學專家　恩師「王長壽」先生，恩師每年都有紅皮通書之著作發行；以及吉惠命理擇日館　恩師「戴惠俐」老師，感謝您們不吝教導，我銘感於腑，非三言兩語可道盡，簡陳於此，以茲為記，感恩、感恩。

祝　　　安康

歲次壬辰年農曆乙卯日端午佳節

民國一百零一年六月二十三日

太乙 謹序

【大利東西不利南方】

1　**4**　**3**　**2**　**5**　**6**　**7**　**8**　**34**　**10**　**9**　**11**　**32**

右側直欄

太歲壬辰年　納音屬水　支執除

干水支土　干元默　歲名姓彭名泰　歲德壬　歲合丁

歲　宜修造取土日值年管局遇四日為　卻得六分成

虛　房　暗　金
鼠　鼠
宿伏斷

天赦吉日

十八六閏二
一月月四月
月二二十二
十十十四十
七九八甲三
甲戊戊　戊
子申申午寅
日日日日日

王事　土用

三月二六丁未日亥時
六月初一辛巳日未時
九月初六甲寅日辰時
十二月初六未日辰時

春牛芒神服色元旦

（1），牛頭黑色（2），牛身黃色（3），牛腹黑色（4），牛角耳尾青色（5），牛脛黃色（6），牛蹄白色（7），牛尾左繳（8），牛口開（9），牛籠頭拘子用桑柘木，牛絲繩結白色（10），牛踏板縣門左扇（11）。

芒神身高三尺六寸五分（12），面如童子像，春牛身高四尺，身長八尺，尾長一尺二寸。

用右手提，青衣白腰帶（14），平梳兩髻在耳前（15），罨耳用右手提（17）（18），五彩醮染用絲結（13），鞭仗用柳枝長二尺四寸（19）。

芒神免罥立於牛左邊。

流郎歌

壬辰年來雨水流
春夏蛟龍闘
秋冬却集藏
麥秀實結子
收成分數也無虧
低桑麻處
蠶娘未歡相對泣
焚香喜愁照神祇舊來平

記事：
七牛耕地九日得辛
十龍治水
蠶食一葉
大城北文化

黃帝地母經

太歲壬辰年
高下恐遭傷
桑麻五穀康
見蠶絲綿少
齊魯炎熱
禾苗多有損
荊吳好田桑
田家又虛驚
地保福收成
春蛟龍闘
蠶子延筐卧
定得王辰春
哭泣無成定
蠶娘度春
春社二月廿六
秋社八月初九

太乙

民國一百年
國曆元月大【31天】
農曆十二月小 自十二月初三日卯正小寒起
建辛丑危宿 至正月十三日酉正立春前

辛丑
季冬
臘月

小寒
太陽到寅宮十度
太陽到黃經七度
斗指戊為小寒，尚未大冷，故名小寒。

日出：上午六時四一分
時天氣漸寒，尚
日沒：下午十七時十九分
台灣卯時8點二四分

朔日西風六畜災
棉絲五穀總成堆
最怕大寒無雨雪
太平豐歲盡歸來

月煞（東方）
月德在辛
丑年煞在東

每日每日喜
三八七財神占方
喜神方位
財神方位

15	14	13	12	11	10	9	8	7		6	5	4	3	2	1
星期六	星期五	星期四	星期三	星期二	星期一	星期日	星期六	星期五		星期五	星期四	星期三	星期二	星期一	星期日

北部：紅豆、菜豆、萵苣、皇帝豆、石斗柏

中部：蕹菜、冬瓜、南瓜、西瓜、石斗柏

南部：蕹菜、冬瓜、南瓜、蕹瓜、石斗柏

魚
蘇澳：梳齒、釘鮸
基隆：釘鮸、辣螺魚
澎湖：沙魚、狗母、龍鮻
辣螺魚

小兒生命關煞

17

如何使用農民曆

　　使用農民曆，主要是希望能趨吉避凶，趨吉則應先瞭解您要應用的事項，比如說；我要簽合約，那麼就不能在傍晚或是晚上，因為合約屬木，木在晚上受困，在早上太陽旺，木茂盛，合約較沒問題，也較能得到財利；假如我要談論親事，那最好是下午或晚上，因為心性較成熟、穩定，也屬利、貞之氣。

　　避凶則應知道哪個方向不能去，比方說今天是壬子日日沖煞在南，生肖沖到丙午年生，屬馬，那今天丙午年或丙午日生的人，就應避免作決策，或往南行；壬子屬水，要看眼科或心臟之毛病，將會徒勞無功。所以在應用上必須先瞭解自己本身出生年五行及出生日的喜忌。一般習俗都只用生肖所屬而以，但其實看法必須再配合是哪一天出生而定，兩者相互配合，萬無一失，要瞭解自己本命五行屬什麼？或是哪天出生，可購買「易林堂出版」的「史上最便宜、最實用、最精準、彩色精校萬年曆」。

用萬年曆查對出您的出生日後，假如是甲乙日生為木命、丙丁日生為火命、戊己日生為土命、庚辛日生為金命、壬癸日生為水命。然後再決定用事之喜忌，往喜用之方位則為吉、往忌用之方位則為凶。每日之干支與自己生肖之六合及三合產生的變化，是喜是忌是吉是凶，此五行生、剋、制、化於本人著作：「八字時空洩天機－雷、風兩集」雅書堂出版，有詳細解說；或是每日之干支是否與本命沖剋，決定其吉凶，於本書第 242 頁有詳細介紹。

　　總而言之，吉凶必須了解到用事之喜忌及年月日時之干支與本命干支支沖、剋、刑及三合、六合以及三殺產生之變化，挑個對自己有利的好時日。

　　本書除了一個趨吉避凶的必備工具書，它還有更深遠的哲學意涵及文化思想，好好看完本書，您將會知道一本農曆的小冊子，為何會有這麼「神」的魅力，一年能暢銷二仟多萬本，它的價值在哪?功用性在哪?

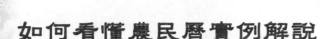

如何看懂農民曆實例解說

請對照第 16 頁農民曆首頁圖及第 17 頁日曆圖使用

1. 當年整年的大利與不利方向之喜忌。請參考 100 頁
2. 蠶室、奏書、力士、博士、請參考 252 頁。
3. 每年九星之輪值入中宮。請參考 217 頁。九星的方位排列。每年九星之輪值請參考 215 頁、九星的方位排列、 一般農民曆方位為上南下北左東右西中為主星。
4. 歲次干支、請參考 164 頁，年月日時的干支排列。
5. 太歲之姓名、請參考 121 頁。
6. 歲德、歲德合、請參考 257 頁天干合化。
7. 二十八星宿值年輪值，請參考 149 頁
8. 黃帝地母經、請參考第 121 頁。
9. 春牛芒神服色、請參考 191 頁春牛圖。
10. 歲時紀事請參考 114 頁。
11. 天赦日、請參考 263 頁。
12. 國曆月份及大小月請參考 96 頁。

13. 農曆月份及節之起訖請參考 76 頁、二十四節氣。

14. 每月九星之輪值請參考 215 頁、九星的方位排列、一般農民曆方位為上南下北左東右西中為主星。

15. 每月二十八宿之輪值請參考 161 頁。

16. 月煞方向，按每月支三合之方位而定，申子辰月煞南、寅午戌月煞北、巳酉丑月煞東、亥卯未月煞西。

17. 每日沖煞請參考 242 頁，每日沖煞。

18. 每月、日胎神請參考 246 頁、胎神。

19. 每日凶時、按每日干支之沖煞尅及黑道神主位而定，請參考 282 頁黃道與黑道及 298 頁五不遇時。

20. 每日吉時，請參考 221 頁、日祿時神、天乙貴人、喜神。

21. 二十四節氣請參考 76 頁、二十四節氣。

22. 當天輪值之干支，此為查看農民曆最重要的。一切凶吉都依當天干支沖煞尅合而定。請參考 221 頁，每日喜貴財神方位。

★ 222 頁六十甲子日七百二十個時局

23. 每日九星輪值之主星，請參考 217 頁九星的方位排列。

24. 每日輪值之建除十二神，請參考 203 頁。

25. 擇日用事術語註解宜忌解說，請參考 321 頁。

26. 當天國曆日期。

27. 當日星期幾。

28. 節日及當日之紀要。

29. 當天農曆日期。

30. 每日干支納音之五行，請參考 109 頁納音五行。

31. 每日輪值二十八宿，請參考 161 頁二十八宿。

32. 土王用事，請參考 299 頁。

33. 節氣之交接時、日、分，請購買易林堂出版「史上最便宜、最精準、最實用精校彩色萬年曆」。

34. 春秋二社、入出霉、定三伏，請參考 117 頁。

　　農民曆分成兩個部份：1為「曆法」，2為「擇日行 事之宜忌」，不管是1還是2，天干地支都與農民曆的計時方式有息息相關，所以要進入農民曆的世界裏，天干、地支是首先必備的基本符號，以及八字、契機及易經。

天干是什麼

　　天干就是甲、乙、丙、丁、戊、己、庚、辛、壬、癸。是一組十個數字的代表符號，用此符號來突顯宇宙地球的十種現象，它涵蓋了大自然時間的計算形態，其順序也蘊含萬物的萌芽、成長、開花、結果，即生、旺、衰、死的一個循環。那天干地支是誰發明的？相傳是四千多年前，黃帝的臣子大撓氏所創。因而天干從古今中外，有許多事物的排列與區別都是用天干來代表的，如房屋建築分甲棟、乙棟、丙棟…等。如學校的班級是用甲班、乙班、丙班…等以及同學成績的好壞用甲上、甲、甲下、乙上、乙、乙下、丙上、丙…等。大專聯考分甲組、乙組、丙組、丁組。體檢單位分甲等、乙等、丙等、丁等、戊等…等區別。

《八字》是什麼呢?

　　《八字》是由人當時出生的年、月、日、時的數字所組成,又稱為四柱八字,每柱有天干及地支各一字,共為八字,是所有五術入門的一套基本學術,是以十天干,甲、乙、丙、丁、戊、己、庚、辛、壬、癸及十二地支子、丑、寅、卯、辰、巳、午、未、申、酉、戌、亥,但卻易學難精,研習者常半途而廢,但在擇日及農民曆的使用上,只要排好八字,再藉由此八字配合日子來作互動,產生吉凶,因此擇日或使用農民曆會比八字更簡單、更易上手,不像在推論八字時,必須要有好的羅輯思維,才能精準抓住重點。

　　八字學術是應用十天干與十二地支之交互運行,彼此間有陰陽消長,日、月輪替的作用,又因春夏秋冬的交替循環,而有旺、相、死、囚、休、及長生、沐浴、冠帶、臨官、帝旺、衰、病、死、墓、絕、胎、養等十二週期現象(我們稱之「十二長生訣」);以及陰陽強弱寒暖燥濕的交互作用,而斷出人一生的榮枯、富貴、窮通、壽夭與福祿及週遭的環境與人、

事、地、物。在運用日月運行黃道的十二方位，細而推論生命、財田、宅屋、兄弟、子女、父母、健康、婚姻、桃花、地位、宗教及天、人、地之事，無不出四柱八字學之中。

「八字」命理是用推理的、是用算的，而不是用猜的，也不是迷信；是科學的分析，不是空口白話的臆測、揣度。

「八字」命理的推算，不是穿鑿附會，而是有學理基礎，有論證程序，不能亂槍打鳥地瞎掰，是鐵口直斷而非信口胡謅，是言之有據而非誤打誤撞地矇上。如果我們能將其善用揣摩、用自然法則推理及運用，則此哲學之精華，盡在其中矣！而知此應用大自然生態來論斷五行生剋的學術者，又有何幾呢？

《契機法》是什麼?

　　而所謂的《契機法》是利用當下的時間年、月、日、時、分，我們應用八字的基本宮位，作為一個契機的引動，此時間契機，我們稱為《契機法》又稱為五柱十字的時間論命，而在本人的著作當中的「八字時空洩天機-雷、風兩集」應用原理，就是結合「鐵板神數」之理論，將一個時辰二個小時的組合轉化為 120 分鐘，再將 120 分鐘套入於十二地支當中，每十分鐘為一個變化、一個命式，套入此契機法，配合主、客體的交媾直斷事項結果，也結合日月運行之道，匯集而成的一套學術；此也突破了子平八字命理類化的推命法則，及同年同月同日同時生的迷惑，而且其中的快、準、狠卻是讓求算者嘖嘖稱奇，常讓人誤以為是通靈及養小鬼。

　　有時為了取方便，我常常使用自己獨創的十天干數字卦，稱之「太乙兩儀卦」，能在數秒鐘之內就可以測知某一問題事件的結果又將會產生如何的變化，此

學理在民國一百年十月一日及同年十二月十日，我在「台南市國立生活美學館」，（前社教館）的研習發表會暨新書《八字時空洩天機–雷集》的發表會上，作發表演說，即造成「轟動」。

在「八字時空洩天機–雷集」雅書堂文化事業出版，第 79 頁起至 107 頁有詳細而神奇精準的論述及案例，只要您研讀及應用，必會有神奇的應驗，您可一試，便會愛上它。

《易經》是什麼

而《易經》是什麼呢？《易經》對天干地支的解釋，都充滿了陰陽五行的思想。簡單說；《易經》是一部告訴您日出而作，日落而息的符號。《易經》是一本最古老的經典著作，在中國的文化史上，地位始終獨占鰲頭、名列前茅，被稱為「群經之首」、「文化之源」。它能在一個卓越的民族裏屹立不搖，長存於天地之間，必然有其獨特之處；最主要的原因，是它排列了

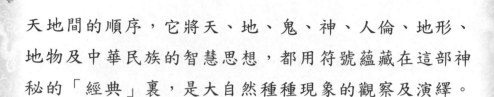

天地間的順序，它將天、地、鬼、神、人倫、地形、地物及中華民族的智慧思想，都用符號蘊藏在這部神秘的「經典」裏，是大自然種種現象的觀察及演繹。

孔子自言：「加我數年，五十以學易，可以無大過矣」。司馬遷《史記・孔子世家》也說：「孔子晚而喜易」，序彖、繫、象、說卦、文言。讀易時曾「韋編三絕」，翻折斷了三次編繩，聖之時者的孔子，不難窺曉其對《易經》的重視，如此看重和標榜《易經》，引之為用舍行藏的行動準繩，足可知《易經》之廣大精微。易經是一切傳統知識的濃縮精華，標註了陰陽五行、四季變化、萬物的百態與方位，是古代聖賢將對大自然現象的觀察與體驗，用符號記錄下來，用以對照人世間盛衰起落的變化；既是中華文化的聖典，也是命理學的「百王大法」，即使放諸千年、萬年後，其蘊含的深邃哲理仍是顛撲不破。

《易經》的「易」字，首先，就指「變化」而言：任何變化都是由陽與陰兩種因素的消長所造成的。《易經》有六十四個卦，代表六十四種自然情性，每一卦有一個卦名，說明此卦的情境。原始的《易經》包括：六十四卦、六十四個卦名，以及三百八十四句爻辭。然而，我們現在看到的《易經》都加上了《易傳》。

　　不過，現代人聽到《易經》，所聯想到的可能就是：它可以用來占卜及算命嗎？沒錯，《易經》確實是我國古老的一部卜筮之書，能教人如何應用占卜，但是占卜不等於算命。而且除了占卜之外，《易經》還談論到日常生活中種種做人處事的道理；孔子曰：「易經一百姓日用而不知」。所以《易經》已滲透到社會生活的各國領域，在潛移默化中，已影響著人們的思維，如同農民曆是人生活上的指南，趨吉避凶的寶典，它總是能帶給人們無窮的靈感，啟發百姓創造一個又一個的奇蹟。

　　《易經》如果應用於日常的占卜，需要六個銅板或籌策，依一定程序，得出六個數字，形成一個大成卦（六爻卦），再看變爻來決定爻辭何在，也就是：先得數字，再由數字取得卦象（1乾、2兌、3離、4震、5巽、6坎、7艮、8坤）；有了卦象，再找出卦辭或爻辭。所謂卦、爻之辭，是指問題的答案在於那一卦辭，爻辭在那一爻辭，再翻閱「易經占卜全書」找出卦的吉凶事項。在本人著作的「姓名、易經、心易占卜全書」及「384爻占卦體用註解」，有詳細的論述、註解與解卦原則。

農民曆及紅皮通書基礎觀念篇

十天干、陰陽五行、方位、數字

十天干與陰陽

甲、乙、丙、丁、戊、己、庚、辛、壬、癸，為十天干。

　甲、丙、戊、庚、壬為陽干。

　乙、丁、己、辛、癸為陰干。

　　十天干分陽干陰干，把陽干年生的人稱為陽男或陽女，如今年民國一百零一年壬辰年是陽干(壬)年，在此年出生的男女，統稱之為陽男陽女。把陰干年生的人稱為陰男陰女，如明年民國一百零二年癸巳年是陰干年，則在此年出生的男女，也就稱之為陰男陰女；陽男陰女在八字大運排列代表順排，陽女陰男代表逆排，又在於嫁娶婚例課中的大利、小利月也是分陰陽順逆。

在太極圖中又稱二魚圖，陰中有陽、陽中有陰，是相對且是相輔相成的（於第 300 頁《易經》築基篇，有完整陰陽之介紹），陽順、陰逆，大自然氣之運行變化，與吉凶無關。

天干五行方位：

甲乙屬木為東方　　丙丁屬火為南方
戊己屬土為中央　　庚辛屬金為西方
壬癸屬水為北方

十天干與數字：

甲1、乙2、丙3、丁4、戊5、
己6、庚7、辛8、壬9、癸10

甲丙戊庚壬是陽干，乙丁己辛癸是陰干。
於數字 1 3 5 7 9 是單數為陽數，
2 4 6 8 0 是雙數為陰數。

十天干陰陽、男女：

　　甲、丙、戊、庚、壬　屬陽，陽年生人、男為陽男、女為陽女。

　　乙、丁、己、辛、癸　屬陰，陰年生人，男為陰男，女為陰女。

天干五合（夫妻之合、陰陽之合）

　　如果我們將天干用人物來代表，那麼甲丙戊庚壬陽干，就可比喻為是男人；乙丁己辛癸陰干，就成了女人，男大當婚、女大當嫁，立業成家，天經地義，組成了人生的開始，所以我們稱之夫妻之合。

天干合化如下：

甲男娶己女為妻，甲己合成土。一六之合為中正之合。
丙男娶辛女為妻，丙辛合成水。三八之合為威嚴之合。
戊男娶癸女為妻，戊癸合成火。五〇之合為無情之合。
庚男娶乙女為妻，乙庚合成金。二七之合為仁義之合。
壬男娶丁女為妻，丁壬合成木。四九之合為仁壽之合。

　　一般人為了方便記憶，把天干合局的順序改為：

甲己合化土，乙庚合化金，丙辛合化水，

丁壬合化木，戊癸合化火。

天干五行與方向

　　五行的代號順序為是木、火、土、金、水，我們以十字定位，將第三行的土進入中宮，者左邊會以木為第一行為春、火為前面第二行為夏、（土為第三行，居於中宮）、金為右邊第四行為秋、水為後面第五行為北；但如果我們把它排成一個圓，那就無法正確指認哪一個為第一項，因為如果五行的排列是圓的，起點可以在任何一點，起點只要一定也是終點，周而復始，永無止境運行萬物。

◎東方甲乙木；南方丙丁火；中央戊己土；西方庚辛金；北方壬癸水。

甲乙在五行屬木為青色，代表東方，旺在春季。

丙丁在五行屬火為紅色，代表南方，旺在夏季。

戊己在五行屬土為黃色，代表中央，旺在季月。

庚辛在五行屬金為白色，代表四方，旺在秋季。

壬癸在五行屬水為黑色，代表北方，旺在冬季。

如何將十天干應用於卜卦：

太乙兩儀卜卦法祕訣（兩儀卦創始人 太乙）

　　學習八字、五行、數字最重要的是要不斷反覆研習、訓練，我們可用最簡單方法，達到最好的學習成果，那就是透過撲克牌作為占卜的工具，以下是教您如何用撲克牌占卜，至於抽牌後要如何解析，請閱讀「八字時空洩天機-雷集」雅書堂出版第八十八頁後有上課實錄的案例，共有40個案例，只要您用心去揣摩，不斷使用它，必會有神奇的應驗，並且可查對雷集第二百零六頁起十天干與十天干的互動關係，即可知結果。

兩儀卜卦步驟

步驟❶：先準備四副撲克牌，選出自己喜歡的其中一種圖案（梅花、鑽石、紅心、黑桃），只用自己所選出圖案裡的數字牌（1～10），四副加總共是四十張，（圖案必須相同）。

步驟❷：充分洗牌後，心裡默念卜卦者想問的事情，然後抽出兩張牌，這兩張牌的第一張是代表卜卦者本人，第二張代表所問之事，而這兩張牌就是代表問卦者本人和問題之間的對應關係。

步驟❸：由本書40頁及45頁起查出，所抽到的牌是代表什麼的天干屬性，此十天干所代表的特性及特質在，「八字時空洩天機」雅書堂出版，雷風兩集都有詳細解說，可由此初步了解問卦者對這件事的態度。

步驟❹：從本書查出這兩張牌之間的五行生剋及沖、
合與十神，(由下一頁的天干十神表查詢)，
對待關係，由此推論卜卦者的第一張，代
表本　身，來對應所抽出的第二張牌相互間
的影響及互動關係。

十神法

十神法　：　簡稱六神

以第一張牌作為基礎，與其他各個數字(天干及地支)
比較後的生剋關係：

～記憶口訣～

同我　為　比肩、劫財(同陰陽為比肩、不同陰陽為劫財)

我生　為　食神、傷官(同陰陽為食神、不同陰陽為傷官)

我剋　為　正財、偏財(同陰陽為偏財、不同陰陽為正財)

剋我　為　正官、七殺(同陰陽為七殺、不同陰陽為正官)

生我　為　正印、偏印(同陰陽為偏印、不同陰陽為正印)

◆十神參照表：

主體 \ 對應			1甲	2乙	3丙	4丁	5戊	6己	7庚	8辛	9壬	0癸
朋友	比肩	客戶	1甲	2乙	3丙	4丁	5戊	6己	7庚	8辛	9壬	0癸
朋友	劫財	客戶	2乙	1甲	4丁	3丙	6己	5戊	8辛	7庚	0癸	9壬
能力	食神	部屬	3丙	4丁	5戊	6己	7庚	8辛	9壬	0癸	1甲	2乙
能力	傷官	部屬	4丁	3丙	6己	5戊	8辛	7庚	0癸	9壬	2乙	1甲
金錢	偏財	感情	5戊	6己	7庚	8辛	9壬	0癸	1甲	2乙	3丙	4丁
金錢	正財	感情	6己	5戊	8辛	7庚	0癸	9壬	2乙	1甲	4丁	3丙
事業	七殺	責任	7庚	8辛	9壬	0癸	1甲	2乙	3丙	4丁	5戊	6己
事業	正官	責任	8辛	7庚	0癸	9壬	2乙	1甲	4丁	3丙	6己	5戊
權利	偏印	保護	9壬	0癸	1甲	2乙	3丙	4丁	5戊	6己	7庚	8辛
權利	正印	保護	0癸	9壬	2乙	1甲	4丁	3丙	6己	5戊	8辛	7庚

撲克牌圖案的意義：

撲克牌圖案的意義：

♣ 黑花代表（木）也為1及2的情性—春天開創之氣，萌芽、初始宏大有投資創業、喜愛新的事物、開創、無中生有、文書、學習、啟蒙、生意人，象徵萬物之初生代表甲乙木之情性。

♥ 紅心代表（火）也為3及4的情性—夏天蘊釀之氣，亨通暢達、努力熱情主動好客、活潑、外向、喜歡付出、照顧別人，象徵萬物之成長、興旺，代表丙丁火之情性。

♦ 方塊代表（金）也為7及8的情性—秋天收斂之氣，合宜有利、收成小有積蓄，有形的物質、甜美的果實可秋收，象徵萬物之豐盛，代表庚辛金之情性。

♠ 黑桃代表（水）也為9及10的情性—冬天守成之氣，誠信永固、保存、喜動智慧、較神秘、象徵萬物之收藏、冬藏，代表壬癸水情性。

♣撲克牌數字中所代表的天干及物象

撲克牌數字為❶者：甲木代表高大的樹木、指標人物、地標、突顯的、有主見的、老闆、上司；可讓2有目標、方向。1喜歡4及8，不喜歡3與7，也喜愛癸水10的滋養。遇5戊根基穩定，可得大財，心想事成。

撲克牌數字為❷者：乙木代表小花草藤蔓、競爭者、小人、軍師；遇到1甲，人生有方向目標。喜歡3太陽，可讓2快速成長。遇到丁，事倍功半。遇到6為財星，豐收享成。遇到5求財辛苦，喜歡癸水10滋潤。遇到7庚，以柔合剛，事業來找我。遇8有收穫，但壓力重重。

撲克牌數字為❸者：**丙火**代表太陽火、熱情、名望之人、曝光、展現、全包、無效率；遇到2乙木可展現被需要的價值，遇5戊奔波勞碌，遇6己生成萬物、遇9名望突顯、遇8因感情所困。遇10忽晴忽雨，情性不定。

撲克牌數字為❹者：**丁火**代表重效率、磁場、極高溫、溫度、小火，人工製作出來的火，如電燈、爐火、燭火⋯等；遇1甲可突顯被需要的價值，可互謀其利。遇2乙木，事倍功半，遇3失去舞台，遇4爭先恐後、遇5執著於事物、遇6付出多收獲少、遇7求財辛苦、遇8親同手足、遇9事業自來，權利可得。遇10毀滅之象。

撲克牌數字為**❺**者：**戊土**代表高山之土或是堅硬的石材、燥土、固執、宗教、修行之人；遇1事業穩固、遇2心事誰人知、遇3對方為我奔波勞碌、遇4不勞而獲、遇5安泰如山、遇6願意付出、遇7行事受阻、遇8密雲不雨、遇9難以溝通、遇10離家出走。

撲克牌數字為**❻**者：**己土**代表平原或田園之溼土、可塑性高的土，如黏土、泥土、陶土、平易近人、博愛；喜歡遇到太陽3，能無中生有，遇9名揚四海，財星自來。遇到1甲事業心想事成。遇2乙擴展事業人脈。遇3丙名利雙收。遇4丁內心不安。遇5戊難以鈎通。遇6己平易近人。遇7庚風行天下。遇8辛埋沒人才。遇10癸，事與願違。

撲克牌數字為 **❼** 者：**庚金**代表將軍、速度、斧頭、刀劍、鋼筋等堅固的金屬，也代表強烈的氣流，如颱風；遇2因情所困、財星自來，遇到3積極有收穫。

撲克牌數字為 **❽** 者：**辛金**代表貴氣、前進不果、珠寶及貴金屬，也代表雲霧、病毒；遇1因貴人得財，遇2求財順利，遇3魅力十足。

撲克牌數字為 **❾** 者：**壬水**代表積極、流動快速且力量大或面積大的水，如海水、瀑布，有破壞性的水；遇1不如以前，遇3名望突顯，遇4名利收。

撲克牌數字為❿者：**癸水**代表福蔭、雨露之水，面積較小的水，如小河、溪流、井水、雨水；遇1造物有功，遇2乙快速達成。遇3丙反覆不定。遇4謠言製造者。遇5難以溝通。遇6為情所困。遇7圓滿成功。

　　以上10個數字與10個數字的對應關係，可閱讀雅書出版的「八字時空洩天機－雷集」第206頁～242頁有相當完整的解析。

十天干所代表的意義：

1 代表甲木

甲木特性：甲木為陽木，為一棵高大的樹木，是十天干之首，象徵萬物之始，通常被比喻為性質剛健粗壯的大樹或棟樑、支柱、目標、指標性的人、事、物…等，個性好強， 有上進心，勇於開創新局，能無中生有，代表春天的特性，具有不屈不撓的精神，因為木是往上成長，所以太過直性子、倔強、不懂變通，缺乏風險意識及應變能力，甲木無論到哪，都能突顯出領導的風範。

2 代表乙木

乙木特性：乙木為陰木，思考敏銳，有創意，在天為無孔不入的風，所以第六感很強；在地為性質柔軟的花草或是韌性強藤或果實、禾麥…等，乙木之人，外表柔弱，但事實上是個對環境的適應能力強，個性善變，反應敏捷的聰明人，是甲木最好的軍師，有悲天憫人之心，一生易逢貴人，但作事缺乏持之以恆的毅力，

作事虎頭蛇尾、有始無終。甲木為樹幹，乙就為其樹葉，其質無法過冬。

3 代表丙火

丙火特性：丙火是陽火，性質光明、耀眼，在天為太陽及雷電，太陽本質普照大地，易有大愛無私的奉獻；在地為光鮮亮麗的藝人或曝光率高的政治人物，丙火之人個性熱情、開朗，重視表現、愛好權勢及聲望，重視外在的丙火常會被外表亮麗的人、事、物所吸引、蒙蔽，容易因急燥、魯莽和不計得失的性格而吃虧。丙火不懂的拒絕，大小事全包，效率不彰，但丙火是乙木成長的元素。

4 代表丁火

丁火特性：丁為陰火，被喻為燈火、溫度或是磁場、香火及太陽餘溫，為太陽所留下的溫度，由此可知丁火不如丙火那樣的耀眼、猛烈，是屬於比較溫和、平穩，丁火也可代表月亮；丙為大、丁為小。丁火之人有自

知之明，思維細膩，富同情心，重禮節，個性多疑、沒安全感，雖然外表平靜，但情緒其實常是起伏不定的。丁火凡事重視效率，不作沒把握的事物，也是甲木最重要的能量來源，造就甲木的成就與豐收。

5 代表戊土

戊土特性：戊是陽土，為突出之物，其性質粗硬可成堤防、城牆、房屋之建材的燥土，如：高山之土及砂石、磚頭、瓦片，也可代表高樓大廈…等，戊土之人重信用及名譽，個性外柔內剛，為人信實無欺、樂善好施，但警覺心低，反應較慢，行事作風有些呆板、木訥及固執，中年後與宗教的緣份會更深；戊土是甲木最重要的伙伴，是甲木的基石及財星，戊土在理財方面總是常誤判行情。

6 代表己土

己土特性：己為陰土，是性質鬆軟、溼潤，能讓花草快速成長茁壯，是乙木重要的財源及成長環境；己土是

可塑性高的平原或田園之土，己土之人多才多藝，平易近人，因悟性高、耐力夠，學習及適應的能力都很強，所以不管學什麼都能很快進入狀況，雖然己土之人外表文靜，但對於認定之人、事、物，會有過於執著的心態及表現。

7 代表庚金

庚金特性：庚是陽金，在天為風、為亂流、氣流為氧氣、為傳播之氣，在地為剛硬、銳利的礦物及金屬器具，如刀劍、斧頭、鋸子、鋼筋…等，在人代表無私的將軍，執行力強。庚金之人個性勇敢果斷，正義感強，勇於打抱不平，敢仗義直言，但非常愛面子及好勝、好權，有時會讓人覺的修養不夠、自制力不足，常任性妄為，因小事發怒，如遇到乙木，反而可調節其個性。

8 代表辛金

辛金特性：辛是陰金，在天為月及雲霧，也是陰煞，在地是金銀珠寶和首飾，也代表著病菌、病毒及增生的東西。

辛金之人，外柔內剛，重視感覺，感覺對很捨得付出，感覺不對，再多的錢也不想賺。辛金之人其個性溫潤秀氣，氣質佳、重感情，愛面子、虛榮心重，容易沈浸在自己的幻想世界，美中不足之處是做事起來容易拖拖拉拉、欠缺決策的果斷及魄力；但遇到壬水或是丙火，反而更能展現其魅力及才華。辛金也與祖先墳墓有關係。

9 代表壬水

壬水特性：壬是陽水，在天為月及雲海，在地為河川、河流及翻騰激盪的汪洋大海；壬水之人生性好動，才智過人，處事圓滑，交際手腕高明，善於掌握時機，發揮自己的才華，但為人心性相當不穩定，耐心及定力都不夠，做事常是有頭無尾，熱情來得快去得也快。

喜歡與有名望、或權貴之人來往，更能突顯壬水的魅
力及得到成果，可說是名利雙收。

10 代表癸水

癸水特性：癸是陰水，為從天而降的雨水。在天為雨露、
陰煞、病毒，在地為泉脈、池塘、溪流；癸水之人溫
順內向，第六感強，本性節儉、注重原則，遇到木能
現其功能，能讓甲、乙木成長茁壯。

癸水有著壬水無法比擬的耐力，又具備和壬水一樣的
應變機智及適應能力，可是生性比壬水膽小、無鬥志，
愛幻想、不切實際，容易遇到困難時就退縮；遇到丙
火反能突顯才能及才華，但有時會讓人覺得忽晴忽
雨。

地支是什麼

　　所謂地支是子、丑、寅、卯、辰、巳、午、未、申、酉、戌、亥一般會以十二生肖來作代表。它也是一組順序式的排列記號,用在於十二月份、十二方位、十二季節及十二生肖,它涵蓋了宇宙大自然生態及循環的秩序,是一種生命能量的軌跡,與十天干搭配時,排序陽對陽、陰對陰,依序排列變成六十甲子,順應著循環軌道,可以綿延不絕,成六十個週期循環。

十二地支排序陰陽與生肖

　　1子屬鼠　2丑屬牛　3寅屬虎　4卯屬兔

　　5辰屬龍　6巳屬蛇　7午屬馬　8未屬羊

　　9申屬猴　10酉屬雞　11戌屬狗　12亥屬豬

　　1子、3寅、5辰、7午、9申、11戌　　　屬陽

　　2丑、4卯、6巳、8未、10酉、12亥　　　屬陰

　　　此為排六十甲子順序所用

六十甲子

　　六十甲子就是由天干與地支的排列組合順序，天干在上代表天，地支在下代表地，天干甲乙丙丁戊己庚辛壬癸，地支子丑寅卯辰巳午未申酉戌亥，陽天干對陽地支、陰天干對陰地支天干「甲」與地支「子」組成「甲子」，順序以此類推而成乙丑、丙寅、丁卯、戊辰、己巳…至癸亥，周而復始又是甲子、乙丑、丙寅、丁卯…，一共有六十組干支，我們稱為六十甲子，也代表大自然生命的六十種現象。

六十甲子排例順序如下：

> 甲子、乙丑、丙寅、丁卯、戊辰、
> 己巳、庚午、辛未、壬申、癸酉。

甲戌、乙亥、丙子、丁丑、戊寅、
己卯、庚辰、辛巳、壬午、癸未。

甲申、乙酉、丙戌、丁亥、戊子、
己丑、庚寅、辛卯、壬辰、癸巳。

甲午、乙未、丙申、丁酉、戊戌、
己亥、庚子、辛丑、壬寅、癸卯。

甲辰、乙巳、丙午、丁未、戊申、
己酉、庚戌、辛亥、壬子、癸丑。

甲寅、乙卯、丙辰、丁巳、戊午、
己未、庚申、辛酉、壬戌、癸亥。

以十二地支定位為時間的標準時間來說：

1. 子時：今晚的十一點到明天凌晨一點，子為十二地支
   之首，為一天之開始，，如同人之蘊孕之氣，一切
   從此開始。十二長生氣稱「胎位」。

2. 丑時：凌晨一點到三點。此時陰氣凍結，十二長生
   氣稱「養位」。

3. 寅時：清晨三點到五點。古人稱日出寅。太陽由此升起，凍結之氣開始解凍。此時也稱之「長生位」。

4. 卯時：早晨五點到七點。陽氣增加，太陽從地平線昇起。

   古人稱「天光卯」。此時十二長生氣稱之「沐浴位」。

5. 辰時：早上七點到九點。太陽逐漸升高。人們沐浴完，準備著裝外出工作，稱之「冠帶位」。

6. 巳時：上午九點到十一點。太陽已升的很高，將接近中午。人們上班工作，與上司、長官產生互動，稱「臨官位」。

7. 午時：中午十一點到十三點。此時日正當中，為最旺之位，稱「帝旺位」，又稱「羊刃位」。

8. 未時：下午十三點到十五點。旺極而衰，此時為午休時間，做個短暫之休息，天官賜福之氣，稱之「衰位」。

9. 申時：下午十五點到十七點。太陽偏西。古人稱：「日落申」。果實即將成熟，果體已見，即將下班之際，稱之「病位」。

10. 酉時：黃昏十七點到十九點。太陽逐漸降至地平上。古人稱「點燈酉」。果實成熟豐收，要下班享受甜美的果實，為另一新階段的開始，稱之「死位」。

11. 戌時：晚上十九點到二十一點。戌以十二生肖代表狗，此時古人稱「天狗食日」太陽消失。下班後回家休息，享受親子關係之開始，稱之「墓位」，即在家休息。

12. 亥時：晚上二十一點到二十三點。陽氣全部消盡，準備上床睡覺，結束一天的努力及動態行為，稱之「絕位」。

三更半夜是幾點？
答案在 187 頁

何謂五行

五行是大自然的五種物質現象與氣的五種感受，我們稱它為木、火、土、金、水；此五行也象徵天上的五個星球，木星、火星、土星、金星、水星。一般人會以金、木、水、火、土，來述訴之。

五行如果我們用大自然生態來描述五行的特質時，通常我們於一天的自然時間變化就可以很清楚了解。

五行於一天內的形成

五行由來：

五行每天伴隨在我們的日常生活中，最容易看見的代表物是：**金**在天為風、為傳播之氣、為雲霧，在地是刀、劍、是礦物金屬；**木**是植物、草木；**水**是液體、雨露、海洋；**火**是太陽、燃燒能、溫度、磁場、能量、香火；**土**是土壤、空間及大地之總稱。

當寅時（早上三點到五點）的時候，太陽緩緩從東邊昇起，此時我們稱木（寅時）生火（太陽）；隨著太陽昇起，我們起床看到微微的日光，此時花草樹木正扭動

著身軀蓬勃而生、綠意盎然，此為木氣的形成，即所謂的火生木，太陽昇起，百花齊放，人們也因此朝氣蓬勃為工作準備，開創新一天的開始（春天植物草木非常旺盛，處處可聞鼻草木逢春的氣息，因此論為春天木，由此我們可知，春天的五行屬木，而且木很旺盛）；到了巳時 9 點過後，此時太陽煦照高掛在半空中，形成了能量、溫度、火氣，陽光普照大地，即所謂的火生土，火生土就是太陽的能量投射在土地上，讓土地有孕育植物（木）之功，人們也因此得到天地能量的加持而產生了企圖心，而活耀熱情，此就是火的五行特性。

太陽照射在海洋，自然反應而也形成了氣流、風、蒸氣，即所謂的庚金長生在巳，即火生金而非傳統命理的丙火剋庚金，（夏天氣候非常炎熱，艷陽高照我們因此可知，夏天的五行屬火，而且火很旺盛），到了下午申時 3 點過後，太陽漸漸向西運行，此時草木準備將綻放的美麗花朵收起、結果，樹葉的活氣也開始鬆

垮，即金氣的形成（木果），一天的工作也到了酉時5點過後收工，準備領薪資（秋收），即將結束一天的辛苦，（秋天植物草木枯黃落葉，我們因此可知，秋天的氣候屬金，由於它無形的肅殺之氣，暗中傷害了草木的元氣，使草木無法繼續生長，所以我們亦知秋天金很旺），此時太陽已落入地平線，光明不在，點燈開始，即所謂點燈酉，雲霧開始形成，雲霧會棲息於山中，為土生金（高山之土聚集雲霧之故）。

下了班回到家中與親人享受豐收的果實（戌時），休閒、休息、睡覺，即所謂的冬藏，到了晚上為水之情性，天氣漸漸轉涼，宵小也趁黑夜暗中行事，為水剋土，我們怕宵小侵入請了保全人員幫我們守護家園，稱為土剋水。（冬天天氣寒冷，經常下雪，氣候非常潮濕，因此我們知道冬天屬水，而且水很旺）。

所以在一天當中就是一年的縮影，也就是說只要在每年立春的當天，這一天的天氣變化如何，就是今年整年的氣候變化如何；一年為一個大太極，一日為一個小太極，十二個月為大太極所延伸的十二方位，十二種現象；一日為一個小太極，十二個時辰為小太極延申的十二方位、十二種現象，以此方法作為農民曆或是論命的方向推演，是相當準確的。

五行分析：

木代表著: 曲直、上進心、愛好和平、有照顧他人之美德。

火代表著: 急燥、猛烈、好表現、性喜多辯、敢衝刺。

土代表著: 有信用、敦厚至誠、責任感強、多才多藝。

金代表著: 精神粗曠豪爽、性情剛烈、人緣佳、容易相處。

水代表著: 外向、樂觀、依賴心強、雖然聰明縱任性。

五行的基本規律

1. 相生規律：

生，含有關照、資生、助長、扶持、促進的意義。五行之間，都具有互相資生、互相助長、互相關照、互相扶持促進的關系。這種關系簡稱為「五行相生」。

五行相生的次序是：

木生火，火生土，土生金，金生水，水生木。

在五行相生的關係中，任何一行都具有生我，我生兩方面的關係，也就是母子關係，這種相生我們稱為是天性，就與生俱來的本能，也就是先天的行為，稱之「相生」；後天之行為，稱之「相剋」。

生我為印：

得到關照，扶持，即是給我，愛我，撫育我，蔭我，給我恩惠的地方，對我有助力的地方，是我被動接受的地方，代表我得到得印星。

我生為食傷：

代表辛苦，責任，勞心勞力的付出，我付出愛心關心的地方，我很心甘情願的付出，而且是積極，主動付出的地方，代表我付出屬食傷。

生我者為母、我生者為子。以木為例，生我者為水，則水為木之母；我生者是火，則火為木之子。

以火為例，生我者為木，則木為火之母；我生者為土，則土為火之子。

以土為例，我生者為火，則火為土之母，我生者為金，金者為土之子。其它二行，以此類推。由於肝屬木，心屬火，脾屬土，肺屬金，腎屬水，結合五臟來講，就是肝生心，心生脾，脾生肺，肺生腎，腎生肝相互資生和促進作用。

2.相剋規律：剋，含有制約、阻抑、剋服的意義。五行之間，都具有相互制約、相互剋服，相互阻抑的關係，簡稱「五行相剋」。

五行相剋的次序是：木剋土，土剋水，水剋火，

火剋金，金剋木。

在五行相剋的關系中，任何一行都具有剋我、我剋兩方面的關係。

剋我為官：

造就我，栽培我，鞭策我，我感恩的地方，無形助力的地方，我聽命的地方，是讓它予取予求的地方是屬於被動控制，代表我被約束，屬於官殺之星。

我剋為財：

我立志謀取的地方，我造就別人、塑造別人的地方，是我強勢要求、主導別人影響別人行為的地方，代表我想要東西，是屬於主動控制，代表我追求、我掌控屬財星。

結合五臟來講，就是肝（木）剋脾（土），脾（土）剋腎（水），腎（水）剋心（火），心（火）剋肺（金）、肺（金）剋肝（木），起著制約和阻抑的作用，而讓生命延續傳承。

3. 五行相同稱之比合：

同我為比劫：

比合：無輩份之分，平起平坐，互相牽引，有如同輩之互動與關心，人際關係好，彼此既合作也競爭、既共同經營，也互為劫財，即是朋友也有通財之道。

古人把五行相生寓有相剋和五行相剋寓有相生的這種內在聯繫，**名之曰「五行制化」**即生中有剋、剋中有生。

4．五行制化：

在五行相生之中，同時寓有相剋，即生中有剋，我為了生存，必須承擔壓力，在相剋、限定之中，同時也寓有相生，即剋中有生，目前的責任壓力，是為未來的發展動力，這是大自然界相互變化的規律。

如果只有相生而無相剋，就不能保持正常的平衡發展；有相剋而無相生，則萬物不會有生化。所以相生、相剋是一切事物維持相互平衡的兩個不可缺少的條件。

只有在相互作用下，相互協調的基礎上，才能促進事物的生生不息。

例如，木能剋土，但土卻能生金制木，木種在土裏，相附共存，木從土裏得到養份成長，而結成果實（金）。因此，在這種情況下，土雖被剋，但並不會發生衰退，反而能穩定木的根基；又如水生木，但木剋土、土剋水，此即為土裏含有水份，能讓木在土裏成長茁壯，木在、土在、水也在，其它火、土、金、水也都是如此。

5. 五行相生相剋

木生火、火生土、土生金、金生水、水生木；木又生火，周而復始。五行相生的順序，就如同春夏秋冬四季的順序，春天（木）過了，夏天（火）來臨，（每逢春、夏、秋、冬之交接都經過十八天的土，稱土王用事）夏天來了準備接秋天（金），秋風清爽近寒冬，寒冬（水）帶來春木之神。

春在五行屬木。

夏在五行屬火。

秋在五行屬金。

冬在五行屬水。

　　春夏秋冬四季的順序為五行相生的順序：木生火、火生土（四季土）、土（四季土）生金、金生水、水生木，此為大自然相生法則，與一天五行的形成相同，所以由立春（一般都再國曆二月四日）當天的氣候變化，就可了解這一年整年四季的變化了。

　　木剋土、土剋水、水剋火、火剋金、金剋木。

　　木生長在土裏，約束了土，也與土地共依共存，大地生態之現象，木是剋土。

兵來將擋，水來土掩，於理想化，為土是剋水，但事實上是水來侵伐土的，如同大水侵犯我的家園。

　　火怕水滅，水可滅火，下雨天讓太陽光芒不見了，水是剋火。

以物象火煉金，金見火熔，金被火剋，打光（火）將雲霧（辛）金化掉了，火是剋金。

刀金可伐木，木怕刀金所砍，秋天（金）到來，樹木開始凋零，金是剋木。

6. 五行制化規律的具體情況如下：

◎ **木剋土，土生金，金剋木。** 木種在土裏，相附共存，木從土裏得到養份成長，而結成果實（金）。

◎ **火剋金，金生水，水剋火。** 太陽驅動風，風生水起，雨露讓太陽不見光明。

◎ **土剋水，水生木，木剋土。** 土地吸收了水份，來蘊養樹木，木在土地上成長茁壯。

◎ **金剋木，木生火，火剋金。** 木結成果實後，木體衰弱而死亡，死木生火，能量溫度驅動了風。

◎ **水剋火，火生土，土剋水。** 下雨而使太陽矇敝，太陽出來普照大地，大地吸收了水份來蘊養萬物。

7.相乘規律：

乘，是乘襲的意思。從五行生剋規律來看，是一種病理的反常現象。

相乘與相剋意義相似，只是超出了正常範圍，達到了病理的程度。相乘與相剋的次序也是一致的。即是木乘土，土乘水，水乘火、火乘金，金乘木。如木剋土，當木氣太過，金則不能對木加以正常的制約（樹葉茂盛無法結成果實），因此，太過無制的木乘土，即過強的木剋土，土被乘更虛（養份不夠），而不能生金（果實），故金虛弱，無力制木。

8．相侮規律：

侮，是欺負的意思。從五行生剋規律來看，與相乘一樣，同樣屬於病理的反常現象。但相侮與反剋的意義相似，故有時又曰反侮。相侮的次序也與相剋相反，即是：木侮金，金侮火，火侮水，水侮土，土侮木。

　　以上相乘、相侮的兩個規律，都會在人、事、地、物及病理情況下產生，而八字與擇日學上或其他的學術上，就是因在這兩個規律產生，太過和不及出現的反常現象，演化出生離、死別、喜怒、哀樂。

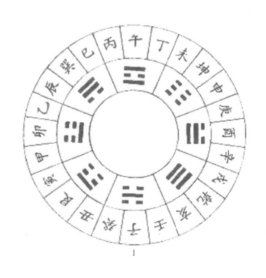

陰陽是什麼

　　陰陽的概念源自於中國人對大自然的觀察分類，陰陽最通俗的講法就是：大自然任何事物形態表現出來的兩個相對的名詞而已，以單純的講法是指背日為陰、向日為陽；比如有男生（陽），就有女生（陰），有白天自然就有黑夜，把白天當成陽那黑夜就是陰，雖然是一種相對的，但其實又是一種相互的，不可能完全單獨存在的現象，也是一種對立的關係；如春天為陽，那秋天就為陰；夏天為陽，冬天就為陰。

　　中國的陰陽學說，將宇宙萬物互相依存、消長和互相運作的關係稱之陰陽。於大自然當中，陰陽並非完全是相對的，而是相輔相成的，是一種自然情性的變化；陽中有陰、陰中有陽，常中有變、變中有常，最顯而易見的是太極圖（兩魚圖，又稱陰陽魚），太極圖它把陰陽現象表露無遺，象徵著中華文化的精深與博大；太極圖又稱陰陽双魚圖，將一圓畫分成二，黑點

與白點都象徵魚的眼睛，有力感、美感、動感，是相對，也是相稱，彼此向對方產生運動、進展，又是相生。

三元

在十天干及十二地支組合的干支裡面，我們稱天干為「天元」。地支為「地元」，地支所藏的元氣為「人元」。三元就是指「天元」、「地元」、「人元」。

在地理學上有三元(上、中、下元)之稱，每元各管60年，為一甲子，三元共為一百八十年。

微氣藏干（括弧內的藏干為其地支的本氣）

子:(癸) 　　丑:(己).癸.辛　　寅:(甲).丙.戊

卯:(乙) 　　辰:(戊).乙.癸　　巳:(丙).庚.戊

午:(丁).己　未:(己).丁.乙　申:(庚).戊.壬

酉:(辛) 　　戌:(戊).辛.丁　亥:(壬).甲

十二地支微氣藏干歌訣：

子宮癸水在其中。丑土癸水辛金逢。寅中甲木兼丙戊。

卯宮乙木獨相逢。辰藏戊乙三分癸。巳內丙火庚戊從。

午中丁火並己土。未中己丁乙木通。申位庚金戊壬水。

酉宮辛金獨豐隆。戌宮戊土辛丁火。亥藏壬甲是真宗。

用大自然情性了解地元及人元

子：亥水流動的水終會變為靜止之水（癸），以利胚胎在母親腹中安全穩定成長，所以十二長生訣辛金長生在子，辛金為胚胎、種子之意；子水也如同腹中的羊水。

所以**子藏（癸）**，為十一月令，時間為深夜 11 點～凌晨 1 點。

丑：丑土為結冰，履霜堅冰至，為寒冬之氣。到冬天之後，靜止的水（癸）結成如土地（己）般堅硬的冰，讓種子（辛）藏身在大地土腹（己）之中，準備發芽成長（辛）；用靜態的水（癸）、寒凍（己）來保護種子（辛）。

　丑藏（己、癸、辛），為十二月時間為早上 1 點～3 點。

寅：為老虎，喜歡為王，為春天木（**甲**）。百花盛開，日出寅，寅時太陽（**丙**）從高山（**戊**）上升起，樹木也立於山上成長（**甲**）。

所以**寅藏**（**甲、丙、戊**），為正月令，時間為早上 3 點～點。

卯：甲木樹幹經丑至寅破土而出，到了卯為枝葉的成長；春天樹剛發芽的枝葉，枝葉為（**乙**）木。

卯藏（**乙**），為二月令，時間為早上 5 點～7 點。

辰：辰為高山之土（**戊**），此土為陽體，但為陰用，乃辰居於先天兌卦，兌為沼澤，蓄水之地，為蓄水的水庫；癸水長生在卯，在春雨綿綿時將雨水（**癸**）收藏，以利於小花草（**乙**）的成長。

所以**辰藏**（**戊、乙、癸**），為三月令，時間為早上 7 點～9點。

巳：巳時太陽（丙）高照在大海上，此時高溫驅動氣流、風（庚），所以庚由此長生；太陽沿著高山（戊）運行。**巳藏（丙、庚、戊）**，為四月令，時間為早上9點～11點。

午：午為太陽一直往上升，此時日正當中，溫度（丁）一直增加，讓大地（己）之物一直成長。此午也代表太陽下山後所留下的溫度（丁），為一種能量，可以讓土地（己）上的萬物成長。

所以**午藏（丁、己）**，為五月令，時間為中午11點～下午1點。

未：未土為高溫之土己，太陽已經午到未，大地（己）產生了磁場（丁），孕育萬物（乙）有了良好的土地（己）和溫 度（丁），使小花草（乙）、萬物成長。

所以**未藏（己、丁、乙）**，為六月令，時間為下午1點～3點。

申：申為秋天肅殺之氣，也代表未成熟的果實，此時天燥熱，會產生颱風、氣流（**庚**），也考驗著木的成長；此申金颱風會引來大量的雨水（**壬**），從高山（**戊**）急流而下，也容易產生土石流。

所以**申藏（庚、戊、壬）**，為七月令，時間為下午 3 點～5點。

酉：酉為秋收之季，也為颱風過後所留下的果實，酉（**辛**代表甜美成熟的果實，亦為西方之氣，佛家因此稱之西方樂世界，就是代表此酉是，享成之氣。

所以**酉藏（辛）**，為月令，時間為傍晚 5 點～7 點。

戌：戌代表天羅之地，專收陽氣丙太陽、庚風，所以丙庚同遯於戌，戌為高山之土（戊），酉金過成熟的果實（辛），必會剝落土地（戊）上，土地（**戊**）內有溫度（**丁**），才可以讓果實（辛）重新萌芽成長。

所以**戌藏（戊、辛、丁）**，為九月令時間為晚上 7 點～9 點。

亥：亥為經由高山戌所流下帶有速度的壬水。此水（壬）又遇到土地及溫度，可重新讓木（甲）成長，故甲木長生在亥；壬為流動的水，如同腹中胎兒剛在孕育、不穩定的狀態下，不見天日（亥代表黑夜，六陰之地），為　陰陽交界之象。

亥藏（壬、甲），為十月令，時間為深夜9點～11點。

（此圖由國立生活美學館藝文班黃建能提供）

一年四季十二月的形成

（錄至八字時空洩天機－雷集，雅書堂出版）

二十四節氣

　　農民曆及一般八字命書上的時間轉換觀念，並不是日曆上的陰曆年月日時，那是代表著太陰，以月亮潮汐代表時間，而是以二十四個節與氣交換點為基準的時間，此稱「農曆」，也代表農民曆播種、耕耘之依據。一年共有十二個節，十二個氣，「節」是一個時間段落的區別，「氣」是一個時間段落的代表，十二個節依序是立春、驚蟄、清明、立夏、芒種、小暑、立秋、白露、寒露、立冬、大雪、小寒；十二個氣依序是雨水、春分、穀雨、小滿、夏至、

大暑、處暑、秋分、霜降、小雪、冬至、大寒，「氣」也稱之為「中氣」。

　　　若將一周天分成三百六十度，自「春分」零度算起，每一節氣各有十五度，一年剛好一周，在農民曆上因為有閏月之別，節氣的日期並不一定，而陽曆反而有一定的日期可尋，相差最多只一天，茲列表如下：

節氣	陽曆月日	太陽黃經度
立春	二月四日或五日	三一五度
雨水	二月十九日或二十日	三三〇度
驚蟄	三月五日或六日	三四五度
春分	三月二十日或二十二日	〇度
清明	四月五日或六日	一五度
穀雨	四月二十日或廿一日	三〇度
立夏	五月五日或六日	四五度
小滿	五月二十日或二十一日	六〇度
芒種	六月五日或六日	七五度
夏至	六月廿一或廿二日	九〇度
小暑	七月七日或八日	一〇五度
大暑	七月二十二日或二十三日	一二〇度
立秋	八月七日或八日	一三五度
處暑	八月廿三日或廿四日	一五〇度
白露	九月七日或八日	一六五度
秋分	九月廿三日或廿四日	一八〇度
寒露	十月八日或九日	一九五度
霜降	十月二十二日或二十三日	二一〇
立冬	十一月七日或八日	二二五度
小雪	十一月二十二日或二十三日	二四〇度
大雪	十二月七日或八日	二五五度
冬至	十二月二十二日或二十三日	二七〇度
小寒	一月五日或六日	二八五度
大寒	一月二十日或二十一日	三〇〇度

春季以「立春」為首，經「春分」到「立夏」為止。

夏季以「立夏」為首，經「夏至」到「立秋」為止。

秋季以「立秋」為首，經「秋分」到「立冬」為止。

冬季以「立冬」為首，經「冬至」到「立春」為止。

　　以前的學者觀察地球繞太陽的周期，發明太陽曆，觀察月亮繞地球的周期，發現太陰曆，而干支和干支六十柱，正是太陰曆用來記載年、月、日、時的符號。

　　古時候沒有工業，是以農業立國，所以一切的發明可以說都是跟農業有關連，就拿一年的十二個節和氣來說，莫不是取耕作種五穀的時間和耕種時必須了解的氣候和天象的變化。

　　月亮圓缺一次是一個月，經過三次月亮圓缺，氣候就變換了，例如春天氣候溫和，經過三個月，氣候就轉熱成夏天，又經過三個月，氣候轉涼變成秋天，複經三個月，氣候轉冷成冬天。

　　古代賢人把這四大氣候的轉變取名為四季，以暖季為春、以熱季為夏、以涼季為秋、以寒季為冬。看了以上的說明後，我們可以知道：三個月是一季，積四季是一年，一年是十二個月。

　　地球是沿著橢圓形軌道，環繞太陽公轉運行，因為地球自轉軸心線，並不是永遠和公轉的軌道面成為垂直，而是有二十三度半左右的幅度俯仰擺動，其擺動一次的時間，跟環繞太陽公轉一周相等，也就是一年，由於這樣，所以造成地球上各地區在不同的時間內，接受到不同程度的太陽熱能，這也就是一年有四季的主要原因。

　　當太陽光直射在我們居住的北半球的北回歸線之時，是北半球氣候最炎熱的時刻，這時叫作「夏至」，夏至是夏天的中心分界點。當太陽光直射在南半球的南回歸線之時，是北半球最寒冷的時刻，這時叫「冬至」，冬至是冬天的中心分界點。又當太陽光直射在地

球赤道的時候，是北半球不冷不熱的季節，在春天叫作「春分」，在秋天叫「秋分」，春分是春天的中心分界點，秋分是秋天的中心分界點。

又當太陽光直射在南回歸線和赤道間的中心點的時候，是北半球氣候由涼轉冷、由冷轉暖的時刻，這時在春天叫作「立春」，在冬天叫作「立冬」，立春是春天的開始，立冬是冬天的開始，又當太陽光直射在北回歸線和赤道間的中心點的時候，是北半球氣候由暖轉熱、由熱轉涼的時刻，此時在夏天叫作「立夏」，在秋天叫作「立秋」，立夏是夏天的開始，立秋是秋天的開始。

古賢為了便利農事作息，製造出一種農民曆，其日子是依據月亮圓缺其節和氣是依據前面所說的道理。而我現在所學的「擇日學」及「八字時空洩天機」其中的排八字，就是採用農民曆中的十二節和氣，來排定八字及擇日選時；在配合行星及黃道十二宮位來論

斷人之一生。如您能按步就班，必有所獲 ，現在所學的，是一切命理哲學的基礎，先了解才能排八字命盤，才能了解農民曆及紅皮通書的應用法門。

十二節與十二氣的形成：

　　前面已經把十二月令的節氣四立(立春、立夏、立秋、立冬)二分(春分、秋分)二至(夏至、冬至)的形成原理解釋過了，我們再來看其他的節與氣是怎麼樣形成的？

二十四節氣的含義

　　二十四節氣除了是代表時間的變化換外，也是大自然神妙變化的紀錄，茲略述如後：

春季

立春：立是開始的意思，立春就是春季的開始。

立春　東風解凍，蟄蟲始振，魚陟負冰。

雨水：降雨開始，雨量漸增。

雨水　獺祭魚，候雁北，草木萌動。

驚蟄：蟄是藏的意思。驚蟄是指春雷乍動，驚醒了蟄
　　　伏在土中冬眠的動物。

驚蟄　桃始華，倉庚鳴，鷹化為鳩。

春分：分是平分的意思。陽光直射赤道，春分表示晝
　　　夜平分、日夜等長，詩云：「春分、秋分、日夜
　　　對分」。

春分　元鳥至，雷乃發聲，始電。

清明：天氣晴朗，草木繁茂。

清明　桐始華，田鼠化為鴷，虹始見。

穀雨：雨生百谷。雨量充足而及時，谷類作物能茁壯
　　　成長。

穀雨　萍始生，鳴鳩拂其羽，戴勝降於桑。

夏季

立夏：夏季的開始。

立夏　螻蟈鳴，蚯蚓出，王瓜生。

小滿：麥類等夏熟作物將粒開始飽滿。

小滿　苦菜秀，靡草死，麥秋至。

芒種：麥類等有芒作物成熟。

芒種　螳螂生，鵙始鳴，反舌無聲。

夏至：炎熱的夏天來臨。

夏至　鹿角解，蜩始鳴，半夏生。

小暑：暑是炎熱的意思。小暑就是氣候開始炎熱。

小暑　溫風至，蟋蟀居壁，鷹始摯。

大暑：一年中最熱的時候。

大暑　腐草為螢，土潤溽暑，大雨時行。

秋季

立秋：秋季的開始。

立秋　涼風至，白露降，寒蟬鳴。

處暑：處是終止、躲藏的意思。處暑是表示炎熱的暑
　　　天結束。

處暑　鷹乃祭鳥，天地始肅，禾乃登。

白露：天氣轉涼，露凝而白。

白露　鴻雁來，元鳥歸，群鳥養羞。

秋分：晝夜平分。詩云：「春分、秋分，日夜對方」

秋分　雷始收聲，蟄蟲坏戶，水始涸。

寒露：露水以寒，將要結冰。

寒露　鴻雁來賓，雀入大水為蛤，菊有黃華。

霜降：天氣漸冷，開始有霜。

霜降　豺乃祭獸，草木黃落，蟄蟲咸俯。

冬季

立冬：冬季的開始。

立冬　水始冰，地始凍，雉入大水為蜃。

小雪：開始下雪。

小雪　虹藏不見，天氣上升地氣下降，閉塞而成冬。

大雪：降雪量增多，地面可能積雪。

大雪　鶡鴠不鳴，虎始交，荔挺出。

冬至：寒冷的冬天來臨。

冬至　蚯蚓結，麋角解，水泉動。

小寒：氣候開始寒冷。

小寒　雁北鄉，鵲始巢，雉雊。

大寒：一年中最冷的時候

大寒　雞始乳，征鳥厲疾，水澤腹堅。

二十四節氣的含義：

二十四節氣由於地理環境不同，有很多地方較不易體會，但重要的是二十四節氣不僅是季節時間變換的符號，也是另有深層的意義。

立春：春季開始。

古賢以後天八卦的艮卦寅為立春點，是因為先天八卦的離卦也在這裡。當冬天的天氣冷到極點：大寒，此時先天八卦走入離卦，離為火，這時候的樹木，由於離卦陽火在土中發出暖氣，因而有了生機，就開始長出新嫩葉來，草木的生長，明確的告訴我們春天到了，古賢為之取名「立春」即為寅月，意味立下春天正式來臨的標示。

雨水：春分綿綿。

也因為先天離卦火的解凍，吹起溫暖的東風，寒氣被蒸發成雲，此時尚寒，雲一遇冷就下雨，因常下雨，故取名「雨水」。

諺語：「雨水連綿是豐年，農夫不用力耕田」。

驚蟄：冬眠昆蟲驚醒。

雨水多，春雷和流動的水，驚醒了藏伏在地下冬眠的各種昆蟲，使牠們紛紛出現在大自然，故取名「驚蟄」即為卯月。

春分：日夜等長。

一個季節三個月，過了一半，就是前面講過的「春分」了，這是春季的中分點，此時日夜等長，稱日夜對分。

清明：明潔景色，草木繁茂。

再過半個月，大自然的花草樹木，都長得清秀又鮮綠，大地一片清爽宜人，明麗舒暢，故取名「清明」即為辰月。

穀雨：雨生百穀滋長。

清明節前，大家春耕，插秧種稻（俗稱稻穀）千家詩：「清明時節雨紛紛………」證明此時經常下雨，下這種雨對田裡的稻子非常有益，故名「穀雨」。

立夏:夏季開始,萬物蓬勃而生。

　　穀雨之後,太陽北移,氣候轉熱,時序進入夏天,故取名「立夏」即為巳月,立下夏天正式來臨的標示。

小滿:稻穀飽滿未熟。

　　立夏以後,還是常下雨,雨下多的結果,連山上的水塘都快要滿了,故取名「小滿」。

芒種:稻穗結實採收。

　　暖氣到了北方之後,就適合有芒的農作物生長,又有小滿的塘水可以灌溉,解決農作物怕乾旱的困難,故取名「芒種」即為午月。

夏至:日照最長的一天。

　　過了芒種半個月,夏天就過去一半,是名「夏至」,陽光直射北回歸線,北半球晝長夜短,稱為「長日至」,此時也代表萬物到達最成熟的階段。

小暑:氣候炎熱。

　　夏天過了一半,天氣比以前更炎熱,是名「小暑」即為未月。

大暑：氣候酷熱。

小暑過後天氣熱到極點，是名「大暑」，諺語：「小暑大暑，有米來也懶煮」，代表炎熱的天氣，讓大家連煮飯也不想煮。

立秋：秋季開始，穀物將成熟。

大暑過後，太陽往南移，時序入秋，草木停止生長，取命名「立秋」即為申月，立下秋天正式來臨的標示。

處暑：暑氣漸減。

立秋過後，雖然天氣轉涼，但是不下雨的話，仍然是暑氣處處，是名「處暑」。

白露：露水凝結成珠。

處暑過後半個月，秋意漸濃，草木的葉子上，出現特別潔白晶瑩的露珠，是名白露即為酉月。

秋分：日夜對分，陽光直射赤道。

白露過後半個月，秋天就過了一半，是名「秋分」，過了秋分後，夜晚開始越來越長，白天越來越短。

寒露：露白而氣寒。

秋分過後半個月，寒意出現了，每當露水出現的時候，寒意特別濃，是名「寒露」即為戌月。

霜降：露水凝結薄霜。

寒露過後半個月，我國黃河以北地區，較冷的地方會開始降霜，是名「霜降」。

立冬：冬季開始，穀物收藏。

降霜之後，時序入冬，取名「立冬」即為亥月，立下冬天正式來臨的標示。

小雪：逐漸降雪，冷氣團來臨。

冬天到了，冷氣團來臨，下起雪來了，初雪較小，是名「小雪」。

大雪：天寒地凍，大雪紛飛。

氣後越來越冷，雪也越下越大，是名「大雪」即為子月。

冬至：最長的一夜，陽光直射南迴歸線。

大雪過後半個月，冬天就過了一半，是名「冬至」。

小寒：寒氣入侵。

冬至過後半個月，大地寒氣逐漸加濃，是名「小寒」即為丑月。

大寒：天氣寒冷。

小寒之後，氣候進入最寒冷的時候，是名「大寒」。

一年中的十二節和氣，「節」是每個月的起點，「氣」是每個月的中心點（俗稱中氣）。

天干地支在一年裡面的分佈情形:

◎太陽曆:地球繞太陽一年的時間,是三百六十五日餘除以十二地支的十二個月,每地支每月份得三十點四三六八四九日餘。

◎太陰曆:月亮繞地球一個月的時間,是三十日左右,每一個月的地支,也是分得二九點五三〇五七九日餘。

◎十二節氣:一年十二節氣,每個節氣也是分得三十日餘。

為何我們把節氣拿出來講?因為節氣是算八字及擇日學重要的依據點,也是我們此「使用農民曆及紅皮通書」的依據點及基礎學。排八字時,首先要看在什麼節氣之內,所以節氣一定不可弄錯。

像今年在101年四月份,陰曆的潤四月,在其通書及農民曆、萬年曆上未註明月份,那不成空了一個月了嗎?這也就是不懂節氣的人,才會有此問題。通書或農民曆、萬年曆或是排八字時,一定要交節後,才算過月,而不是陰曆初一就已交節,至於什麼節屬何月,在前幾節時已談過,不再重複,在往後的課程裡,我們會學到擇日的法則及定律,願您有收穫。

根據地球繞日之天行，每年十二個月份，其各月的
實測日數為：

寅月為 29.75 日　　　卯月為 30.25 日　　辰月為 30.75 日

巳月為 30.17 日　　　午月為 31.40 日　　未月為 30. 日

申月為 31.17 日　　　酉月為 30.80 日　　戌月為 30.10 日

亥月為 29.75 日　　　子月為 29.40 日　　丑月為 29.40 日

十二月建及陰陽曆之差別

　　所謂「月建」就是指將一年的月份訂在何月為當
月的開始。舊曆中的陰曆和農曆是有區別的，陰曆即
為目前我們所使用中的月曆（例如：陰曆正月初一永
遠為過年，五月初五永遠為端午節，八月十五永遠為
中秋節……等，這就是陰曆的記月和記日），而農曆
則就是我們前所述的二十四節氣，它是農事作息中不
可或缺的曆法，而且是真正的太陽曆（陽曆）。

　　陰曆是以月亮為計測標準，將月圓之日定為每月十五，將月晦之日定在每月初一，所以我們只要晚上觀察月亮的圓缺情形就能大約知道陰曆的日期。

　　陽曆則以太陽為計測標準，中國的陽曆僅著重於二十四節氣，二十四節氣的日子核對陽曆的日子，幾乎每年都吻合，其中間有可能前後相差一日，這是因為二十四節氣乃中國地區測定，而陽曆乃在歐美地區測定，兩者相隔約半個地球面，故會有約十二小時內之時差，這日期的計算上就可能多出一天。

茲將每年二十四節氣與陽曆對照日期列出：

◎正月立春（節）均在每年陽曆二月四日或五日。

　雨水（氣）　均在每年陽曆二月十九日或二十日。

◎二月驚蟄（節）均在每年陽曆三月五日或六日。

　春分（節）均在每年陽曆三月二十日或二十一日。

◎三月清明（節）均在每年陽曆四月五日或六日。

　穀雨（氣）均在每年陽曆四月二十日或二十一日。

◎四月立夏（節）均在每年陽曆五月五日或六日。

　小滿（氣）均在每年陽曆五月二十日或二十一日。

◎五月芒種（節）均在每年陽曆六月五日或六日。

　夏至（氣）均在每年陽曆六月二十一日或二十二日。

◎六月小暑（節）均在每年陽曆七月七日或八日。

　大暑（氣）均在每年陽曆七月二十二日或二十三日。

◎七月立秋（節）均在每年陽曆八月七日或八日。

　處暑（氣）均在每年陽曆八月二十三日或二十四日。

◎八月白露（節）均在每年陽曆九月七日或八日。

　秋分（氣）均在每年陽曆九月二十二日或二十三日

◎九月寒露（節）均在每年陽曆十月八日或九日。

　霜降（氣）均在每年陽曆十月二十三日或二十四日。

◎十月立冬（節）均在每年陽曆十一月七日或八日。

　小雪（氣）均在每年陽曆十一月二十二日或二十三

日。

◎十一月大雪（節）均在每年陽曆十二月七日或八日。

　冬至（氣）均在每年陽曆十二月二十二日或二十三

日。

◎十二月小寒（節）均在每年陽曆一月五日或六日。

　大寒（氣）均在每年陽曆一月二十日或二十一日。

太陰曆置閏月的方法

太陰曆是我們民間所稱的農曆是依上弦月、下弦月及海水之潮汐定月，每月平均有二九點五三〇五七九日，分大小月，大月有三十天，小月有二十九天。每月十五月圓之氣，初一至十五日為上弦月，缺左，由缺而圓，十六至月底為下弦月缺右，由圓而缺，一圓一缺之後為一個月，依此循環，海水漲潮、退潮依月而定，但是由於太陰曆一年十二個月與太陽曆一年十二個月相差約十點九天，以致造成了月令、季節氣候寒暑不同的誤差，因此就須置閏月以便調節季節及氣候了。

以時間的排列照理每月應有一個「節」及一個「氣」，但是因為太陽曆（我們民間所稱國曆）每月平均日長達為三〇點四三六八八七，也就是「節」與「氣」之間的平均時間，比太陰曆大小月都還來的長，因此這種循環就產生了五種的現象。

一、　一個太陰月裡有一個「節」一個「氣」，如今
　　　年一百零一年年農曆一月份，一月十三日是
　　　「立春」為一個「節」；一月二十八日是「雨
　　　水」為一個「氣」。

二、　有「氣」無「節」，如一百零一年農曆六月只
　　　見到十六日的「大暑」，只有一個「氣」而已，
　　　而沒有「節」。

三、　有「節」無「氣」，如今年一百零一年農曆閏
　　　四月，只有十五日是「芒種」為一個「節」
　　　而已，而沒有「氣」，然無「氣」就需置閏以
　　　補太陰曆之不足。

四、　有一個「氣」兩個「節」，如一百零七年十二
　　　月一日見「小寒」及三十日見「立春」有兩
　　　個「節」，十五日逢「大寒」見一個「氣」。

五、　有一個「節」兩個「氣」，如一百二十二年農
　　　曆十二月一日見「大寒」及三十日見「雨水」
　　　出現兩個「氣」，同月十六日見「立春」為一
　　　個「節」。

　　置閏月的原則是每十九年安排七個閏月，以便和太陽曆（國曆）的周期相符合，而置閏月是以有「節」無「氣」的月份為閏月，如一百零一年農曆四月之後的月份為有「節」無「氣」，就以此月為閏四月。閏月未必一定是大月或是小月，雖然一百零一年閏四月有二十九天為小月，像一百零六年閏六月就是大月有三十天。

地支五行與方位

　　　方位是以中間作為定點後，在其四面八方空間的位置名稱謂之方位，又方位與位不同，方式定點後的另一個點坐向稱之為位。

　　十二地支子丑寅卯辰巳午未申酉戌亥，是一組地球空間排列順序的代號，包含了立體的一個空間，當然也有其所代表的意義。

　　寅卯辰代表東方，五行屬木為青色，象徵春天。

　　巳午未代表南方，五行屬火為紅色，象徵夏天。

　　申酉戌代表西方，五行屬金為白色，象徵秋天。

　　亥子丑代表北方，五行屬水為黑色，象徵冬天。

　辰戌丑未又代表中央，五行屬土為黃色，又為四季土。

子代表北方零度(三百六十度)，五行屬水。煞南方。

丑代表東北北方三十度，五行屬土。煞東方。

寅代表東北東方六十度，五行屬木。煞北方。

卯代表正東方九十度，五行屬木。煞西方。

辰代表東南東方一百二十度，五行屬土。煞南方。

巳代表東南南方一百五十度，五行屬火。煞東方。

午代表正南方一百八十度，五行屬火。煞北方。

未代表西南南方二百一十度，五行屬土。煞西方。

申代表西南西方二百四十度，五行屬金。煞東方。

酉代表正西方二百七十度，五行屬金。煞東方。

戌代表西北西方三百度，五行屬土。煞北方。

亥代表西北北三百三十度，五行屬水。煞西方。

　　以上方位以度數為準，每三十度為一單位，將三百六十度成為一圓周，分佈十二地支，各據一方為政。

每年大利方與不利方

　　每年的大利方與不利方位，是由每年地支的三合局之五行，與所沖之五行為不利方，另不相沖的兩方位為大利方。

三合即為差四位是三合（104 頁有註解三合），如：

寅、午、戌三年（三合為火局）煞北方，因水火交戰，水屬北方，所以此三年不利北方，大利東西方。

申、子、辰三年（三合為水局）煞南方。因水火交戰，火屬南方，所以此三年不利南方，大利東西方。

巳、酉、丑三年（三合為金局）煞東方。因金木交戰，木屬東方，所以此三年不利東方，大利南北方。

亥、卯、未三年（三合為木局）煞西方。因金木交戰，金屬西方，所以此三年不利西方，大利南北方。

地支與生肖

　　地支與生肖的關係原由，我們不必刻意去了解，因為那只是神話或傳說而已，最主要是在古時代的人，識字的百姓不多，用文字十二地支：「子、丑、寅、卯、辰、巳、午、未、申、酉、戌、亥」，教百姓認識地支的順序是一件傷腦筋的事，所以為了方便改用動物生肖去記憶地支的順序，那可就方便多了，也可以

很容易的把十二生肖一鼠、二牛、三虎、四兔、五龍、六蛇、七馬、八羊、九猴、十雞、十一狗、十二豬唸出來，甚至倒背如流；如果問他十二地支，那大概只會念到一半而已，無法用圖形來作記憶，只好用動物作記憶。

十二地支代表的十二生肖

鼠代表子，子年生的為屬鼠。

牛代表丑，丑年生的為屬牛。

虎代表寅，寅年生的為屬虎。

兔代表卯，卯年生的為屬兔。

龍代表辰，辰年生的為屬龍。

蛇代表巳，巳年生的為屬蛇。

馬代表午，午年生的為屬馬。

羊代表未，未年生的為屬羊。

猴代表申，申年生的為屬猴。

雞代表酉，酉年生的為屬雞。

狗代表戌，戌年生的屬為狗。

豬代表亥，亥年生的為屬豬。

四長生、四正、四庫之氣

長生氣

　　地支寅、申、巳、亥為陽天干甲、丙、戊、庚、壬的四長生之地，又稱四孟、四驛馬之地。

　　寅屬木，為火土(丙戊)之長生氣。

　　申屬金，為水(壬)之長生氣。

　　巳屬火，為金(庚)之長生氣。

　　亥屬水，為木(甲)之長生氣。

　　地支子、午、卯、酉為陰天干乙、丁、己、癸、辛的四長生之地，謂之四正，又稱為四仲、四花之地。

　　子屬水，為辛金之長生氣。

　　午屬火，為乙木之長生氣。

　　卯屬木，為癸水之長生氣。

　　酉屬金，為丁己之長生氣。

四正與四旺

　　子、午、卯、酉，在方位為正北、正南、正東、正西，謂之四正，又稱為四仲，又為四桃花之地。

子為正北方代表水之旺氣。

午為正南方代表火之旺氣。

卯為正東方代表木之旺氣。

酉代表正西方為金之旺氣。

子、午、卯、酉謂之四旺氣，又稱為四專氣。

四庫與三合

1.四庫

　　地支有四長生、四旺氣，也有所謂四庫；十二地支由長生(寅、申、巳、亥)而旺，旺極(子、午、卯、酉)，而收成入庫(辰、戌、丑、未)。辰、戌、丑、未為四庫為收藏，也稱之為「四墓庫」。

　　辰為水之庫俗稱水庫，與申子三合成申子辰水局。長生於申、帝旺於子、入墓於辰。

戌為火之庫俗稱火庫，與寅午三合成寅午戌火局。長生於寅、帝旺於午、入墓於戌。

丑為金之庫俗稱金庫，與巳酉三合成巳酉丑金局。長生於巳、帝旺於酉、入墓於丑。

未為木之庫俗稱木庫，與亥卯三合成亥卯未木局。長生於亥、帝旺於卯、入墓於未。

2. 三合

地支三合，即在一圓周三百六十度的十二個方位上，任取三點成一正三角形，在空間組合力學上，正三角形是最穩固的架構。

三合有申子辰、寅午戌、亥卯未、巳酉丑為四組地支三合，各形成一正三角形，於擇日學上，它產生了另一種團結的新力量（但八字學上的三合，代表令另一層次的意義）；如「寅」五行屬木、「午」五行屬火、「戌」

五行屬土，但是如果「寅午戌」三合成火局時，則寅木戌土就全合成「火」了；如：「亥卯未」三合成木局，則亥、未就合成「木」了，其餘二行，金、水同論；但於八字學上，在推論人的吉凶成敗時，反而將此三合定位為能力不足，必須透過三種不同力量的組合，而且組合後又是另一種損耗的開始，於「八字時空洩天機－雷、風兩集」中，有相當完整的編述。（雅書堂出版社出版）

地支六合

天干有五合：

甲己合、乙庚合、丙辛合、丁壬合、戊癸合。

地支有三合、六合。

三合是申子辰、寅午戌、亥卯未、巳酉丑。

地支六合：子丑合、寅亥合、卯戌合、辰酉何、巳申合、午未合；六合是太陽照射地球方位兩個時間點的緯度相似，稱之六合。

地支六合的道理與天干合化類似，所合化成的五行為當時那顆行星離地球最近，為合後的五行。以下為六合及六合後合成的五行。

子與丑合成土、寅與亥合成木。

卯與戌合成火、辰與酉合成金。

巳與申合成水、午與未合成火為日月之合。

地支六沖

六沖為陰陽對立,稱之沖,如子時為晚上十一點至零晨一點,那午時為中午十一時至下午一時,此一陰、一陽謂之沖。「六沖」也可寫成「六衝」,面對面一百八十度相對,誰也不讓誰謂之「六衝」。

在地支十二方位上,子午相沖、丑未相沖、寅申相沖、卯酉相沖、辰戌相沖、巳亥相沖。

天干相剋

五行不同,立場對立但不在同一條線上稱相剋。五行不同立場對立但又在同一條線上,稱相沖,但一般稱陽陽相剋或陰陰相剋,沖在指地支空間與方位。

甲乙為木,木剋土,戊己為土,所以甲乙木剋戊己土。

丙丁為火,火剋金,庚辛為金,所以丙丁火剋庚辛金。

戊己為土，土尅水，壬癸為水，所以戊己土尅壬癸水。

庚辛為金，金尅木，甲以為木，所以庚辛金尅甲乙木。

壬癸為水，水尅火，丙丁為火，所以壬癸水尅丙丁火。

天干七殺

　　天干的順序甲１、乙２、丙３、丁４、戊５、己６、庚７、辛８、壬９、癸０，由任何一位算起第七位剛好尅到本身，如由甲算起第七位是庚，庚金尅甲木，由乙木算起第七位為辛，辛金尅乙木；由丙算起第七位是壬，壬水尅丙火；由丁算起第七位是癸，癸水尅丁火，其它六干仿推；因此我們將天干逢七樹稱之為「七殺」；此「七殺」

與十神之「七殺」相同之意義，都是尅我又陽陽、陰陰之相尅，謂之「七殺」。

地支三會

　　三會就是地支的三種相同力量的結合，其力量團結於一方之氣，如寅卯辰在一起就像三位具有開創能力的三個人，結合在一起，共同要創造事業，代表著旺盛的木氣。

　　　巳午未三會在一起，就像是三位俱有執行力、有改革魄力的組織聚集，共同努力衝出名望之氣，打響知名度。

　　　申酉戌三會在一起，就像三位事業有成的領導者，共同分享戰果，享受豐收的果實。

　　　亥子丑三會在一起，就像三位研究學者的聚集，共同研究、思考產品的研發、改良、設計，再為下一波的開創先暖身。

　　　地支、子、丑、寅、卯、辰、巳、午、未、申、酉、戌、亥分佈在一圓周，除了個別的屬性外，也代表著一個方位外，也代表一年四季十二個月份、十二星座、十二時辰。

一月為寅月、二月為卯月、三月為辰月、四月為巳月、
五月為午月、六月為未月、七月為申月、八月為酉月、
九月為戌月、十月為亥月、十一月為子月、十二月為
丑月。

寅卯辰三會成東方之氣，木氣最旺。春天季節。
巳午未三會成南方之氣，火氣最旺。夏天季節。
申酉戌三會成西方之氣，金氣最旺。秋天季節。
亥子丑三會成北方之氣，水氣最旺。冬天季節。

納音五行

天干地支自黃帝時代使用後，由風后氏加以註解
「納音」，以納音論五行，運用宇宙天地大自然之能量，
生生不息的自然系統，環環相扣，但因為與天干五行
理論不同，因此在八字命理學上已漸被淘汰，目前本
人在八字論斷的應用，也沒有在用納音五行。但在農
民曆或紅皮通書上以及擇日學、陰陽宅學上，有

很多地方還是沿用「納音」。因為它來自整個古文化，天地人合的完整體系特將六十甲子納音摘錄如下：

六十甲子納音

　甲子乙丑海中金，丙寅丁卯爐中火，戊辰己巳大林木，庚午辛未路傍土，壬申癸酉劍鋒金。

　甲戌乙亥山頭火，丙子丁丑澗下水，戊寅己卯城頭土，庚辰辛巳白蠟金，壬午癸未楊柳木。

　甲申乙酉泉中水，丙戌丁亥屋上土，戊子己丑霹靂火，庚寅辛卯松柏木，壬辰癸巳長流水。

　甲午乙未沙中金，丙申丁酉山下火，戊戌己亥平地木，庚子辛丑壁上土，壬寅癸卯金箔金。

　甲辰乙巳覆燈火，丙午丁未天河水，戊申己酉大驛土，庚戌辛亥釵釧金，壬子癸丑桑柘木。

　甲寅乙卯大溪水，丙辰丁巳沙中土，戊午己未天上火，庚申辛酉石榴木，壬戌癸亥大海水。

甲子乙丑海中金，代表甲子與乙丑的干支，納音同為「金」。

　　丙寅丁卯爐中火，丙寅與丁卯的干支，納音為「火」。

　　海中金、劍鋒金、白蠟金、爐中火、山頭火…等等，除了押韻以外，還有其特別的意義所在。

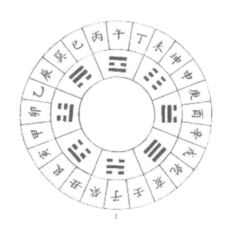

快速算出，1. 出生年 2. 天干 3. 地支

1. 民國出生年個位數減 2，餘數即為天干。

　　餘數 → 1　2　3　4　5　6　7　8　9　0

　　天干 → 甲　乙　丙　丁　戊　己　庚　辛　壬　癸

2. 民國出生年除以 12，餘數即為地支。

餘數 → 1　2　3　4　5　6　7　8　9　10　11　0

地支 → 子　丑　寅　卯　辰　巳　午　未　申　酉　戌　亥

3.

丙丁 水	戊己 火	庚辛 土
甲乙 金		壬癸 木

第一組：
　　子丑
　　午未
第二組：
　　寅卯
　　申酉
第三組：
　　辰巳
　　戌亥

納音五行簡易速查表

			民國年（十）位數	民國年（個）位數
14	13	12		
11	10	9		
8	7	6		
5	4	3		
2	1	0		
金	水	木	2	1
火	金	水	4	3
水	火	土	6	5
土	木	火	8	7
金	土	木	9	
土	木	金	0	

歲時記事

　　「歲時記事」是先祖教導人民記憶每年、每日干支排列的一種簡易方法，也是古代農民耕作時間的註記，被農民遵行的一種習俗禮儀。舉例而言，明年民國一百零二年的農曆，在歲時記事欄裡（紅皮通書的首一頁），記載著十龍治水、七牛耕地、五日得辛、一姑把蠶，蠶食六葉；有些讀者朋友，誤把它當神話解說為明年癸巳年在天上有十條龍出來治水，將會風調雨順；在地上老天爺指派了七頭牛幫百姓耕作，必定五穀豐收；春雷響後，養蠶的人每次餵三食六片桑葉，將會蠶肥繭大豐收連連，以字意這樣的解釋說法其實也沒錯，因為有干支和動物搭配為基礎，讓人民的記憶更清楚一般人讀起來也較輕鬆而且印象深刻。

　　歲時記事是在古代，教導百姓記憶每年每日干支排列的一種訣竅，在前面已經提過，地支就是生肖的代表與數字，「歲時記事」這些代表的項目，也都各有其含意義；

十龍治水是指春節（農曆一月一日）起第十天，日支為「辰」，辰是龍，龍治水是神話的傳說，那又來個五日得辛是代表什麼呢？

　　如果只知道地支，不知道天干還是不夠完整的，因為辛是屬金，金為財帛，人見人愛；五日得辛，是指春節起第五天，日干逢「辛」，這一來天干地支的排列，就很容易推算出來了，十就是第十天為辰、第九天為卯、第八為寅、第七天為丑、第六天為子、第五天為亥，而且又是五辛，所以此日為辛亥，第四天為庚戌、第三天為己酉、第二天為戊申、那春節就是丁未日了。茲將歲時記事摘錄如下：

一、求龍治水：預測雨水的多寡。

　　農民曆及紅皮通書中幾龍治水，龍代表地支的辰，乃視初一日後第幾日為「辰」支，即為幾龍治水。譬如正月一日為「辰」支，便為「一龍治水」，若正月六日為「辰」支，便為「六龍治水」。所指為春節，農曆正月初一日而非立春或元旦。

據說曆日載幾龍治水，龍少為雨多，龍越多則雨越少。

二、求牛耕地：預測農作物之收成。

農民曆中幾牛耕地，牛代表地支的丑，乃視農曆正月初一日後第幾日為「丑」支，即為幾牛耕地。譬如明年癸巳年正月一日為「未」支，數到「丑」支為正月初七日，便為「七牛耕地」，若正月二日為「丑」支，便為「二牛耕地」。

三、求得辛法：預測豐收時間的快慢。

農民曆中幾日得辛，乃視農曆正月初一日後第幾日為「辛」支，即為幾日得辛。譬如明年癸巳年正月一日為「丁」支，數到「辛」支為正月五日，為「五日得辛」；若正月六日為「辛」支，便為「六日得辛」。越多日得辛，表示此年豐收較慢；越少日得辛，收成時間就會較早。

祀典記載，得辛日祈穀於上帝。也就是辛日需要祭拜。

四、求二社日：春社祈穀生、秋社報穀熟。

社日者，我國古代祭祀社神之日。漢朝以後，用戊日。漢朝以前，只有春社；漢朝以後，始有春、秋二社。農莊逢社日之時，鄉鄰結會祭祀祈福，傳統上春社祈穀生、秋社報穀熟。春社祈農作茂盛，秋社謝天之賜予稻穀豐收，所以會分別在這兩日舉行祭祀典禮，但在現今社的工商社會都較不會特別去作春秋二社的祭拜了。

歷例說：「二分（春分、秋分）前後，近戊為社。」又說：「自立春立秋第五個戊字，便為社」。明年癸巳年二月九日乙酉日為春分，則二月十二日戊子為春社，八月十九日壬辰日為秋分，則八月十五日戊子為秋社。以二分前後，最近之戊日為社日也。若自立春立秋算，均為第五個戊字也。然有時會是第六個戊字，乃因立春或立秋剛好見戊字的關係，故春社常在二月內，春社祈穀之生；秋社常在八月內，秋社報穀之熟。

五、定霉雨：入霉、出霉。

霉者，因潮濕生菌而變質變色，霉雨季節多雨而潮濕；霉雨又有梅雨之稱，江南梅子黃熟時，常陰雨連綿，故稱之。三月迎梅雨、五月送梅雨，芒種後逢丙日入霉，小暑後逢未日出霉。

按定霉雨有三說：

1 以芒種後逢丙日入霉，小暑後逢未日出霉（見神樞經）。2 以立夏後逢庚日入霉，芒種後逢壬日出霉（見埤雅）。3 以芒種後壬日入霉，夏至後逢庚日出霉（見碎金）。「但我們目前在農民曆或紅皮通書記載的是以第 1 說，芒種逢丙之說作記載。」

所以明年癸巳年入霉為五月一日丙午日，出霉為六月九日癸未日。

六、定三伏日：初伏、中伏、末伏。

伏日也叫伏天，三伏的總稱。伏者，謂陰氣將起，迫於殘陽而未得升。故為藏伏。

夏至後第三庚日為初伏，第四庚日為中伏，立秋後第一庚日為末伏。如庚日夏至，即為第一庚；庚日立秋，即立秋後的第一個庚日為末伏。末符是天氣最炎熱的日子。

所以一百零二年癸巳年農曆初伏為六月六日庚辰。中伏六月十六日庚寅。農曆七月六日庚戌日為末伏。

七、求姑把蠶：預測蠶繭之收成。

幾姑把蠶的計算方式是固定的，凡四馬「寅申巳亥」年，一姑把蠶，四化「子午卯酉」年，二姑把蠶；四庫「辰戌丑未」年，三姑把蠶。

明年癸巳年，巳為一把蠶。姑的數目越多，代表蠶繭的收成越好。

八、求蠶食葉：預測蠶繭之大小。

求蠶食之葉，以農曆正月初一日後第幾日見納音木便是。譬如明年癸巳年正月六日壬子日納音桑拓木便屬木，則為「蠶食六葉」。如正月八日納音便屬木，則為「蠶食八葉」。

九、液雨：精華露

液雨者，係指立冬後十日謂入液，至小雪後稱出液，此時內得雨稱為液雨，亦稱藥雨。

以明年癸巳年立冬後十日為十月十四日丙戌日稱入液。

至小雪後為十月二十日壬辰日，稱出液。

黃帝地母經及太歲姓名

　　「黃帝地母經」，簡稱「地母經」，地母者，地神也，即地媼，也稱「后土娘娘」。地母經是根據每年的干支，預言當年的收成，及可能發生的事項，係人累積之經驗，體會流年之變化。按干支的組合，分別寫成詩詞，一共有六十組，每六十年重複一次，預測當年天道、人事的損益。靈不靈很難說，自古至今，一直流傳下來，但地母經給我們的啟示不在於它是否靈驗，而在於我們是否能善用於「趨吉避凶」之道，也可作為天象預測的參考。

茲將地母經六十甲子順序詳列如下：

（節錄自地母經）

甲子年（太歲姓金名赤，一說名辨）

太歲甲子年，水潦損田疇。蠶姑雖即喜，耕夫不免愁。

桑柘無人採，高低禾稻收。春夏多淹浸，秋冬少滴流。

吳楚桑麻好，齊燕禾麥稠。陸種無成實，鼠雀共啾啾。

地母曰： 少種空心草，多種老婆顏。

　　　　　白鶴土中渴，黃龍水底眠。

　　　　　雖然桑葉茂，綢絹不成錢。

乙丑年（太歲姓陳名泰，一說名材）

太歲乙丑年，春瘟害萬民。偏傷於魯楚，多損魏燕人。
高田宜早種，晚禾成八分。蠶娘爭鬧走，枝葉亂紛紛。
漁父沿山釣，流郎陌上巡。牛羊多瘴死，春夏米如珍。

地母曰：水牯田頭臥，犢子水中眠。

　　　　　桑葉初生貴，三伏不成錢。

　　　　　有人解言語，種植倍收全。

丙寅年（太歲姓沈名興）

太歲丙寅年，蟲獸沿林走。疾疫多憂煎，燕子居山巖。
牛羊宿高荒，蝦魚入庭牖。燕魏桑麻貴，荊楚禾稻厚。

地母曰：桑葉初賤不成錢，蠶娘無分卻相煎。

　　　　　魚行人道豆麻少，晚禾焦枯多不全。

　　　　　貧兒乏糧相對泣，只愁米穀貴當年。

丁卯年（太歲姓耿名章）

太歲丁卯年，猶未得時豐。春來多雨水，旱涸在秋冬。
農夫相對泣，耕種枉施工。魯魏桑麻實，梁宋麥苗空。

地母曰：桑葉不值錢，種禾秋有厄。

低田多不收，高田還本獲。

宜下空心草，黃龍臥山陌。

戊辰年（太歲姓趙名達）

太歲戊辰年，禾苗蟲橫起。人民多疾病，六畜憂多死。
龍頭出角年，水旱傷淮楚。低田莫種多，秋季憂洪水。
桑葉無定價，蠶娘空自喜。豆麥秀山岡，結實無多子。

地母曰：龍頭禾半熟，蛇頭喜得全。

流郎憂中少，豆麥滿山川。

天蟲三眠起，桑葉不值錢。

己巳年（太歲姓郭名燦）

太歲己巳年，魚遊在路衢。乘船登隴陌，龜鱉入溝渠。
春夏多潦浸，楊楚及胡蘇。早禾宜潤種，一顆倍千株。
蠶娘哭蠶少，桑葉貴如珠。

地母曰：　歲里逢蛇出，人民賀太平。

　　　　　桑麻吳地熟，豆麥越淮青。

　　　　　多種天仙草，秋冬倉廩盈。

　　　　　雖然多雨水，黎庶盡忻歡。

庚午年（太歲姓王名清）

太歲庚午年，春蠶多災屬。洪饒水旱傷，荊襄少穀米。

桑葉貴如金，蠶娘空作計。春夏流郎歸，秋來還有慶。

早禾與晚禾，不了官中稅。

地母曰：　白鶴田中渴，黃龍隴上眠。

　　　　　蠶婦攜筐走，求葉淚滔滔。

　　　　　春夏多雨水，秋冬地少泉。

辛未年（太歲姓孝名素，一說名瑃，一說姓召名於）

太歲辛未年，高下盡可憐。江東豆麥秀，魏楚少流泉。

桑葉初還貴，向後不成錢。國土無災難，人民須感天。

有人會我意，識候在其年。

地母曰：　玉女衣裳秀，青牛陌上黃。

　　　　　　　從今兩三載，貧富總成倉。

　　　　　　　若人識此語，種植足飯糧。

壬申年（太歲姓劉名旺）

太歲壬申年，春秋多浸溺。高下也無偏，中夏甘泉少。

豆麥方岐秀，桑葉稍成錢。耕夫與蠶婦，相見勿憂煎。

　　地母曰：　白鶴土中秀，水枯半山青。

　　　　　　　高低皆得稔，地土喜安寧。

　　　　　　　三冬足嚴凍，六畜有傷刑。

癸酉年（太歲姓康名志，一說名忠）

太歲癸酉年，人民亦快活。雨水在三春，陰凍花無實。

蠶娘走不停，爭忙蠶桑葉。蝴蝶飛高隴，耕夫愁殺人。

　　地母曰：　春夏人厭雨，秋冬混魚鱉。

　　　　　　　早禾收得全，晚禾半活滅。

　　　　　　　絲棉價例高，種植多耗折。

　　　　　　　燕宋少桑麻，齊吳豐豆麥。

甲戌年（太歲姓誓名廣）

太歲甲戌年，早禾有蝗蟲。吳浙民勞疫，淮楚糧儲空。
蠶婦提籃走，田夫枉用工。早禾雖即好，晚禾薄薄豐。
春夏多淹沒，秋深滴不通。多種青牛草，少植白頭翁。
六畜冬多瘴，又恐犯奸凶。

　　地母曰：　春來桑葉貴，秋至米糧高。

　　　　　　　農田九得半，一半是蓬蒿。

乙亥年（太歲姓伍名保，一說名辛）

太歲乙亥年，高下總無偏。淮楚憂水潦，燕吳禾麥全。
九夏甘泉竭，三秋衢迴船。蠶娘吃青飯，桑葉淚連連。
絲綿入皆貴，麻米不成錢。六畜多瘴疾，人民少橫纏。

　　地母曰：蠶娘眉不展，　携筐討葉忙。

　　　　　　　更看五六月，相望哭流郎。

　　　　　　　禾稟物增高，封疆主盜賊。

丙子年（太歲姓郭名嘉）

太歲丙子年，春秋多雨水。桑葉無人要，青女知金貴。
黃龍土內盤，化成蝴蝶起。高田半成實，低下禾後喜。
魯衛多炎熱，齊楚五穀美。

地母曰： 田禾憂鼠耗，豆麥半中收。

蠶娘空房坐，前喜後懷愁。

絲綿綢絹貴，稅賦急啾啾。

丁丑年（太歲姓汪名文）

太歲丁丑年，高下物得收。桑葉初還賤，蠶娘未免愁。
春夏多淹沒，鯉魚庭際遊。燕齊生炎熱，秦吳沙漠浮。
黃牛岡際臥，青女逐波流。六畜多瘴難，家家無一留。

地母曰：少種黃蜂子，多下白頭翁。

農夫相賀喜，盡道歲年豐。

戊寅年（太歲姓曾名光）

太歲戊寅年，高下禾苗秀。桑葉枝頭空，討蠶爭鬪走。
吳楚值麥多，齊燕米穀少。三春流郎歸，九秋多苗草。
百物價例高，經商相懊惱。

地母曰： 蠶娘行鄉村，人民皆被傷。
冬令嚴霜雪，災劫起妖狂。
早娶田家女，莫見犯風寒。

己卯年（太歲姓伍名仲，一說姓龔）

太歲己卯年，犁田多快活。春來多雨水，種植還逢渴。
夏多雨秋足，流蕩遭淹沒。蠶娘沿路行，無葉相煎逼。
黃龍山際臥，遂巡化蝴蝶。禾稻秋來秀，農家早收割。
淮魯人多疾，吳楚桑麻活。

地母曰：春中溪澗竭，秋苗入土焦。
蠶姑望天泣，桑樹葉下生。
黃黍不成粒，六畜多瘟妖。
三秋多淹沒，九夏白波漂。

庚辰年（太歲姓重名德，一說姓董）

太歲庚辰年，燕衛災殃起。六畜盡遭傷，田禾蝗蟲起。
春夏地竭泉，秋冬豐實子。桑葉賤如土，蠶娘哭少絲。

地母曰： 少種豆，多種麻。

家長皆得收，處處總相似。

春夏少滴流，秋冬飽雨水。

農務急如煎，莫待冰凍起。

辛巳年（太歲姓鄭名祖）

太歲辛巳年，鯉魚庭際逢。高田猶可望，低下枉施工。
桑葉初來賤，末後蠶貴龍。蠶娘相對泣，筐箱一半空。
燕楚麥苗秀，趙齊禾稻豐。六畜多瘴氣，人民瘧疾重。

地母曰： 蠶娘未為歡， 菓貴大錢快。

車頭千萬兩，縱子得輸官。

壬午年（太歲姓路名明，一說姓陸）

太歲壬午年，水旱不調勻。高田雖可望，低下枉施工。
蠶麥家家秀，蠶娘喜周全。蠶蠶皆望葉，及早莫因循。

地母曰：吳楚好蠶桑，魯魏分多災。

多下空心草，少種老婆顏。

桑葉後來貴，天蟲及早催。

晚禾縱淹沒，耕夫不用哀。

癸未年（太歲姓魏名明）

太歲癸未年，高下盡堪憐。一井百家共，春夏少甘泉。
燕趙豆麥秀，齊吳多偏頗。天蟲待當歲，討葉怨蒼天。
六種宜成早，青女得貌鮮。

　　　　地母曰：　歲若逢癸未，用蠶多稱意。
　　　　　　　　　青牛山上秀，一子倍盈穗。
　　　　　　　　　更看三秋後，產滿閑田地。

甲申年（太歲姓方名公，一說名杰）

太歲甲申年，高低定可憂。春來雨不足，早禾枯焦死。
秋後無雨水，魯衛生瘟瘴。燕齊粒不收，桑葉前後貴。

　　　　地母曰：　歲逢甲申裡，旱枯切須防。
　　　　　　　　　高低苗不秀，燕齊主徬徨。
　　　　　　　　　舟船空下載，仰面哭流郎。

乙酉年（太歲姓蔣名耑，一說名嵩）

太歲乙酉年，雨水不調勻。早晚雖收半，田夫亦苦辛。
燕魯桑麻好，荊吳麥豆青。蠶娘雖足葉，簇上白如銀。
三冬雪嚴凍，淹沒浸車輪。

地母曰： 田蠶半豐足，種作不宜遲。

　　　　　空心多結子，禾稻生蝗起。

　　　　　看蠶娘賀喜，總道得銀絲。

丙戌年（太歲姓向名般，一說姓白）

太歲丙戌年，夏秋井無泉。春秋多淹沒，耕鋤莫怨天。

早禾宜早下，晚稻早留連。揚益桑麻乏，吳齊最可憐。

桑葉初生賤，蠶　老　卻成錢。

地母曰： 　歲臨於丙戌，高下皆無失。

　　　　　豆麥穿土長，在處得成實。

　　　　　六畜多瘟瘴，人民少災疾。

丁亥年（太歲姓封名齊，一說姓均）

太歲丁亥年，高低盡得通。吳越桑麻好，秦淮豆麥通。

三冬足雨水，九夏禾無蹤。桑葉前後貴，簇畔不施工。

地母曰：夏種逢秋渴，秋得八分成。

　　　　　人民多瘧瘴，六畜盡遭迍。

戊子年（太歲姓郢名班，一說名鐘）

太歲戊子年，疾橫相侵奪。吳楚多災瘴，燕齊民快活。
種植高下偏，鼠耗不成割。春夏淹沒場，秋冬土龍渴。
桑葉頭尾貴，簇上如霜雪。

> 地母曰： 歲中逢戊子，人飢災橫死。
> 玉女土中成，無人收拾汝。
> 若得見三冬，瘟癀方始起。

己丑年（太歲姓潘名嗑，一說名佑）

太己丑年，高低得成穗。燕魯遭兵殺，趙 衛奸妖起。
春夏豆麥豐，秋多苗穀媚。玉女田中臥，耕夫無一二。
桑葉自青青，誰能採得汝。

> 地母曰： 歲名值破田，早晚得團圓。
> 金玉滿街道，羅綺不成錢。

庚寅年（太歲姓鄔名桓）

太歲庚寅年，人物事風流，麻麥雖然秀，禾苗多損憂。
燕宋多淹沒，梁吳兵禍侵。桑葉初生賤，後貴何處求。
田蠶如金價，桑葉好搔抽。

地母曰： 虎年高下熟，水旱又當年。

黃牛耕玉出，青牛臥隴前。

稼穡經霜早，田家哭泪連。

更看來春後，人民相逼煎。

辛卯年（太歲姓范名寧）

太歲辛卯年，高下甚辛勤。麻麥逢淹沒，禾苗早得榮。

秦淮受飢餒，吳燕旱涸頻。桑柘不生葉，蠶姑說苦辛。

天蟲少成災，絲綿換金銀。強徒多瘴疫，善者少災 迍。

地母曰： 玉兔出年頭，處處桑麻好。

早禾大半收，晚稻九分好。

穀米稼穡高，漸漸相煎討。

要看龍頭來，耕夫少煩惱。

壬辰年（太歲姓彭名泰）

太歲壬辰年，高下恐遭傷。春夏蛟龍鬥，秋冬却集藏。

豆麥無成實，桑麻五穀康。齊魯絕炎熱，荊吳好田桑。

蠶子延筐臥，哭泣問蠶娘。見繭絲綿少，租稅急恤惶。

地母曰： 是歲遇壬辰，蠶娘空度春。

禾苗多有損，田家又虛驚。

保福收成日，卻得六分成。

癸巳年（太歲姓徐名舜）

太歲癸巳年，農民半憂色。豐歉各有方，封疆多種穀。
楚地甚炎熱，荊吳無災厄。桑柘葉苗秀，天蟲繭如雪。
粟麥有偏頗，晚禾半收得。

地母曰：蛇頭為歲號，陸種有虛耗。

秋成五六分，老幼生煩惱。

三冬足冰雪，晚秋宜及早。

甲午年（太歲姓張名詞）

太歲甲午年，人民不用憂。禾麥皆榮秀，高田全得收。
吳越多風雹，荊襄井涓流。蠶娘爭競走，哭葉鬧啾啾。
蠶老多成繭，何須更盡憂。

地母曰：蛇去馬將來，稻麥喜倍堆。

人民絕災厄，牛羊亦少災。

識候豐年裡，耕夫不用捐。

乙未年（太歲姓楊名賢）

太歲乙未年，五穀皆和穗。燕衛少田桑，偏益豐吳魏。

春夏足漂流，秋冬多旱地。桑葉初生賤，晚蠶還值貴。

人民雖無災，六畜多瘴氣。六種不宜晚，收拾無成置。

　　地母曰：歲逢羊頭出，高下中無失。

　　　　　　葉貴好蠶桑，斤斤皆有實。

丙申年（太歲姓管名仲）

太歲丙申年，高下浪濤洪。春夏遭淹凶，秋冬杏不通。

早禾難得割，晚稻枉施工。燕宋好豆麥，秦淮麻米空。

天蟲相稱走，蠶婦哭天公。六畜多災瘴，人民卒暴終。

　　地母曰：　歲首逢丙申，桑田亦主迍。

　　　　　　分野須當看，節候助黎民。

丁酉年（太歲姓康名傑）

太歲丁酉年，高低徒種植。春夏遭淹沒，秋冬少流滴。

吳楚足咨嗟，荊楊虛嘆息。桑柘葉苗盛，天蟲中半失。

箱筐少絲綿，蠶娘無喜色。

地母曰：歲逢見丁酉，蠶葉多偏頗。

豈麥有些些，其苗高下可。

六畜瘴氣多，五穀不成顆。

戊戌年（太歲姓姜名武）

太歲戊戌年，耕夫漸漸愁。高下多偏頗，雨水在春秋。
燕宋豆麥熟，齊吳禾成收。桑葉初生賤，蠶娘未免憂。
牛羊逢瘴氣，百物主漂遊。

地母曰：戊戌憂災咎，耕夫不足憐。

早禾雖即稔，晚稻不能全。

一晴兼一雨，三冬多雪寒。

己亥年（太歲姓謝名壽，一說名濤）

太歲己亥年，人民多橫起。秋冬草木焦，春夏少秧蒔。
稼穡不值錢，倉囷缺糧米。

地母曰：歲逢己亥初，貧富少糧儲。

蠶娘相對泣，採葉扳空枝。

更看春秋裡，蜂蝶滿村飛。

庚子年（太歲姓虞名起，一說名超）

太歲庚子年，人民多暴卒。春夏水淹流，秋冬多飢渴。
高田猶得半，晚稻無可割。秦淮足流蕩，吳楚多劫奪。
桑葉須後賤，蠶娘情不悅。見蠶不見絲，徒勞用心切。

　　地母曰：鼠耗出頭年，高低多偏頗。
　　　　　　更看三冬裡，山頭起墓田。

辛丑年（太歲姓湯名信）

太歲辛丑年，疾病稍紛紛。吳越桑麻好，荊楚米麥臻。
春夏均甘雨，秋冬得十分。桑葉樹頭秀，蠶姑自喜忻。
人民漸蘇息，六畜瘴逡巡。

　　地母曰：辛丑牛為首，高低甚可憐。
　　　　　　人民留一半，快活好桑田。

壬寅年（太歲姓賀名諤）

太歲壬寅年，高低盡得豐。春夏承甘潤，秋冬處處通。
蠶桑熟吳地，穀麥益江東。桑葉不堪貴，蠶絲卻半豐。
更看三秋裡，禾稻穗重重。人民雖富樂，六畜盡遭凶。

　　　　地母曰：虎首值歲頭，在處好田苗。

　　　　　　　　桑柘葉下貴，蠶娘免憂愁。

　　　　　　　　禾稻多成實，耕夫不用憂。

癸卯年（太歲姓皮名時）

太歲癸卯年，高低半憂喜。春夏雨雹多，秋來缺雨水。
燕趙好桑麻，吳地禾稻美。人民多疾病，六畜煙烟起。
桑葉枝上空，天蠶無可食。蠶婦走忙忙，提籃相對泣。
雖得多綿絲，費盡人心力。

　　　　地母曰：癸卯兔頭豐，高低禾麥濃。

　　　　　　　　耕夫皆勤種，貯積在三冬。

　　　　　　　　桑葉雖然貴，絲綿卻已豐。

甲辰年（太歲姓李名成，一說名誠）

太歲甲辰年，稻麻一半空。春夏遭淹沒，秋冬流不通。
魯地桑麻好，吳邦穀不豐。桑麻末後貴，相賀好天蟲。
估賣價例貴，雪凍在三冬。

地母曰： 龍頭屬甲辰，高低共五分。

　　　　　豆麥無成實，六畜亦遭迍。

　　　　　更看冬至後，霜雪積紛紛。

乙巳年（太歲姓吳名遂）

太歲乙巳年，高下禾苗翠。春夏多漂流，秋冬五穀豐。

豆麥美燕齊，桑柘益吳楚。天蟲筐內走，蠶娘哭葉貴。

絲綿不上秤，疋帛價無比。

　　　地母曰：蛇頭值歲初，穀食盈有餘。

　　　　　　　早禾莫令晚，蠶亦莫令遲。

　　　　　　　夏季麥苗秀，三冬成實肥。

丙午年（太歲姓文名折，一說名祐）

太歲丙午年，春夏多洪水。魯魏多疫災，穀熟益江東。

種植宜高地，低源遭水衝。天蟲見少絲，桑柘賤成籠。

六畜多瘟疫，人民少卒終。

　　　地母曰：馬首值歲裡，豐稔好田桑。

　　　　　　　春夏須防備，種植怕流蕩。

　　　　　　　豆麥並麻粟，偏好宜高岡。

丁未年（太歲姓僇名丙，一說姓 繆）

太歲丁未年，枯焦在秋後。早禾稔會稽，晚禾豐吳越。
宜下黃龍苗，不益空心草。桑葉前後貴，天蟲見絲少。
春夏雨水調，秋來憂失稻。是物稼穡高，絲綿何處討。

　　　地母曰：若遇逢羊歲，高低中半收。
　　　　　　　瘴烟防六畜，庶民也須憂。

戊申年（太歲姓俞名志）

太歲戊申年，豐富人烟美。燕楚足田桑，齊吳熟穀子。
黃龍土中藏，化成蝴蝶舞。種植莫低安，結實遭洪水。
桑葉枝頭荒，蠶娘空自喜。

　　　地母曰：高下偏宜早，遲晚見流郎。
　　　　　　　豆麥無成實，淹沒盡遭傷。
　　　　　　　更看三冬裡，蝴蝶得成餐。

己酉年（太歲姓程名寅，一說名實）

太歲己酉年，高低盡可憐。魯衛豐豆麥，淮吳好水田。
桑柘空留葉，天蟲足頗偏。蠶娘相怨惱，得繭少絲綿。
六種植於早，收成得十全。

地母曰：酉歲好桑麻，豆麥益家家。

　　　　　百物長高價，民物有生涯。

　　　　　春夏遭淹沒，三冬雪結花。

庚戌年（太歲姓化名秋，一說姓伍，一說姓倪名秒）

太歲庚戌年，瘴疫害黎民。禾麻吳地好，麥稔在荊秦。

春夏漂流沒，秋冬早水浸。桑柘葉雖貴，天蟲成十分。

田夫與蠶婦，相看喜欣欣。

地母曰：歲逢庚戌首，四方民初收。

　　　　　高下田桑好，麻麥豆苗蔓。

　　　　　嚴冬多雨雪，收成莫犯寒。

辛亥年（太歲姓葉名堅，一說名鏗）

太歲辛亥年，耕夫多快活。春夏雨調勻，秋冬好收割。

燕淮無瘴疾，魯衛不飢渴。桑葉前後貴，蠶娘多喜悅。

種植宜山坡，禾苗得盈結。

地母曰：豬頭出歲中，高下好施工。

　　　　　蠶婦與耕夫，爭不荷天公。

　　　　　六畜春多瘴，積薪供過冬。

壬子年（太歲姓邱名德，一說姓丘）

太歲壬子年，旱涸耕夫苦。早禾一半空，秋後無甘雨。
豆麥熟齊吳，飢荒及燕魯。桑柘貴中賣，絲綿滿箱貯。
百物無定價，一物五商估。

　　　　地母曰：鼠頭出值年，夏秋多甘泉。
　　　　　　　　麻麥不宜晚，田蠶切向前。
　　　　　　　　更憂三秋裡，瘧疾起纏延。

癸丑年（太歲姓林名薄，一說名溥，一說名溝）

太歲癸丑年，人民多憂煎。淮吳主旱涸，燕宋定流連。
黃龍與青牡，價例覓高錢。桑柘葉不長，蠶娘愁不眠。
禾苗多蛀蝗，收成苦不全。

　　　　地母曰：歲號牛為首，田桑五分收。
　　　　　　　　甘泉時或闕，淹沒在年冬。
　　　　　　　　六畜遭瘴厄，耕犁枉用工。

甲寅年（太歲姓張名朝）

太歲甲寅年，早晚不全收。春夏遭淹沒，調食任秋冬。
虎豹巡村野，人民不自由。魯衛多炎熱，秦吳麥豆稠。
桑柘前後貴，得半勿早抽。

地母曰：　先歲民不泰，耕種枉施工。
　　　　　　桑柘葉難得，又是少天蟲。
　　　　　　五穀價初高，後來亦中庸。

乙卯年（太歲姓方名清，一說姓萬）

太歲乙卯年，五穀有盈餘。秦燕麥豆好，吳越足糧儲。
春夏水均調，秋冬鯉入門。天蠶雖然好，桑葉樹頭無。
蠶娘相對泣，得繭少成絲。

地母曰：歲中逢乙卯，高下好田蠶。
　　　　　　豆麥山坡熟，禾糧在楚庭。

丙辰年（太歲姓辛名亞）

太歲丙辰年，春來雨水潤。豆麥乏齊燕，田蠶好吳越。
牛犢煙烟生，亦兼多癘疫。桑葉樹頭多，蠶絲白如雪。
夏秋無滴流，深冬足淹沒。

地母曰：龍來為歲首，淹沒應須有。

豆麥宜早種，晚隨波流走。

丁巳年（太歲姓易名彥）

太歲丁巳年，豐熟民多害。魯魏豆麥少，秦吳桑麻多。
高低總得成，種植無妨碍。桑葉前後空，天蟲好十倍。
春夏多淹留，偏益秋冬在。

地母曰：蛇首值歲中，農夫宜種蒔。

黃龍搬不盡，宜多下麥青。

蠶娘雖哭葉，還得秤頭絲。

戊午年（太歲姓姚名黎，一說姓黎名卿）

太歲戊午年，高低一半空。楊楚遭淹沒，荊吳足暴風。
豆麥宜低下，稻麥得全工。桑葉從生賤，蠶老貴絲從。
蠶娘車畔美，絲綿倍常年。

地母曰：稀逢今歲裡，蠶桑無頗偏。

種植宜於早，美候見秋前。

雖然夏旱涸，低下得收全。

己未年（太歲姓傳名悅，一說名儻）
太歲己未年，種植家家秀。燕魏熟田桑，吳楚糧儲有。
春夏流郎歸，鯉魚入庭牖。桑葉應是賤，搔收娘子喜。
豆麥結實多，宜在三陽後。

　　　地母曰：是歲值羊首，　高低民物歡。
　　　　　　　　稼穡多商估，來往足交關。
　　　　　　　　農夫早種作，莫候北風寒。

庚申年（太歲姓毛名辛，一說名梓）
太歲庚申年，高下喜無偏。燕宋田桑全，淮吳米麥好。
六畜多災瘴，人民少橫疫。桑葉初生賤，去後又成錢。
更看三陽後，秋葉偏相連。

　　　地母曰：歲若遇庚申，四方民物新。
　　　　　　　　耕夫與蠶婦，歡笑喜忻忻。
　　　　　　　　秋來有淹沒，收割莫因循。

辛酉年（太歲姓文名政，一說名石）

太歲辛酉年，高低禾不美。齊魯多遭沒，秦吳六畜死。
秋冬井無泉，春夏溝有水。豆麥山頭黃，耕夫挑不起。
蠶娘篋中泣，爭奈葉還貴。種植宜及早，遲晚恐失利。

地母曰：酉年民多瘴，田蠶七分收。

豆麥高處好，低下恐難留。

壬戌年（太歲姓洪名氾，一說名尅）

太歲壬戌年，高低亦不空。秦吳遭沒溺，梁宋豆麻豐。
葉賤天蟲少，秧漂苗不稠。雨水饒深夏，旱涸在高秋。
六畜遭災瘴，田家少得牛。

地母曰：歲下逢壬戌，耕種宜麥粟。

低下虛用工，漂流無一粒。

春夏災瘴起，六畜多災疫。

癸亥年（太歲姓虞名程）

太歲癸亥年，家家活業豐。春夏亦多水，豆麥主漂篷。

種蒔宜及早，晚者不成工。吳地桑葉貴，江越少天蟲。

禾麻還結實，旱涸忌秋中。

　　　　地母曰：歲逢六甲末，人民亦得安。

　　　　　　　　田桑七成熟，賦稅喜皇寬。

　　　　　　　　豆麥宜高處，封疆絕盜奸。

　　　　　　　　割禾須及早，莫過絕冬寒。

二十八宿

　　宿：為星次之意，古代天文學家把黃道也就是太陽和月亮所經之的恒星，定位分成二十八個星座，稱之二十八星宿。

　　二十八宿是天文星象學的一環，以北極星為中心，當夜裡迷失方向時，也常利用北極星或星象來辨認方向了。古聖先賢以仰天觀星來定吉凶，若當天上的行星在軌道上有出現任何變化時，地上人民萬物的際遇也可能會受到引力的影響，而產生變化，因此由行星之變化來預測人類的禍福，在理論上是可行的。

　　二十八宿是以北極星為中心，所定出東南西北方位的天象，北極星又稱「北斗星」，也就是一般所謂的「北極紫微垣」。所謂宿就是指星座而言的，二十八宿是指天象的星座。

二十八星宿歸四象

二十八星訴分別歸列到四方，稱之四象：「東方七宿，其形如龍，曰左青龍。南方七宿，其形如鶉鳥，曰前朱雀。西方七宿，其形如虎，曰又白虎。北方七宿，其形如龜陀，曰後玄武。」

東方以四禽之象謂稱「蒼龍」或「青龍」，包含角、亢、氐、房、心、尾、箕等七個宿。

西方象「白虎」，包含奎、婁、胃、昂、畢、觜、參等七個星宿。

南方象「朱雀」，包含井、鬼、柳、星、張、翼、軫等七個星宿。

北方象「玄武」，包含斗、牛、女、虛、危、室、壁等七個星宿。

二十八宿東南西北各七宿，其星數並不一樣。東方七宿三十二星，南方七宿六十四星，西方七宿五十一星，北方七宿三十五星，一共有一百八十二星，循著一定的軌道運行，我們稱之為「黃道」。

東方七宿：

「角」為東方七宿之首

屬於室女座有二顆星，為一等星，其光為白色光，象徵著造化萬物，天下太平。

角：宜：婚禮、置田產、參加考試、旅行、穿新衣、立柱、安門、移徒、裁衣。

忌：喪葬、修墳。

「亢」音「抗」為蒼龍七宿的第二宿

有四顆星，皆屬於室女天秤星座的三等星，其星如明亮，代表平安無疾，如暗淡則象徵有天旱或瘟疫。

亢：宜：播種、買牛馬。

忌：建屋、上官赴任、嫁娶、安葬、祭祀。

「氐」音「底」為東方青龍七宿的第三宿

屬天秤、天蝎星座，有四顆星，主疾病。

氐：宜：播種、造倉、買田園。

　　忌：葬儀、婚嫁、行船。

「房」為東方蒼龍七宿之第四宿

屬天蝎星座，有四星，其星明，象徵著政治清廉明正，百姓安和樂利。

房：宜：婚姻、祭祀、上樑、移徒、喪葬、上官赴任、
　　　　置產、買田宅。

　　忌：裁衣。

「心」為東方蒼龍七宿之第五宿

有三星，屬於天蝎星座，為一等星，其色為紅色，又稱商星，代表文明昌盛。

心：宜：祭祀、移徒、旅行。

　　忌：裁衣、其它凶。

「尾」是東方青龍七宿之第六宿

有九顆星，屬天蝎人馬星座，俗稱龍尾九星，其星明，
象徵五穀豐收，如星暗則有洪水之患。

尾：宜：婚禮、造作。

　　忌：裁衣。

「箕」音「基」，為東方蒼龍七宿之末宿

有四顆星，屬人馬星座，斗在北，箕在南，又名「南
箕」。　此星代表風調雨順五穀豐收。

箕：宜：造屋、開池、收財、豐收。

　　忌：葬儀、婚禮、裁衣。

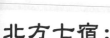

北方七宿：

「斗」為北方玄武七宿之首

「斗」為北方玄武七宿之首，屬人馬摩羯星座，有六星，又稱「北斗」，亦名「南斗六星」。其易明代表天下太平，國富民康。

斗：宜：裁衣、建倉、掘井、教牛馬。

「牛」為北方玄武七宿之二

有六顆星，屬摩羯星座，又名牛郎星或牽牛星，其星明，象徵六畜興旺，五穀豐收，安和樂利。

牛：忌：婚嫁、蠶桑無收、錢財耗損。

「女」為北方玄武七宿之三

有四顆星，屬寶瓶星座，此星象徵女性，代表婦女昌盛，女權主事。

女：宜：女性大吉、學裁衣、學藝。

　　忌：葬儀、爭訟。

「虛」為北方玄武七宿之

有二顆星，屬寶瓶星座與小馬星座，又名玄枵、顓頊，為美麗雙星，其星明，代表天下太平安康，其星暗則指動不安兵亂無寧。

虛：宜：不論何事、災禍不斷退守者吉。

「危」為北方玄武七宿之五

有三星，第一顆星屬寶瓶星座，二星屬飛馬星座，「危」宿，見危則不安，其星代表有災難。

危：出行、納財、塗壁、其它凶災要戒慎。

「室」為北方玄武七宿之六

有二星，屬飛馬雙魚星座，此星明，象徵國運昌隆，百姓樂利，如不明則天下大亂，瘟疫橫行。

室：宜：婚禮、祭祀、移徒、造作、掘井、營造、買田產、作壽、喪葬。

忌：其他要戒慎。

「壁」為北方玄武七宿之末

有二星，分別屬飛馬雙魚星座與仙女星座，為二等星，此星明代表文人當權，道德昌盛，君子明進，小人不見。

壁：宜：婚禮、造作、交易、納財。

忌：往南方凶。

西方七宿：

「奎」音「葵」，為西方白虎七宿之首

有十六星，其中九星屬仙女星座，七星屬雙魚白羊星座，又名魁星，代表文昌盛世。

奎：宜：出行、裁衣、掘井。

忌：開市、新築、買賣。

「婁」音「樓」為西方白虎七宿之二

有三星，屬白羊星座，其星明，象徵國泰民安，否則兵亂四起。

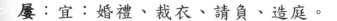

婁：宜：婚禮、裁衣、請負、造庭。

忌：往南方凶。

「胃」為西方白虎七宿之三

有三顆星，屬白羊金牛星座，胃為天倉，此星明則五穀豐收。

胃：宜：公事吉。

忌：裁衣、私事凶。

「昂」音「卯」為西方白虎七宿之四

有七顆星，六星屬金牛星座，光度最佳，容易看到，即所謂七姊妹星團，或上曜星，此星明代表安和樂利，天下太平，星暗則憂多。

昂：凶多吉少，諸事不宜。

「畢」為西方白虎七宿之五

有八顆星，七星屬金牛星座，一為畢宿五，屬金牛星座，為一等星，色是赤色，俗稱金牛之目，象徵兵馬軍力之權。

畢：宜：葬儀、造屋、造橋、掘井。

　　忌：裁衣。

「觜」音「資」為西方白虎七宿之六

有三顆星，屬金牛星座，此星明代表安和樂利，五穀豐收，若有移位，象徵君臣失位，兵馬動亂。

觜：忌：萬事凶，諸事不宜。

「參」為西方白虎七宿之末

有七顆星，屬獵戶星座，又名實沈。此星明代表民生樂利，風調雨順，五穀豐收。

參：宜：考試、赴任、旅行、求則、安門。

　　忌：葬儀、嫁娶、納聘。

南方七宿：

「井」為南方朱雀七宿之首

有八顆星，屬雙子巨蟹星座，此星明代表國富民安，天下太平，如色變則動盪不安。

井：宜：祭祀、祈福、建造、掘井、播種。

　　忌：嫁娶、裁衣。

「鬼」為南方朱雀七宿之二

有四顆星，屬巨蟹星座，星色黯淡，如雲非雲，如星非星，為不祥之兆。

鬼：宜：喪葬。其它不宜取凶

　　忌：往西方凶。

「柳」為南方朱雀七宿之三

有八顆星，屬長蛇星座，其星明主百姓豐衣足食，失色則歉收飢荒。

柳：忌：葬儀。

「星」為南方朱雀七宿之四

有七顆星，六星屬長蛇星座，一為星宿，則孑然獨照，為二等星，此七星代表有偶發性急事。

星：宜：婚禮、嫁娶、營運、播種。

　　忌：葬儀、裁衣、開渠。

「張」為南方朱雀七宿之五

有六顆星，屬長蛇星座，此星明代表國強民富。

張：宜：婚禮、裁衣、祭祀、祝事。所值之日五穀豐收國泰民安。

「翼」為南方朱雀七宿之六

有二十二顆星，為二十八宿星數最多的一宿，其中十一星屬巨爵星座，有三星屬長蛇星座，另外八星不明，其星明，象徵禮樂興邦，四海一心。

翼：百事皆不利，大凶，諸事不吉。

「軫」音「枕」為南方朱雀七星之末

有四顆星，屬馬鴉星座，其中兩星，色一黃一紫，其星明代表風調雨順，天下太平。

軫：宜：婚禮、裁衣、入學、掘井、買田園、行事百無禁忌。忌：向北方旅行凶。

「宿」是停留、住之意

先祖在曆書中，之所以將二十八宿列入，是以北極星為中心，為藉由星宿的觀察，定出四方的天象，也可了解我們的方向，亦能判斷季節、月份、時日、乃至能預測天候的變化，這些都是先祖的智慧與經驗的累積，也成為古人劃分天區、四象的標準。

二十八宿與干支之排列

　　六十甲子與二十八宿，每四百二十天就重複一次，周而復始，起於何年月何日，實在是無從考據。

　　一元甲子由「虛」起，二元甲子由「奎」算，三元甲子須起「畢」，四元甲子定逢「鬼」，五元甲子起「翼」飛，六元甲子定「氐」起，七元甲子起「箕」。

　　如民國一〇一年陽曆三月四日甲子日為「奎」即一元甲子，再過六十天到五月三日甲子日見「氐」為二元甲子，再過六十天到七月二日甲子日見「畢」即三元甲子；再過六十天到八月三十一日甲子日見「鬼」即為四元甲子。

　　再過六十天到十月三十日甲子日見「翼」即為五元甲子；再過六十天到十二月二十九日甲子日見「氐」即為六元甲子；再過六十天到民國一〇一年二月二十七日甲子日見「箕」即為七元甲子；再過六十天到民國一〇二年四月二十八日甲子日見「虛」此時又回到一元甲子，已經過四百二十天再重複一次了。

二十八星宿環繞在宇宙天體裏面，周而復始的循環運轉不停，各顆分別掌握著四象，東、西、南、北四個方位的天象，以分日月、陰陽氣數變化，然而在我們的地裏堪輿學上，更以二十八星宿分成四個方位「左青龍、又白虎、前朱雀、後玄武的四象」來定位。

二十八姓宿之名：

（一）虛、危、室、壁　　（二）奎、婁、胃、昴

（三）畢、觜、參、井　　（四）鬼、柳、星、張

（五）翼、軫、角、亢　　（六）氐、房、心、尾

（七）箕、斗、牛、女

　　例如民國 101 年為壬辰年從上表中「虛」星值年，癸巳年為「危」宿值年，甲午為「室」宿值年，以此類推 106 年即為「婁」宿、107 年是為「胃」宿所值。

值年管局禽星表

五行 ＼ 星宿	東方	北方	西方	南方
木	角木蛟	斗木獬	奎木狼	井木犴
金	亢金龍	牛金牛	婁金狗	鬼金羊
土	氐土絡	女土蝠	胃土雉	柳土獐
日	房日兔	虛日鼠	昂日雞	星日鳥
月	心月狐	危月燕	畢月烏	張月鹿
火	尾火虎	室火豬	觜火猴	翼火蛇
水	箕水豹	碧水貐	參水猿	軫水蚓

其之口訣：

七曜禽星識者希
日虛月鬼火從箕
水畢木氐金奎位
土宿還從翼上推

故二十八星宿值年，為角木從氐故管局為氐土絡。

四柱八字 (五柱、十字) 命盤的排法

年月日時分的干支排列

　　所謂的四柱就是人出生的年、月、日、時，即代表根、苗、花、菓，每一柱會出現一個天干及一個地支，四柱共八個字稱之四柱八字學；八字也可代表人居住所接觸到的八個方位、現象、環境，就是以十天干和十二地支，按六十甲子的順序相配。

　　　從古至今年、月、日、時均以干支為代號，到底起源自何時無法考證，一般都以為黃帝開國時為甲子年甲子月甲子日甲子時，一直流傳至今。

　　　六十甲子是各取一個天干、地支互相搭配而成的，陰性天干配陰性地支，陽性天干配陽性地支，八字中的年柱、月柱、日柱、時柱就是以它為基礎代表。 以一、三、五、七、九、十一為陽，二、四、六、八、十、十二為陰。

來排定所組成的年、月、日、時，為易理所說的四象，
元、亨、利、貞即為四柱。

　　要排八字命盤最簡單的方式就是用電腦排八字命
盤，但本人建議不可用電腦排，乃在使用時空論命時，
要求快速、直接，當您常用電腦後，就失去了排盤、
換盤、換卦的靈活性了，所以還是建議學習用萬年曆
來查對。

　　對於初學者而言，先熟悉如何以節氣判斷所屬的年
份和月份來排定年柱（出生年份的天干地支）及月柱
（出生月份的天干地支），再用日柱（出生日的天干地支）
和出生時辰算出時柱（時辰的天干地支）之後，因規則
模式已經了解熟悉，再來學習如何不用萬年曆也能算
出日柱的方法時，會比較容易理解也比較輕鬆。但本
人也不建議日柱用算的，還是直接查對「萬年曆」較
實際。

　　因為如果要算出日柱，就必須記住每年正月初一
的天干地支，以及節氣交過立春的時辰，連每年的小
月及何年何時閏月都不能漏掉或忘記，才有辦法精準
的算出日柱的天干地支，因此熟背近百年重要時辰，
是不用萬年曆就能推算出日柱的必要條件，但建議將
此時間來學習論命的推演、直斷，會比學習不用萬年
曆排八字更重要更有價值，但於時空論命，我們是排
到分柱，本人在易林堂出版社有著作「史上最便宜、
最實用、最精準的彩色精校萬年曆」，內容有分柱的查
對表，讓您快速精準的找到當下的時空。

排年柱：

　　排年柱重點在於一年的開始之標準為立春，每年立春的開始，也就是新的一年的開始，對於出生在接近年初和年尾的人來說，如何得知自己之出生年份，就要懂得怎麼判斷，自己的出生日是在立春前或立春後　，才有辦法去對照，一般立春在國曆的 2 月 4 日左右。(可選購本人著作：史上最便宜、最實用、最精準的彩色精校萬年曆中，由易林堂出版。直接查對)

例如：

　　今年國曆民國 101 年 2 月 4 日 17 點 10 分生，查農曆為：68 年正月十三日 17 點 10 分(酉時)生，那麼此命一般人會誤以為已在農曆正月十三日了，會以屬龍來記載，但詳查萬年曆此命主到底是屬兔的辛卯年次還是屬龍的壬辰年次？

答：

首先要看農曆 101 年的立春是從何時開始，查萬年曆得知 101 年的立春為農曆的年正月十三日 18 點二十三分（酉時）。

命造與 101 年的立春是同年同月同日也同時辰，但請注意此命造的出生時辰是 17 點的 10 分（酉時出生，而立春雖然也是在酉時，可是要在 18 時 23 分過後，才算是立春，因此命造的 17 點 10 分尚未到達 101 年 18 點二十三分的立春時分，所以必須要算是辛卯年的屬兔之人。

> 年柱為人的先天命宮，所以一般在擇日學上，都會以年柱也就是出生年為主，因為出生年是上天給您的一個符號。

定月令：

一般人會將每年的農曆正月初一，當作一年的開始，但排八字四柱時並不採用此標準，來判斷年份及月份，而是用每年十二個月，每個月的「節」為月初、為月的開始，「氣」為月中的標準，所組合而成的二十四節氣來判斷年份及月份。

以常情而言皆以初一即是月首，而八字命理學上則是以「節」為標準。

十二月建

寅正月＿＿由立春經雨水至驚蟄

卯二月＿＿由驚蟄經春分至清明

辰三月＿＿由清明經穀雨至立夏

巳四月＿＿由立夏經小滿至芒種

午五月＿＿由芒種經夏至至小暑

未六月＿＿由小暑經大暑至立秋

申七月＿＿由立秋經處暑至白露

酉八月＿＿由白露經秋分至寒露

戌九月＿＿由寒露經霜降至立冬

亥十月＿＿由立冬經小雪至大雪

子十一月＿＿由大雪經冬至至小寒

丑十二月＿＿由小寒經大寒至立春

上述的立春、驚蟄、清明、立夏、芒種、小暑、立秋、白露、寒露、立冬、大雪、小寒等稱為「節」，而雨水、春分、穀雨、小滿、夏至、大暑、處暑、秋分、霜降、小雪、冬至、大寒等稱為「氣」，一節一氣各佔每月的一半，一年十二個月，總共有二十四節氣，節是月之起，氣是月之中，排八字以「節」，傳統排命宮用「氣」，而排紫微斗數是以每月的初一（稱太陰曆）來論月，所以在各個學術上的應用有其不同的工具使用，要特別注意。

排月柱：

排月柱和年柱一樣都是以節氣為標準，並非是以每個月的初一來作為一個月的開始，而是以節氣的"節"為月份的開始，每個時分都會影響日子的計算，每個日子也一樣會影響月份的推算，所以了解時辰和日子何時交替，是推算月份及年份的基礎。

例如：

國曆:民國 101 年 5 月 4 日晚上 23 點 10 分，要注意時辰已經算是新的一天為 5 日的開始。（一般有的老師把此時定位為 4 日的晚子時，日期不變.時辰變）如國曆 5 月 5 日，凌晨 0 時 10 分為民國 101 年農曆的四月十五日，時辰不變，仍是凌晨 0 點 10 分；四月份的節氣為「立夏」因此要先查出此年的何月何日何時幾分交接為「立夏」，再對照出生時辰是為「立夏」之前或之後，「立夏」之前的節氣為三月（辰月），如為「立夏」之後則是四月（巳月），此外還需注意時辰是否已交過五月份的節氣「芒種」，如果有當然要算是五月（午月）而非是四月了。

　　101 年的農曆四月十五日十點（巳時）二十分之後的節氣交接過立夏，如命造為農曆 4 月 12 日，此日早已交過「立夏」，如命造為一〇一年國曆 5 月 4 日晚上 23 點 10 分農曆四月十四日，此日 23 點 10 分早已交過子時，所以原本十四日要變成十五日的子時，但未到達四月十五日之節氣「立夏」，所以就算沒有對照時和分，也能知道此命造的月柱為農曆壬辰年的甲辰月。

※年柱起月柱排列表（五虎遁）

新曆	農曆	年干 / 節	甲己之年	乙庚之年	丙辛之年	丁壬之年	戊癸之年
2月	正月	立春 → 驚蟄	丙寅	戊寅	庚寅	壬寅	甲寅
3月	二月	驚蟄 → 清明	丁卯	己卯	辛卯	癸卯	乙卯
4月	三月	清明 → 立夏	戊辰	庚辰	壬辰	甲辰	丙辰
5月	四月	立夏 → 芒種	己巳	辛巳	癸巳	乙巳	丁巳
6月	五月	芒種 → 小暑	庚午	壬午	甲午	丙午	戊午
7月	六月	小暑 → 立秋	辛未	癸未	乙未	丁未	己未
8月	七月	立秋 → 白露	壬申	甲申	丙申	戊申	庚申
9月	八月	白露 → 寒露	癸酉	乙酉	丁酉	己酉	辛酉
10月	九月	寒露 → 立冬	甲戌	丙戌	戊戌	庚戌	壬戌
11月	十月	立冬 → 大雪	乙亥	丁亥	己亥	辛亥	癸亥
12月	十一月	大雪 → 小寒	丙子	戊子	庚子	壬子	甲子
1月	十二月	小寒 → 立春	丁丑	己丑	辛丑	癸丑	乙丑

訣曰：甲己之年丙作首，乙庚之歲戊為頭，丙辛之年由庚起，丁壬壬位順水流，戊癸之年起甲寅。

背法：甲己起丙寅，乙庚起戊寅，丙辛起庚寅，丁壬起壬寅，戊癸起甲寅。

> 月柱之排法：月柱是從天干去求取出來的，除了注意節氣何時交替之外，也需注意遇到閏月之時，可能會產生的錯誤推算，所以出生在閏月之人，需要更小心的求證節氣何時

例如：

國曆：民國 101 年 6 月 6 日上午 10 點 30 分，查農曆為壬辰年閏四月十七日上午十點（巳時）三十分，一般國曆的 6 月 5 日到 7 月 7 日多為芒種至小暑的節氣，也就是午月之節氣，但農曆就不一定了。

　　此例閏四月十七日為國曆６月６日為芒種之節氣，直到農曆五月十九日的丑時才轉為小暑六月的節氣，所以剛開始我們可先查出農曆閏四月份的節氣「立夏」與「芒種」何時交替，再來用出生時辰對照節氣是否已交過立夏，交過是算四月（巳月），如已交過而芒種未達小暑之節氣則為五月（午月），如果已經交過節氣白露，那就要算是六月（未月）。

　　農曆壬辰年閏四月十六日十四點二十六分（未時）之後的節氣已交過芒種，命造的出生時辰閏四月十七日已交過芒種，閏四月十六日，所以此命造的所屬月份是五月，查萬年曆的月令為農曆壬辰年的丙午月。

　　在不知道月干的情況下，如果有正確的月份地支，就可以用過去流傳下來的古訣［五虎遁月歌］來推算出正確的月干，求得完整的月柱。

五虎遁月歌：

五虎遁月歌是採用年柱之天干和月柱之地支，作為換算的標準，所謂的五虎的「虎」是指用配陽性天干甲、丙、戊、庚、壬配上陽性的地支「寅」，寅在生肖中為[虎]，因此古訣中所提供的五組換算月柱的標準起點、丙寅、戊寅、庚寅、壬寅、甲寅統稱：五虎。我們可直接對照年柱起月柱排列表：五虎遁此表以經完整的排列，可直接查詢，但如想用五虎遁月歌，那就必需熟背六十甲子的排序，才能駕輕就熟。

以下是遁月歌訣詳解

甲己之年丙作首（甲己起丙寅）：

在這裡的甲、己是指年柱的天干，丙則是丙寅，也就是說年柱是甲寅、甲辰、甲午、甲申、甲戌、甲子及己卯、己巳、己未、己酉、己亥、己丑的人要從丙寅開始順數到自己的月支。（可直接查對萬年曆）。

例如：年柱是甲子，月柱地支為酉之人，那就要從丙寅開始順數→丁卯→戊辰→己巳→庚午→辛未→壬申→到自己的地支酉的月柱→癸酉為止，而癸酉就是年干是甲或己，而月支是酉之人的月柱。

乙庚之歲戊為頭（乙庚起戊寅）：

這裡的乙和庚同樣是指年干，也就是說年柱為乙卯、乙巳、乙未、乙酉、乙亥、乙丑及庚寅、庚辰、庚午、庚申、庚戌、庚子之人，就要從戊寅開始順數到自己的月柱地支。

例如：年柱是乙丑，月柱地支也為巳的人，那就是要從戊寅開始數→己卯→庚辰→到自己的地支巳的月柱→辛巳為止，辛巳就是年干乙或庚，月支為巳之人的月柱。

丙辛歲首尋庚起（丙辛起庚寅）：

　　年柱為丙寅、丙辰、丙午、丙申、丙戌、丙子及辛
　　丑、辛卯、辛巳、辛未、辛酉、辛亥、之人皆需庚
　　寅開始順數到自己的月支為止。

丁壬壬位順水流（丁壬起壬寅）：

　　年柱為丁丑、丁卯、丁巳、丁未、丁酉、丁亥、及
　　壬寅、壬辰、壬午、壬戌、壬子之人，皆需從壬寅
　　開始數到自己的月柱地支為止。

若言戊癸何方發，甲寅之上好追求（戊癸起甲寅）

　　年柱為戊寅、戊辰、戊午、戊申、戊戌、戊子及癸
　　卯、癸巳、癸未、癸酉、癸亥、癸丑之人，皆需從
　　甲寅開始數到自己的月柱地支為止。

用國曆推測節氣的交替日期

　　節氣的交替大部份是有規律的，我們可用國曆來作推測，但準確性並非百分之百，　因為有時會有一天的誤差，但超過節氣交替約一天後，就可直接用此方法來作節氣的判讀，但如果不是身邊無帶萬年曆或其他資料可查證的情形下，是不建議用此方式來推測。

排日柱的方法與代表的個性、特質

出生的日期我們可直接查對萬年曆即可，而所查對出來的天干，也代表著本人呈現於外在的人格特質，別人看到的你是什麼的個性。本書第　　頁有十天干之基本特性，或本人著作「八字時空洩天機–雷、風兩集」雅書堂出版社，有相當完整的介紹。

排時柱：

　　排時柱必須要知道日柱的天干和出生的時辰找出「萬年曆」中的日柱起時柱排列表（五鼠遁）直接查

表對照即可；也可用歌訣：五鼠遁時歌，來推算出時柱。

　　六十甲子每天有十二個時辰，六十個時辰共五天輪一次周期，周而復始，一天二十四小時，每二小時為一時辰，由晚上十一點起每二小時換一時辰，晚上十一點至凌晨一點為子時，為一天的開始，也就是新一日的轉換，凌晨一點至三點為丑時，凌晨三點至上午五點為寅時，上午五點至七時為卯時，午七點至九點為辰時，上午九點至十一點為巳時，上午十一點至中午一點為午時，下午一點至三點為未時，下午三點至五點為申時，下午五點至七點為酉時，晚上七點至九點為戌時，晚上九點至十一點為亥時。

　　推算月柱的五虎遁月歌，同理是推算時柱的五鼠遁時歌訣，但月柱即使不用五虎遁月歌的古訣，也能從萬年曆查出正確的月柱，而時柱是無法從萬年曆中查出，一定用日柱天干和時柱地支(出生時辰)來以歌訣「五鼠遁時歌」中，所提供的換算標準，來算出時

柱，由此可知五鼠遁時歌是學排八字中不能不知道的重要基本功。

五鼠遁時歌

五鼠遁時歌是採用陽性天干甲、丙、戊、庚、壬來和陰性地支[子]所配成的五組干支，來作為換算時柱的標準起點，[子]在地支生肖中為鼠，因此甲子、丙子、戊子、庚子、壬子，這五組干支在歌訣中統稱：

五鼠（可對照日柱起時柱排列表：五鼠遁）

甲己還加甲（甲己起甲子）

這裡的甲己是指日柱天干為甲或己日生之人，還加甲則是指換算標準必須要以甲子為起點，也就是日柱為：甲子、甲寅、甲辰、甲午、甲申、甲戌及己丑、己卯、己巳、己未、己酉、己亥的人要從甲子開始順數到自己的時柱地支（出生時辰）。

例如：日柱為己亥，出生時辰為申時之人，那就必須從甲子開始順數→經乙丑→丙寅→丁卯→戊辰→己巳→庚午→辛未到自己的出生時辰為申時的時柱：

壬申為止，而己亥也就是日柱天干為甲或己，出生時辰為申時之人，必須從甲子時推到申時，為壬申的時柱。

乙庚丙作初（乙庚起丙子）

乙庚是指日柱天干為乙或庚之人，也就是日柱乙丑、乙卯、乙巳、乙未、乙酉、乙亥及庚子、庚寅、庚辰、庚午、庚申、庚戌的人，丙作初則代表就要從丙子開始順數到自己的出生時辰為止。

例如：日柱為庚申，出生時辰為午時之人就要從丙子開始順數→經丁丑→戊寅→己卯→庚辰→辛巳到壬午為自己的出生時辰為午時的時柱：壬午為止，而壬午也是日柱天干為乙或庚，出生時辰為午時之人的時柱。

※如出生時辰為子，則不必再數，起點就是時柱，例如：日柱天干是戊或癸，時辰為子的人，時柱即是起點的壬子，不用再數。

丙辛從戊起（丙辛起戊子）

丙辛是指日柱天干為丙或辛之人，也就是日柱為丙子、丙寅、丙辰、丙午、丙申、丙戌及辛丑、辛卯、辛巳、辛未、辛酉、辛亥的人，從戊起則是指必須從戊子開始順數到自己的出生時辰為止。

丁壬是庚子（丁壬起庚子）：

丁壬是指日柱天干為丁或壬之人，也就是日柱為丁丑、丁卯、丁巳、丁未、丁酉、丁亥及壬子、壬寅、壬辰、壬午、壬戌的人，是庚子則是代表必須從庚子開始數到自己的出生時辰為止。

戊癸從何起，壬子是真途（戊癸起壬子）

日柱天干為戊或癸的人，也就是日柱是戊子、戊寅、戊辰、戊午、戊申、戊戌及癸丑、癸卯、癸巳、癸未、癸酉、癸亥的人，皆需從壬子開始數到自己的出生時辰為止。

　　如果覺得五鼠遁時歌的時柱換算方式，很難理解的人，可以用萬年曆日柱起時柱排列的表格，對照自己用古訣換算出的時柱是否正確，算出時柱是排八字必修的基礎，所以不能偷懶，要多多練習，才會熟悉算出時柱的口訣及方式。

第五柱分柱排列法：

　　於「八字時空洩天機－雷、風兩集」當中於首編「本書特色應用原理」就有談到，也與「鐵板神數」有異曲同功之妙，唯一不同之處，鐵板神數每一分鐘一命式，而第五柱分柱每十分鐘一命式之差距。而此第五柱又要如何應用、切入使用？它藏了什麼玄機呢？

太乙時空卦象歌訣：

年看過去與廢事，月推事項定留存，日柱專論當事局
時上未來定高低，分斷現況定吉凶，十字神斷洩天機

作者在台南市救國團大學路本部研習中心，有開10個數字看一生，十全派姓名學、八字學、易經占卜、擇日學及陽宅的課程，其中「揭開八字神祕的面紗」課程中，簡章是「論八字卻不用任何的資料，就能了解對方目前的吉凶禍福、財妻子祿、以及過去、現在和未來，解開千古不解之謎與不傳之祕，突破同年、同月、同日、同時生之疑惑、讓你輕易揭開八字神秘的面紗，快速而精準」。

　　以及在台南市生活美學館（前社教館）及附設生活美學長青大學有開「揭開八字時空的奧祕」此門課程詳述了五柱十字的排列組合及論斷應用,快速又精準,讓你深入其中之祕, 讚嘆不已。「八字時空洩天機-雷、風兩集」之著作也針對此「八字時空卦象」, 作有系統的詮釋。

起分柱法與日柱起時柱方法完全相同,唯一不同的是,時柱是由日的天干所起(查五鼠遁表)而分柱是由時柱天干所起,（在本人的著作：史上最便宜、最精準、最實用彩色精校萬年曆，由易林堂出版社出版，從第

14 頁起，共 6 頁，詳列了 12 個時辰的查對表，讀者可直接查對即可）其應用在於時空卦象解析，來客不用任何資料，就能精準斷出前因後果。

夜子時與早子時

子時是由下午十一點起算為新一天的開始，經午夜零時至隔日的凌晨一點止，外面有些老師將子時分成早子時與夜子時，（午夜零時至凌晨一點為早子時，晚上十一點至午夜零點為夜子時；今天的早子時與昨天的夜子時是同一個時辰，今天的夜子時與明天的早子時是同一個時辰）。

將今天的早子時至今日的夜子時定位是同一天，要到午夜零點為早子時才開始換日子。

> 但本人一律在晚上十一時開始換日柱，不分早子時、晚子時。

三更半夜是幾點

　　一般人常常在講三更半暝,卻不知道三更是幾點,在古時沒有時鐘,打更為古代特有的計算單位,夜裡的報時以打更為準,分為「更和點」,從晚上七點開始到九點戌時為一更,晚上九點至十一點亥時為二更,三更是由晚上十一點至凌晨一點子時,凌晨一點至三點丑時為四更,五更近天亮由凌晨三點至五點寅時止。古人將「一更分為五點」一點轉為現在的分鐘為二十四分鐘。一般人常言「三更暝半」、「三更半夜」就是半夜十二時十二分。因一點為二十四分鐘,半夜為三點為二十四乘以三為七十二分,一更為五點,「三更暝半」為三更七十二分等於十二時十二分鐘(半夜)。五更又叫「五夜」,甲夜、乙夜、丙夜、丁夜、戊夜,五更又叫「五鼓」即一鼓、二鼓、三鼓、四鼓、五鼓。

夏令時間

　　夏令時間是為了利用季節的日光，而在春季開始提前一個小時的作息方法。在歐盟國家和非歐盟國家中，此方法實行時期每年三月份的最後一個周日一點（格林尼治時間）開始，至十月份最後一個周日一點結速。

　　歐洲夏令時間夏天晝長夜短，早上四點天就很亮，到下午七點多太陽還沒下山，政府為使人們多利用白天之時間，實施了「夏令時間」，也稱為「日光節約時間」，將時鐘撥快一小時，一般人在排八字或論命在計算時辰時都會按當時的時間，退一小時，以符合實際的時辰，**但本人者不以此方法論之，乃所有的政令都是天給予的能量，要符合當時的政令，那就是天意。**

　　我國夏令時間的起止，如下表：也可參考易林堂出版「史上最便宜、最精準、最實用精校彩色萬年曆」，於第十、十一頁有詳細夏令時間的時期。

我國使用「夏令時間」曆年起止表─(農曆)

年號名稱	民國34年	民國35年	民國36年	民國37年	民國38年	民國39年	民國40年	民國41年	民國42年	民國43年	民國44年
名稱	夏令時間	夏令時間	夏令時間	夏令時間	夏令時間	夏令時間	夏令時間	日光節約時間	日光節約時間	日光節約時間	日光節約時間
起止時間（農曆）	3月20日至8月25日	4月1日至9月6日	3月11日至8月16日	3月23日至8月28日	4月4日至8月9日	3月15日至8月19日	3月26日至8月30日	2月6日至9月13日	2月18日至9月24日	2月28日至10月5日	3月9日至8月15日

民國45年	民國46年	民國47年	民國48年	民國49年	民國50年	民國51年至62年	民國63年	民國64年	民國65年日至67年	民國68年	民國69年
日光節約時間	夏令時間	夏令時間	夏令時間	夏令時間	夏令時間		日光節約時間	日光節約時間	日光節約時間	日光節約時間	
2月21日至8月26日	3月2日至8月7日	2月13日至3月18日	3月24日至3月28日	5月8日至8月10日	4月18日至8月21日	停止夏令時間	3月9日至8月15日	2月20日至8月25日	停止夏令時間	6月8日至8月10日	停止夏令時間

我國應用「日光節約時間」歷年起迄日期(國曆)

年　代	名　稱	起迄日期
民國三十四年至四十年	夏令時間	五月一日至九月三十日
民國四十一年	日光節約時間	三月一日至十月卅一日
民國四十二年至四十三年	日光節約時間	四月一日至十月卅一日
民國四十四年至四十五年	日光節約時間	四月一日至九月三十日
民國四十六年至四十八年	夏令時間	四月一日至九月三十日
民國四十九年至五十年	夏令時間	六月一日至九月三十日
民國五十一年至六十二年		停止夏令時間
民國六十三年至六十四年	日光節約時間	四月一日至九月三十日
民國六十五年至六十七年		停止日光節約時間
民國六十八年	日光節約時間	七月一日至九月三十日
民國六十九年至　年		停止日光節約時間

春牛圖與農民曆

　　春牛圖是用來預測當年的雨量和農作物收成的「預測圖」，但近年來得春牛圖逐漸被「春牛芒神服色」取代，改用文字敘述。

　　在民國四、五十年代，印刷還沒有像現在這樣快速進步普遍時，一般公司行號在年終很流行贈送「春牛圖」，就如同我們現在贈送農民曆或月曆一樣。

　　春年圖為一張對開大小的紙張，中間印上一頭耕牛，周圍密密麻麻的記載著，一整年三百六十五天的節令，春牛圖內含一整年三百六十五天的節氣記載，以備農民播種所需，以及干支、胎神、沖煞、方位、吉凶、宜忌，琳瑯滿目，包羅萬象。擁有春牛圖的每戶人家，把春牛圖往牆上一貼，隨時可以查看，比起現在的農民曆實在方便很多，目前在市面上很難再看

到春牛圖了，取代春牛圖的就是現在我們隨手可得的農民曆了。

春牛：古時候有一禮法叫「鞭春牛」，就是得要在立春前製好土牛（用紙及桑拓木為胎骨編製而成的），在立春的祭典上，天子會招集百官庶民，共同參與祭典，用絲杖鞭策土牛，象徵春耕的開始，以此突顯農作物的重要性，祈求上天施惠予百姓，勉勵大家勤奮耕作；這項習俗演變至今，在每年春節期間會有「摸春牛」的儀式，此春牛就是與台南鹿耳門天后宮在春節放的春牛一樣（平安牛）。

現在的農民曆大多數已都找不到春牛圖了，但是會有「春牛芒神服色」這一欄，比方今年民國一百零一年壬辰年的農民曆中，春牛芒神服色是這樣記載著：

春牛身高四尺，身長八尺，尾長一尺二寸(1)，牛頭黑色(2)，牛身黃色(3)，牛腹黑色(4)。角耳尾青色(5)，牛脛黃色(6)，牛蹄白色(7)，牛尾左繳(8)，牛口開(9)，牛籠頭拘子用桑柘木，絲繩結白色(10)，牛踏板縣門左扇(11)。

芒神身高三尺六寸五分(12)，面如童子像(13)，青衣白腰帶(14)，平梳兩髻在耳前(15)，罨耳用右手提，行纏鞋袴 俱全，左行纏懸於腰(17)；鞭杖用柳枝長二尺四寸，五彩醮染用絲結(18)，芒神晚閒立於牛左後邊(19)。

　　古代及民國以前識字的人到底不多，未必人人都懂陰陽五行曆法等知識，所以會以春牛圖來作春節饋贈的習俗，現在社會進步，教育普及，學歷越來越高人人受益，所以現在都改以農民曆，家家幾乎人人一本至數本以上。

現將「春牛經」說明如下：

造神春牛法：

　　造春牛芒神，用冬至後辰日，於歲德方取水土成造，用桑柘木為胎骨。

　　牛身高四尺，象徵「四時」，春夏秋冬；頭至尾長八尺，象徵「八節」；牛尾一尺二寸，象徵「十二個月」令，此象每天都一樣不會變。

　　　視年干之色為頭、年支之色為身。年納音之色為腹、立春日干之色為耳、角、尾，立春日支之色為膝脛，立春日納音之色為蹄，立春日干受剋之色為籠頭。陽年牛口開，左尾繳、踏腳板用縣門左扇。陰年牛口合，右尾繳，踏腳板用縣門右扇，又視立春日支為牛尾、為籠頭，子午卯酉日用苧繩，寅申巳亥用麻繩，辰戌丑未日用絲繩。

現在我們以今年一百零一年壬辰年來為例，來加以作說明：

1. 春牛身高四尺、長八尺、尾一尺二吋：

　　　牛身高四尺，象徵「四時」，春夏秋冬，頭至尾椿長八尺，象徵「八節」，牛尾長一尺二吋，象徵「十二月」每年都一樣。

2. 牛頭黑色：

　　　牛頭色，視當「年干」：甲乙年青色，丙丁年紅色，戊己年黃色，庚辛年白色，壬癸年黑色。（乃因甲乙屬木青色，丙丁屬火紅色，戊己屬土黃色，庚辛屬金白色，壬癸屬水黑色。）

　　　壬辰年牛頭黑色。乃壬為黑色，所以牛頭為黑色。

3. 中身黃色：

　　牛身色，視當年支：亥子年黑色，寅卯年青色，巳午年紅色，申酉年白色，辰戌丑未年黃色。（乃因亥子屬水黑色，寅卯屬木青色，巳午屬火紅色，申酉屬金白色，辰戌丑未屬土黃色。）

　　壬辰年牛身黃色。乃壬辰年支為黃色，所以牛身為黃色。

4. 牛腹黑色 ：

　　牛腹色，視年納音：金年白色，木年青色，水年黑色，火年紅色，土年黃色。

　　壬辰年壬辰、癸巳長流水，納音水屬黑色。所以壬辰年牛腹為黑色。

5. 角、耳、尾青色：

　　牛、角、耳、尾色，視立春日干：甲乙日青色，丙丁日紅色，戊己日黃色，庚辛日白色，壬癸日黑色。

　　民國一百零一年壬辰年立春為一月十三乙未日，乙為木為青色。

6. 牛脛黃色

牛脛（脛：小腿也）色，視立春日支：寅卯日青色，巳午日紅色，申酉日白色，亥子日黑色，辰戌丑未日黃色。

壬辰年，乙未日立春，日支為未為黃色，所以牛脛色為黃色。

7. 牛蹄白色 ：

牛蹄色，視立春日納音：金日白色，木日青色，水日黑色，火日紅色，土日黃色。

壬辰年，乙未日立春，乙未納音砂中金，金色為白色，所以壬辰年牛蹄為白色。

8. 牛尾左繳 ：

牛尾長一尺二寸，象徵「十二月」。左右繳，視年陰陽：陽年左繳，陰年右繳。

壬辰年壬為陽年，陽年左繳。

9. 牛口開 :

牛口開合,視「年陰陽」:陽年口開,陰年口合。
壬辰年壬水為陽年,陽年口開。

10. 牛籠頭拘子用桑柘木,絲繩結白色 :

牛籠頭拘繩,視「立春日支干」:寅申巳亥日用蔴
繩,子午卯酉日用苧繩,辰戌丑未日用絲繩;拘子俱
用桑柘木,甲乙日白色,丙丁日黑色,戊己日青色,
庚辛日紅色,壬癸日黃色。

壬辰年立春乙未日,牛籠頭拘子用桑柘木,絲繩白
色。

11. 牛踏板縣門左扇 :

牛踏板,視「年陰陽」:陽年用縣門左扇,陰年用
縣門右扇。甲、丙、戊、庚、壬年用左扇,乙、丁、
己、辛、亥年用右扇。

壬辰年壬為陽年、故用左扇。

芒神是誰：木神

五神：木、火、土、金、水，古代認為五行各有司其表，木神「句芒」、火神「祝融」、土神「句龍」、金神「蓐收」、水神「玄冥」。這五行神祇各司其位，而獲功升格另一職責，因為木神主要掌管萬物生長及農作百事，因此木神「句芒神」，簡稱「芒神」，為春牛圖的代表神祇，流傳至今。以下將造芒神之法及芒神裝扮的玄機意義，公開與讀者分享。

造芒神法：

視立春日支受剋之色為衣，又以剋衣之色為繫腰；視「立春日」納音為頭髻；芒神髻（把頭髮挽成結也），視「立春日納音」：納音金日，為平梳兩髻在耳前；納音木日，為平梳兩髻在耳後；納音水日，為平梳兩髻，右髻在耳後，左髻在耳前；納音火日，為平梳兩髻，右髻在耳前，左髻在耳後；納音土日，為平梳兩髻，在頂直上。

視立春日支為鞭結，寅申巳亥日用麻，子午卯酉用苧，辰戌丑未日用絲。

立春距正月一日前五日外者，芒神立於牛前；立春距正月一日後日外者，芒神立於牛後；若立春在正月一日前後五日內者，芒神與牛並立；陽年立於牛左，陰年立於牛右。

現在再以今年民國一百零一年為例，加以說明：

12. 芒神身高三尺六寸五分：

　　芒神身高三尺六寸五分，象徵一年三百六十五日，每年都一樣。

13. 面如童子像：

　　芒身老少，視「年支」：寅申巳亥年，面如老人像。子午卯酉年，面如少壯像。辰戌丑未年，面如童子像。

　　壬辰年，辰面如童子像。

14. 青衣白腰帶 :

芒神衣帶色，視「立春日支」（尅支者為衣色，支生者為帶色）：亥子日黃衣青腰帶，寅卯日白衣紅腰帶，巳午日黑衣黃腰帶，申酉日紅衣黑腰帶，辰戌丑未日青衣白腰帶。

壬辰年，立春為乙未日，未日支，所以芒神青衣白腰帶。

15. 平梳兩髻，髻在耳前:

芒神髻（把頭髮挽成結也），視「立春日納音」：納音金日，為平梳兩髻在耳前；納音木日，為平梳兩髻在耳後；納音水日，為平梳兩髻，右髻在耳後，左髻在耳前；納音火日，為平梳兩髻，右髻在耳前，左髻在耳後；納音土日，為平梳兩髻，在頂直上。

壬辰年，立春為乙未日，納音甲午、乙未砂石金，納音金日，為平梳兩髻，髻在耳前。

16. 罨耳用手提 ：

　　芒神罨（網也）耳，視「立春時辰」：子丑時全戴，寅時全戴，揭起左邊；亥時全戴揭起右邊；卯巳未酉時用罨耳右手提；辰午申戌時用左手提。

如一百零一年壬辰年立春為乙未日酉時，罨耳用右手提。

17. 行纏鞋褲俱全，左行纏懸於腰 ：

　　芒神行纏鞋袴，視「立春日納音」：納音金日，行纏鞋袴俱全，左行纏懸於腰；納音木日，行纏鞋袴俱全，右行纏懸於腰；納音水日，行纏鞋袴俱全；納音火日，行纏鞋袴俱無；納音，為土日著袴無行纏鞋子。

　　壬辰年，立春乙未日納音屬金，為行纏鞋綺俱全，左行纏懸於腰。

18. 鞭杖用柳枝二尺四寸，五彩蘸染用絲結：

　　芒神鞭杖用柳枝長二尺四寸，象徵「二十四氣」。鞭結，視「立春日支」：寅申巳亥日用蒜結，子午卯酉日用苧結，辰戌丑未日用絲結，俱用五色蘸染。

壬辰年立春為乙未日，五彩蘸染用絲結。

19.　芒神晚閒，立於牛左後邊：

　　芒神忙閒立牛前後，視立春距正月一日前後遠近：立春距正月一日前後五日內，芒神忙與牛並立；立春距正月一日前五日外，芒神早忙立於牛前邊；立春距正月一日後五日外芒，神晚閒立於牛後邊。正月一日即是春節農曆正月初一。

　　芒神立牛左右，視年陰陽：陽年甲、丙、戊、庚、壬為陽年立於牛左，陰年乙、丁、己、癸、辛陰年立於牛右。壬辰年芒神晚閒，立於牛左後邊。

> 　今年壬辰年正月十三日酉時交立春，為立春距正月一日後五日外，為芒神晚閒立於「牛後」，又壬為陽年，為立於牛左後邊。

建除十二神

　　在前面的述訴，我們知道，在時間的排列裡，年月日時都是用干支來表示，而十二建除神名稱及次序分別為：一建、二除、三滿、四平、五定、六執、七破、八危、九成、十收、十一開、十二閉。十二順序，周而復始，正配合六十甲子依順序使用，而年干支每六十年輪流一次，周而復始，生生不息。

月干支每六十個月輪流一次，五年循環一次。

日干支每六十天輪流一次。

時干支每六十個時辰輪流一次，五天循環一次。

分干支每十分鐘輪一干支，六百分鐘為十個小時為五個時辰循環一次。

　　在各節氣月中的日支與節氣月令月支相同之日，我們稱為「建」日，如一月立春為「寅」月，一月份裡的「寅」日，統稱「建日」，次日後依順序為除日、滿日、平日、定日、執日、破日、危日、成日、收日、開日、閉日，一般以「建日」為旺相之日，為該月最

吉祥的日子,「破日」諸事不美,皆有損之日,為最兇的日子。

　　建除十二神即指建、除、滿、平、定、執、破、危、成、收、開、閉。十二順序,周而復始,其順序選定的原則要領為,日支與月支相同之日為「建」,其餘依順序而定。在每月節的交接日,則以當日之值星重複一次,以便合乎建日之原則,參考農民曆或通書中,凡逢立春、驚蟄、清明、立夏、芒種、小暑、立秋、白露、寒露、立冬、大雪、小寒等十二節當日,與前或後一日,均有值神重複的現象。

　　如一百零一年國曆二月四日,農曆的正月十三為「破日」,當天為立春月令進入正月,應為「寅月」,寅月的「建日」為「寅日」,因而為使「建日」與月支相符,在交節後一天重複一次「破日」,使建日調整為逢月支之日,也就是交節後的當天,作十二建除神的調整,立春十三日乙未日十八時二十二分節前為破,

節後當日調整為執，十四日丙申為破，十五日丁酉日為危日、十六日戊戌為成日、十七日己亥為收日、十八日庚子為開、十九日辛丑為閉，到壬寅日剛好調到「建日」，與「月建寅」相符合之日，其餘類推。

建除十二神的吉凶宜忌：

一．建日

　　建日:健而不已，旺相之日，萬物生育。

詩曰:「建日相逢造葬凶，顛狂亂舞破家風。

　　　行嫁出行上任吉，教牛教馬此事通。

　　　建日可謀本為事，若改前為再莫逢；

　　　總計建除平收日，出兵斬破大有功。」

建者，健而不已、旺相、建旺、建設、開創之氣。

宜:訂盟、立券、交易、納財、調教、習武、行軍、外出、出行、求財、謁貴、上官上赴任、職書都是好日子，如寄履歷表求職，或到上司家、會親友，找親朋好友週轉，選擇建日是相當好的日子。

忌:動土、起造、行喪、開倉、競渡、乘船、新船下水等,如果五月龍舟競技,遇上建日可要特別小心,以免發生危險。

二.除日

除日:革故鼎新之日。

詩曰:「除遇娶妻扞造葬,求官上任阻前程;

經商出行及移徙,興工動土楚戰秦。

療病捉賊除服好,宜合帷帳除邪精。

斬毒斷蟻塞鼠穴。解釋寬恕一切靈。

貪酷官吏惡人類,除日告之問假真。」

除日,意謂除舊佈新、除霉除惡之象。

宜:齋戒、沐浴、清靜、掃舍宇、解除、除服、療病、破屋、避邪,出行、斷白蟻、塞鼠穴都是好日子,如有久年疾病求醫、治病,想找個日子換醫生試試不妨選擇除日,效果絕佳。

除日忌：求官、上任、納財、嫁娶、開張、搬家、入宅、出行、開市、興工、動土。逢除日最好不要到上司家或面見官人，以免吃力不討好；新官上任、就職，更不可選在除日，以免官運受阻，罷官失職，斷送前程。

三．滿日

滿日：豐收圓滿之日。

詩曰：「滿宜造倉幷 作櫃，諸事為之大吉昌。

　　　婚姻結義完全好，一園春色百花香。

　　　古云滿日土瘟是，架造可為葬不良。

　　　不宜栽種幷服藥，開鑿池塘魚滿江。」

滿日，為豐收圓滿之意。

宜：祭祀、造倉、祈福、、嫁娶開市、納財、開池、結義、結親、上官赴任都是好日子，如與好友想結拜成義兄弟，或準備替小孩認個乾爹，或開鑿、池塘，選擇滿日最好。

忌：安葬、服藥、栽種、行喪、下葬、求醫療病皆不宜。

四．平日

平日:安定平常，守成之日。

詩曰:「平宜鴆捕盜及收瘟，剝削除災百事亨。

又宜行嫁及教畜，遇伐逢金斷賊根。

造葬埋之俱平過，餘皆守分及高增。」

平者平常也，無兇無吉之日。

宜:祭祀、開市、動土、出行、一般修屋、修造、求福、外出、求財、嫁娶、會親友、安機、作灶都可以用平日。

忌:訴訟、分產、移徒、破土。

五．定日

定日:按定不動、守機待時之日。

詩曰:「定可冠帶及安床，餘作雖為事不良。

招惹官非名死氣。縱逢吉曜也平常。

造葬若逢此定日，好事生卻有妨。

惟利嫁娶求官吉，出行入宅最不祥。」

按定為不動，不動則為死氣。因此定日凡事不宜。

忌:移徒、入宅、經商、見官、出行、訴訟,只可作計
劃性的工作,尤忌打官司及出行,如逢定日可不妙。
宜:嫁娶、安床、簽約、交易、冠笄、祈福。

六. 執日

執日:萬事執斷吉,當機立斷之日。

詩曰:「執有威儀總勢權,得遇之星出大賢。
　　　　捕賊擒凶稱妙手,任教綑綁自心寒。
　　　　若合室義專好宿,用之大吉有威權。」

按執為固執之意,執持操守是也,又有威儀權勢 ,凡
司法警察人員,捕賊擒凶,選擇執日抓人最好不過,
十拿九穩。反之,那些為非作歹的歹徒,逢執日可要
小心了,不然陰溝裡會翻船的。

執日宜:安葬、祈福、祭祀、求嗣、結婚、立約。
忌:移徒、搬家、遠行。

七. 破日

破日:破財、破滅、破碎之日。

詩曰:「破日造葬嫁娶凶,諸事交關無好終。

說合不和謀不就,經商買賣求不通。

縱合室義專好宿,用之亦在破敗中。

療病針灸皆可用,秀士赴考奪天工。」

按破者,維剛旺破敗之日,萬事皆忌,婚姻不諧、貿易不成。

惟宜:求醫療病、針灸、服藥及赴考求名。

忌:當和事佬,尤其要注意逢破日,不宜多管閒事,否則可真是狗咬呂洞賓不知好人心。

宜:考試、求功名值此,赴考名為破天荒入取。

八. 危日

危日:危險、危難、危惡之日。

詩曰:「危日登高及行船,日良宿娜多緣。

作事交關全得好,所謀百事獨稱先。

危日安床亦可許,造屋遷移亦不安。」

按危者，為危險之意。

　　最忌登高、冒險、履險峻、臨深淵地、必有阻隔。喜歡登山踏青的朋友，如逢危日出發登大山，荒唐之境，就應該特別小心，多做萬全的準備總錯不了，以免犯忌。

宜：安床、砍伐、打獵。

危日忌：開光、入宅、安香、嫁娶、出行、移徒、移居、動土、修造、安葬、登高、行船。

九. 成日

成日：成功、成就、成果之日。

詩曰：「成日百為諸事諧，造葬分明待貴來。

　　　　　娶妻必定生貴子，求名求利亦快哉。

　　　　　若問隔年新舊事，結冤結仇不須裁。」

按成者，成功、終成和合、結果、成就之意，凡事皆有成。

宜:立約、交易、上任、祈福、入學、開市、出軍、出行、嫁娶、求醫、遠行、移徙、上任、會親友、起基、修造、動土都是好日子。不過成日不宜打官司，否則必定贏不了。

忌:破屋、壞坦、訴訟。

十. 收日

收日:收成、收穫、收取之日。

詩曰:「收日娶妻埋葬吉，又好出行及買庄。

若遇寶義專好宿，百為皆美及經商。

架造不宜用收日，陽居宜顯陰宅藏。」

按收者，為收成之意，娶妻生貴子、埋葬必出貴，納財、納富、交易、經商開市、收貯財物、外出求財、買新房屋、嫁娶訂盟、入宅、謝土、安香、上官赴任諸事吉利。想買新居的朋友，選擇收日的巳、午時去簽約，將來發達的機會更大。

忌:出行、求醫、治病、訴訟。

十一. 開日

開日:開始、開朗、開闊之日。

詩曰:「開日相逢百事昌,天開生旡到生方。

最宜架造生貴子,開門放水進田庄。

嫁娶移徙出行吉,求名求利喜增光。」

按開者,係生氣之位,乃開放、開心之意。

除了埋葬反生大禍,凡事求財、求子、求緣、求官、求名都是好日子。

宜:上官赴任、訂盟、嫁娶、交易、立券、開工、修造、上梁、安機、祈福、祭祀、入宅、安香、移徙。

忌:破土、行喪、安葬。

十二. 閉日

閉日:閉塞、封閉、密閉之日。

詩曰:「閉日埋葬吉藏寶,遇此為之終到老。

六畜欄枋造亦宜,架造醫目最不好。

施針下灸不當為,塞路合帳稱妙巧。

又宜娶婦不妄動,守靜閨門留好名。」

按閉者,堅固之意。最宜埋葬,代表能富貴大吉大利。逢閉日不宜忌進行重要決策或開幕儀式,更最不宜求醫問藥及看眼睛。外出經商、上任就職,逢閉日也不理想。

宜:安葬、埋穴、解除、築堤。

忌:開光、開市、求醫、問藥、看眼睛、入宅、安香、嫁娶、訂盟。

紫白飛星

九星方位之代表

　　九星以七色為稱，一般都運用在陰陽宅或地理風水，藉此年盟定位，來判別吉凶禍福，在奇門遁甲上之定盤中，更是不可或缺的重要依據。

　　九星是指一白水星號貪狼，二黑土星號巨門，三碧木星號祿存，四綠木星號文曲，五黃土星號廉貞，六白金星號號武曲，七赤金星號破軍，八白土星號左輔，九紫火星號右弼。簡稱為一白、二黑、三碧、四綠、五黃、六白、七赤、八白、九紫。

　　所謂的「紫白」，是取首星「一白」和末星「九紫」的合稱，依隨著干支的變化，年、月、日會循著固定的軌道運行，稱為「紫白飛星」。

　　在農民曆上按日排列，每天都按著順序排列，記載著：一白、二黑、三碧、四綠、五黃、六白、七赤、八白、九紫，這就是每天輪值的九星，每年也有九星的排列，如今年民國一百零一年壬辰年輪值為六白入中宮。

　　大自然的律動以及我們在日常生活中的食、衣、住、行一切行動，都跟方向、方位有密切的關係，好比今天要簽約，要坐哪個方位，合約才順利，中午我們想出去吃個午餐，東南西北都有餐廳，到底往哪一邊去，才會稱心如意呢？考生要考試，到考場休息時要在什麼方位複習功課？要去公司應徵，往哪方向，較能找到合意的公司…等等，這些事相信每個人都碰過，那我們要如何才能掌握呢？

　　最簡單的方法，查閱看農民曆，了解今天的凶神在何方，就去避開它，吉神在何方，去佔有它，保證讓您掌握住良機。

九星的方位排列

　　九星的位置，每年每月每日每時，都按一定的規律秩序、在運行，稱為「活子時」。每一星輪流當值作主在中宮，其餘八星則分佈四正:在東南西北及四隅:東北、東南、西北、西南八方之位，只要您翻開農民曆，查看當天是哪一星輪值，就可知該星入中央作主，然後參考下列各星主位，其餘八星所在的方位，再依個人所喜所忌之星，配合參考運用，選擇對自己有利的方位行事。

　　◎一白主星入中宮：六白在正北、四綠在東北、八白在正東、九紫在東南、五黃在正南、七赤在西南、三碧在正西、二黑在西北。

　　◎二黑主星入中宮：七赤在正北、五黃在東北、九紫在正東、一白在東南、六白在正南、八白在西南、四綠在正西、三碧在西北。

　　◎三碧主星入中宮：八白在正北、六白在東北、一白在正東、二黑在東南、七赤在正南、九紫在西南、五黃在正西、四綠在西北。

　　◎四綠主星入中宮：九紫在正北、七赤在東北、二黑在正東、三碧在東南、八白在正南、一白在西南、六白在正西、五黃在西北。

　　◎五黃主星入中宮：一白在正北、八白在東北、三碧在正東、四綠在東南、九紫在正南、二黑在西南、七赤在正西、六白在西北。

　　◎六白主星入中宮：二黑在正北、九紫在東北、四綠在正東、五黃在東南、一白在正南、三碧在西南、八白在正西、七赤在西北。

　　◎七赤主星入中宮：三碧在正北、一白在東北、五黃在正東、六白在東南、二黑在正南、四綠在西南、九紫在正西、八白在西北。

　　◎八白主星入中宮：四綠在正北、二黑在東北、六白在正東、七赤在東南、三碧在正南、五黃在西南、一白在正西、九紫在西北。

　　◎九紫主星入中宮：五黃在正北、三碧在東北、七赤在正東、八白在東南、四綠在正南、六白在西南、二黑在正西、一白在西北。

九星的名稱與執掌

一. 白水星號貪狼，為官貴、吉慶之星，也代表文昌。

二. 黑土星號巨門，為病符，凶煞非之星，也代表病符星。

三. 碧木星號祿存，為凶惡鬥爭，豈尤之星，也代表盜賊星。

四. 綠木星號文曲，為事業，文昌之星，也代表桃花。

五. 黃土星號麻貞，為凶煞，病毒之星，也代表五鬼。

六. 白金星號武曲，為吉慶，壽元之星，也代表正財星。

七. 赤金星號破軍，為盜賊，爭鬥之星，也代表是非星。

八. 白土星號左輔，為瑞氣，吉慶之星，也代表財富星。

九. 紫火星號右弼，為福慶，紫微之星，也代表喜慶星。

以上一白、四綠、六白、八白、九紫都為吉星，餘凶星。

什麼方位對您有利

如果您想知道一零一年十一月一日（國曆）那個方位對您有利，則查看農民曆十一月一日為「四綠」主星，我們再查四綠主星入中宮方位的排列中，者一白在西南、四綠入中宮、六白在正西、八白在正南、九紫在正北，以上這四方位即是對您有利的；反之其它凶星七赤在東北、二黑在正東、三碧在東南、五黃在西北，為對您不利的方位，所以凡是往此方向的任何事人、事、物，就請要特別小心了，以防發生一些不愉快、掃興的事情，若非必要，則不要往或不以此方向決定一些事物。

每日時局喜、貴、財、神之方位及時間

　　地理學方位及時間之吉凶，就是為教人趨吉避凶之應用準則，普通農民曆及紅皮通書都有記載，為了讓您在查看農民曆或紅皮通書的時候，能掌握到每日喜神、貴神、財神之時間與方位、及凶煞惡神的時間與方位，特將**六十甲子的七百二十個時局列於後**，使大家都能共享喜神、貴神、財神之福蔭。只要您朝吉利及吉星之時間方位行事、作決策，如此一定能處處順心、事事如意、事半功倍、心情愉快。知凶星、惡煞之時間、方向、趨吉避凶，知吉星、吉方知時間方位，求財得財、喜謀職、大吉大利、心想事成。

以下 ：優為大吉
　　　◎為吉利
　　　△為吉凶參半
　　　●為大凶

局時日午甲

人子庚酉丁呼的　頭在神人倉開不甲
北內房碓門占神胎　北在殺子戊沖正　心在神人蓋苫不午

己巳時	戊辰時	丁卯時	丙寅時	乙丑時	甲子時
▷優 殺在東 時沖癸亥	▷◎ 殺在南 時沖壬戌	◎優 殺在西 時沖辛酉	◎優 殺在北 時沖庚申	◎優 殺在東 時沖己未	●● 殺在南 時沖戊午
狗進食祿	六武戊曲	玉帝堂旺	福三星合	寶天德光	諸事：勿用
▷▷ 神占乳 大退元武	▷ 神占頸 雷天兵牢	神占面 少天微赦	神占耳目 天日兵祿	神占頭 武曲貴人	神占戊午 日破大凶課

乙亥時	甲戌時	癸酉時	壬申時	辛未時	庚午時
▷優 殺在西 時沖己巳	◎殺在北 時沖戊辰	◎殺在東 時沖丁卯	殺在南 時沖丙寅	◎◎ 殺在西 時沖乙丑	▷◎ 殺在北 時沖戊子
朱長雀生	甲戌天三刑合	唐天符官	壬申天青賊龍	辛未六羅合紋	日金刑星
黑左道輔占股	：◎ 黑右道弼占腰	路明空堂占膝	路驛空馬占心	勾互貴陳占腹	地司兵命占胸

局時日辰甲

人辰庚呼的　頭在神人倉開不甲
東內房栖雞門神胎　南在殺戌戊沖正　膝腰神人泣哭不辰

己巳時	戊辰時	丁卯時	丙寅時	乙丑時	甲子時
優◎ 殺在東 時沖癸亥	▷優 殺在南 時沖壬戌	丁卯 殺在西 時沖辛酉	殺在北 時沖庚申	乙丑 殺在東 時沖己未	◎優 殺在南 時沖戊午
五明合堂	六青戊龍	狗帝食旺	司福命星	太乙陰：貴人	水三星合
▷▷ 大退黃道乳	▷優 雷天兵刑占頸	優 勾天陳赦占面	▷ 天日兵祿耳目	元武占戊申	▷優 天大牢進占午

乙亥時	甲戌時	癸酉時	壬申時	辛未時	庚午時
◎優 殺在西 時沖己巳	●● 殺在北 時沖戊辰	殺在東 時沖丁卯	優 殺在南 時沖丙寅	殺在西 時沖乙丑	▷◎ 殺在北 時沖戊子
六長甲生	諸事：勿用	唐天符六合	壬申天三刑合	辛未右弼	天貪刑狼
：◎ 趙乾玉堂股	大凶課	路空寶光占膝	路空金匱占心	▷ ：朱雀貴人占腹	▷▷ 地兵不遇占胸

局時日寅甲

人未癸巳癸呼的　頭神人倉開不甲
北東外爐門占神胎　北在殺申戊沖正　胸在神人祀祭不寅

己巳時	戊辰時	丁卯時	丙寅時	乙丑時	甲子時
▷◎ 殺在東 時沖癸亥	▷◎ 殺在南 時沖壬戌	◎優 殺在西 時沖辛酉	◎優 殺在北 時沖庚申	◎◎ 殺在東 時沖己未	優優 殺在南 時沖戊午
日寶刑光	六金戊匱	貪帝狼旺	喜福神星	右明弼堂	進青祿龍
▷◎ 大左退輔乳	▷◎ 雷右兵弼占頸	▷優 朱天雀赦占面	▷優 天日兵祿耳目	▷優 狗貴人占頭	◎優 旬大空進占午

乙亥時	甲戌時	癸酉時	壬申時	辛未時	庚午時
◎優 殺在西 時沖己巳	◎優 殺在北 時沖戊辰	▷優 殺在東 時沖丁卯	●● 殺在南 時沖丙寅	◎優 殺在西 時沖乙丑	▷優 殺在北 時沖甲子
木六星合	司三命合	元天武官	諸事：勿用	玉羅堂紋	不三遇合
▷優 勾長陳生股	◎優 國印進祿腰	▷◎ 路唐空符膝	大凶心	◎ ：交武貴曲占腹	▷▷ 地白兵虎占胸

呼的辛丑人　甲子日時局　甲不開倉人神在頭
胎神占門碓外東南　正沖戊午殺在南　子不問卜人神在目

己巳時	戊辰時	丁卯時	丙寅時	乙丑時	甲子時
優▷ 殺在東 沖癸亥 神占乳 元武：黑道 大退	優▷ 殺在南 沖壬戌 神占頸 六戊 三合 ▷◎ 雷兵 天牢	◎優 殺在西 沖辛酉 神占面 玉堂 帝旺 ▷優 日天 赦	優◎ 殺北 沖庚申 神占耳目 福星 喜神 ▷◎ 天日 兵祿	優◎ 殺在東 沖己未 神占耳目 六合 羅紋 ◎： 武曲 交貴	◎優 殺在南 沖戊午 神占踝午 福德 金匱 ▷◎ 日建 大進
乙亥時	甲戌時	癸酉時	壬申時	辛未時	庚午時
優▷ 殺在西 沖己巳 神占股 朱雀 長生 ▷優 進貴 旬空	▷◎ 殺在北 沖戊辰 神占腰 天刑 比肩 ▷◎ 國印 旬空	▷◎ 殺在東 沖丁卯 神占腰 貪狼 天官 ▷◎ 明堂 路空	▷優 殺在南 沖丙寅 神占心 天三賊合 ▷◎ 青龍 路空	▷優 殺在西 沖乙丑 神占腹 日貴人害 ▷◎ 太陽 勾陳	●● 殺在北 沖甲子 神占胸 諸事：：勿用 日時相沖

呼的戊子人　甲戌日時局　甲不開倉人神在頭
胎神占雞栖外西南　正沖戊辰殺在北　戌不吃犬人神在頭面

己巳時	戊辰時	丁卯時	丙寅時	乙丑時	甲子時
◎◎ 殺在東 沖癸亥 神占乳 傳送 明堂 ▷◎ 大退 五合	●● 殺在南 沖壬戌 神占頸 諸事：：勿用 正沖 勾陳	優 殺在西 沖辛酉 神占面 天赦 六合 ▷◎ 帝旺	優 殺在東 沖庚申 神占耳目 福星 喜神 ▷優 天日 兵祿	優 殺在東 沖己未 神占頭 元貴人武 ▷◎ 太陰 日刑	◎優 殺在南 沖戊午 神占踝午 水星 大進 ▷◎ 比肩 天牢
乙亥時	甲戌時	癸酉時	壬申時	辛未時	庚午時
◎優 殺在西 沖己巳 神占股 功曹 長生 ◎◎ 玉堂 木星	▷優 殺在北 沖戊辰 神占腰 白虎 比肩 ▷優 助旺 日建	◎優 殺在東 沖丁卯 神占膝 狗食 天官 ▷◎ 路空 寶光	▷◎ 殺在南 沖丙寅 神占心 天金賦匱 ▷◎ 路空 驛馬	◎優 殺在西 沖乙丑 神占腹 朱雀 貴人 ▷◎ 日太 刑陽	▷優 殺在北 沖甲子 神占胸 不三遇合 ▷▷ 地天 兵刑

呼的壬辰人　甲申日時局　甲不開倉人神在頭
胎神占門爐外西北　正沖戊寅殺在南　申不安床人神在頭背

己巳時	戊辰時	丁卯時	丙寅時	乙丑時	甲子時
◎優 殺在東 沖癸亥 神占乳 寶天光地 ▷： 大合退格	◎優 殺在南 沖壬戌 神占頸 金三匱合 ▷： 六財戊局	◎◎ 殺在西 沖辛酉 神占面 傳天送赦 ▷◎ 朱帝雀旺	●● 殺在北 沖庚申 神占耳目 諸事破：：勿用 大凶日	◎優 殺在東 沖己未 神占頭 明羅堂紋 ▷： 右互弼貴	優優 殺在南 沖戊午 神占踝午 青三龍合 ·優 貪大狼進
乙亥時	甲戌時	癸酉時	壬申時	辛未時	庚午時
◎優 殺在西 沖己巳 神占股 六長甲生 ：優 趨進乾貴	◎◎ 殺在北 沖戊辰 神占腰 鳳司輦命 ：◎ 黃國道印	▷優 殺在東 沖丁卯 神占膝 元天武官 ▷◎ 路唐空符	▷優 殺在南 沖丙寅 神占心 天長賊生 ▷◎ 路天空牢	◎◎ 殺在西 沖乙丑 神占腹 武玉曲堂 ▷優 狗貴食人	▷優 殺在北 沖甲子 神占胸 白進虎祿 ▷▷ 地不兵遇

乙丑日時局 的呼辛巳

正沖己未殺在東　乙不栽種人神入在喉
胎神誰磨廁外東南　乙丑不冠帶人神腰耳

丙子時	丁丑時	戊寅時	己卯時	庚辰時	辛巳時
◎優 殺在南 丙子時 沖庚午 神占 天六合 天貴人刑踝	▷優 殺在東 丁丑時 沖辛未 神占 金福星 朱雀日建	▷優 殺在北 戊寅時 沖壬申 神占 金進貴 六戊帝旺	◎優 殺在西 己卯時 沖癸酉 神占 天德祿 寶光大進	▷優 殺在南 庚辰時 沖甲戌 神占 白虎居：地兵日貴	辛巳時 殺在東 沖乙亥 神占 少微三合 ▷◎不遇玉堂

壬午時	癸未時	甲申時	乙酉時	丙戌時	丁亥時
▷優 殺在北 壬午時 沖丙子 神占 天牢長生 ▷◎路空貪狼	●● 殺在西 癸未時 沖丁丑 神占 諸事：：勿用 日破 大凶	●● 殺在南 甲申時 沖戊寅 神占 左輔羅紋：：大退交貴	▷◎ 殺在東 乙酉時 沖己卯 神占 勾陳三合：：黑道比肩	▷◎ 殺在北 丙戌時 沖庚辰 神占 天喜 天兵 日刑青龍	◎優 殺在西 丁亥時 沖辛巳 神占 明堂福星 ◎優驛馬天赦

乙亥日時局 的呼乙未

正沖己巳殺在西　乙不栽種人神入在喉
胎神誰磨床外西南　乙亥不行嫁人神頭頸

丙子時	丁丑時	戊寅時	己卯時	庚辰時	辛巳時
◎優 殺在南 丙子時 沖庚午 神占 天貴人 ▷◎天喜神	◎優 殺在東 丁丑時 沖辛未 神占 玉堂福星 ▷◎右弼進貴	▷優 殺在巳 戊寅時 沖壬申 神占 天牢六合：：黑道六戊	優優 殺在西 己卯時 沖癸酉 神占 日祿三合 ◎優貪狼大進	◎◎ 殺在南 庚辰時 沖甲戌 神占 右弼司命 ▷◎地兵功曹	●● 殺在東 辛巳時 沖乙亥 神占 諸事：：勿用 日時相沖

壬午時	癸未時	甲申時	乙酉時	丙戌時	丁亥時
◎優 殺在北 壬午時 沖丙子 神占 天長生 ▷◎路空青龍	▷優 殺在西 癸未時 沖丁丑 神占 武曲三合 ▷◎路空明堂	▷優 殺在南 甲申時 沖戊寅 神占 天官天賦 ▷優大貴退人	▷優 殺在東 乙酉時 沖己卯 神占 朱雀比肩：：黑道旬空	▷◎ 殺在北 丙戌時 沖庚辰 神占 天兵金匱 ▷◎狗食神	優優 殺在西 丁亥時 沖辛巳 神占 天德福星 ▷◎日刑進貴

乙酉日時局 的呼丙子

正沖己卯殺在東　乙不栽種人神入在喉
胎神誰磨門外西北　乙酉不會客人神在背

丙子時	丁丑時	戊寅時	己卯時	庚辰時	辛巳時
◎優 殺在南 丙子時 沖庚午 神占 司命羅紋：：天兵交貴	優優 殺在東 丁丑時 沖辛未 神占 福星三合 ◎優武曲進貴 六戊帝旺	◎優 殺在寅 戊寅時 沖壬申 神占 左輔青龍 六戊帝旺	●● 殺在西 己卯時 沖癸酉 神占 諸事：：勿用 日破 大凶	◎優 殺在南 庚辰時 沖甲戌 神占 武曲天地▷：：地兵合格	▷優 殺在東 辛巳時 沖乙亥 神占 不遇三合 ▷◎朱雀木星

壬午時	癸未時	甲申時	乙酉時	丙戌時	丁亥時
▷優 殺在北 壬午時 沖丙子 神占 旬空長生 ▷◎路空金匱	▷優 殺在西 癸未時 沖丁丑 神占 旬空天德 ▷◎路空寶光	▷優 殺在南 甲申時 沖戊寅 神占 天官天賊 ▷優大貴退人	◎◎ 殺在東 乙酉時 沖己卯 神占 貪狼玉堂 建刑比肩	◎◎ 殺在北 丙戌時 沖庚辰 神占 唐符天進 ▷優天兵進貴	◎優 殺在西 丁亥時 沖辛巳 神占 驛馬福星 ▷優元武進貴

乙未日時局

申內子丙呼的　喉在神人種栽不乙
北內房廁磨誰神胎　酉在殺丑己沖正　手頭神人藥服不未

辛巳時	庚辰時	己卯時	戊寅時	丁丑時	丙子時
◎◎殺在東沖乙亥　少微玉堂　▷◎不遇驛馬神占乳	▷優殺在南沖甲戌　白虎居神：地兵日貴	◎優殺在西沖癸酉　日祿三合◎優寶光大進神占面	◎優殺在北沖壬申　福德帝旺▷◎六戊金匱神占耳目	●●殺在東沖辛未　諸事：：勿用大凶日破神占頭	▷優殺在南沖庚午　天貴貴人▷◎天喜刑神占踝
◎優殺在西沖辛巳　明堂三合◎優國印福星神占股	▷優殺在北沖庚辰　天兵喜神▷優日青龍神占腰	▷◎殺在東沖己卯　勾陳比肩：：黑道中平神占膝	▷◎殺在南沖戊寅　天羅賊紋：大退互貴神占心	▷◎殺在西沖丁丑　元武右弼▷◎路空日建神占腹	▷優殺在北沖丙子　狗食六合▷◎路空長生神占胸

乙巳日時局

子丙呼的　喉在神人種栽不乙
東內房床磨誰神胎　東在殺亥己沖正　手在神人行出不巳

辛巳時	庚辰時	己卯時	戊寅時	丁丑時	丙子時
▷◎殺在東沖乙亥　不遇木星▷◎日建左輔神占乳	▷優殺在南沖甲戌　狗食司命▷神地右弼兵占面	◎優殺在西沖癸酉　貪狼日祿▷優元武大進神占面	▷優殺在己沖壬申　六戊進祿▷神雷兵天牢占耳目	◎優殺在東沖辛未　玉堂三合▷◎右弼天赦神占頭	▷優殺在南沖庚午　喜神祿貴▷：交交馳兵神占踝
●●殺在西沖辛巳　諸事：：勿用大凶日破神占股	▷優殺在北沖庚辰　喜神三合▷◎金匱神占腰　唐符天兵	▷優殺在東沖己卯　朱雀三合：：黑道比肩神占膝	▷優殺在南沖戊寅　天賦六合▷優大貴貴人神占心	◎◎殺在西沖丁丑　武曲明堂▷優路空進貴神占腹	◎優殺在北沖丙子　長生青龍▷：路空黃道神占胸

乙卯日時局

辰丙子戊呼的　喉在神人種栽不乙
東正外門磨誰神胎　西在殺酉己沖正　鼻脾神人井穿不卯

辛巳時	庚辰時	己卯時	戊寅時	丁丑時	丙子時
▷◎殺在東沖乙亥　不遇木星▷◎朱雀驛馬神占乳	▷優殺在南沖甲戌　天刑武曲▷神地日害兵占頸	◎優殺在西沖癸酉　明堂日祿◎優五符大進神占面	▷優殺在己沖壬申　六戊青龍▷：雷兵狗食神占耳目	▷優殺在東沖辛未　勾陳福星▷優旬天赦空神占頭	▷優殺在南沖庚午　天兵司命▷◎日貴貴人神占踝
◎優殺在西沖丁亥　福星三合▷優元武天赦神占股	▷◎殺在北沖庚辰　天兵六合▷優天喜天牢神占腰	●●殺在東沖乙酉　諸事：：勿用大凶日破神占膝	▷優殺在南沖甲申　天貴賊人▷優大退白虎神占心	◎◎殺在西沖癸未　寶光三合▷優路空天德神占腹	▷優殺在北沖壬午　福德長生▷◎路空金匱神占胸

丙寅日時局　的呼丙午

丙不作灶人神有肩　正沖庚申殺在北
丙不祭祀人神在胸　胎神廚灶爐外正南

癸巳時	壬辰時	辛卯時	庚寅時	己丑時	戊子時
▷◎ 殺在東 沖丁亥 神占乳 日刑 日祿 路空 神寶光	▷◎ 殺在南 沖丙戌 神占頸 不遇 金匱 路空 福德	◎優 殺在西 沖乙酉 神占面 貪狼 朱雀 ：日 日面	▷優 殺在北 沖甲申 神占耳目 天刑 長生 ◎地水兵星	▷◎ 殺在東 沖癸未 神占頭 明堂 天狗：◎ 下食國印	優優 殺在南 沖壬午 神占踝 青龍 天官 ▷優 六戊福星
▷優 殺在西 沖癸巳 神占股 勾陳 六合 ▷ 大退貴人	▷◎ 殺在北 沖壬辰 神占腰 六戊 三合 ▷◎ 雷兵司命	▷優 殺在東 沖辛卯 神占膝 貴人 喜神 ▷◎ 元武天赦	●● 殺在南 沖庚寅 神占心 諸事破 勿用 大凶	◎◎ 殺在西 沖己丑 神占腹 少微 玉堂：◎ 黃道武曲	優優 殺在北 沖戊子 神占胸 大進 三合 ▷優 白虎生旺

丙子日時局　的呼丁丑

丙不作灶人神在肩　正沖庚午殺在南
丙不問卜人神在目　胎神廚灶碓外西南

癸巳時	壬辰時	辛卯時	庚寅時	己丑時	戊子時
▷優 殺在東 沖丁亥 神占乳 元武 日祿 ▷ 路空居時乳	▷優 殺在南 沖丙戌 神占頸 不遇 三合 ▷◎ 路空武曲	◎◎ 殺在西 沖乙酉 神占面 少微 玉堂：◎ 日刑黃道	▷優 殺在北 沖甲申 神占耳目 天賊 長生 ◎◎ 地驛馬兵	◎優 殺在東 沖癸未 神占頭 武曲 六合 ◎優 寶光進貴	▷優 殺在南 沖壬午 神占踝 唐符 天官 ▷優 六戊福星
▷優 殺在西 沖癸巳 神占股 狗食 羅紋：大退交貴	▷◎ 殺在北 沖壬辰 神占腰 六戊 右弼 ▷▷ 雷兵天刑	◎優 殺在東 沖辛卯 神占膝 明堂 天赦 ▷▷ 貪狼貴人	◎優 殺在南 沖庚寅 神占心 喜神 三合 ▷優 天青兵龍	▷優 殺在西 沖己丑 神占腹 日時殺居 ：▷ 勾陳貴	●● 殺在北 沖戊子 神占胸 諸事破 勿用 大凶

丙戌日時局　的呼甲子

丙不作灶人神在肩　正沖庚辰殺在北
丙不吃犬人神頭面　胎神廚灶栖外西北

癸巳時	壬辰時	辛卯時	庚寅時	己丑時	戊子時
◎優 殺在東 沖丁亥 神占乳 明堂 日祿 ▷ 路空居時乳	●● 殺在南 沖丙戌 神占頸 諸事：：勿用 相沖局	▷優 殺在西 沖乙酉 神占面 勾陳 天地：：黑道合局	▷優 殺在北 沖甲申 神占耳目 司令 合 ◎地長兵生	▷◎ 殺在東 沖癸未 神占頭 日 太陰 刑 ▷◎ 元武國印	▷優 殺在南 沖壬午 神占踝 天牢 天官 ▷◎ 六戊福星
◎◎ 殺在西 沖癸巳 神占股 少微 玉堂：◎ 大退貴人	▷◎ 殺在北 沖壬辰 神占腰 六戊 武曲 ▷ 白虎日建	◎優 殺在東 沖辛卯 神占膝 寶光 天赦 ▷ 狗食貴人	◎◎ 殺在南 沖庚寅 神占心 左輔 喜神 ▷◎ 天金兵匱	◎優 殺在西 沖己丑 神占腹 朱雀 右弼 ：▷ 黑道日刑	優優 殺在北 沖戊子 神占胸 帝旺 三合 ◎◎ 天大貪進

丙申日時局

丙不作灶人神在肩　胎神廚灶爐房內北　正沖庚寅殺在南　申不安床人神頭背　乙丑呼的

癸巳時	壬辰時	辛卯時	庚寅時	己丑時	戊子時
◎優寶光六合日祿 ▷優路空 殺在東 沖丁亥 神占乳	▷優旬空 ◎◎金匱 路空 殺在南 沖丙戌 神占頸	◎◎貪狼紫微 ▷◎朱雀傳送 殺在西 沖乙酉 神占頭面	●●諸事：：勿用 殺在北 沖甲申 日時正沖 神：：耳目	◎◎太陰明堂 ▷◎右弼進貴 殺在東 沖癸未 神占頭	◎優貪狼三合 ▷優六戊青龍 殺在南 沖壬午 神占踝
己亥時	戊戌時	丁酉時	丙申時	乙未時	甲午時
▷優勾陳羅紋 ▷大退交貴 殺在西 沖癸巳 神占股	▷◎司命六戊 ▷雷兵黃道 殺在北 沖壬辰 神占腰	◎優木星貴人 ▷元武天牢 殺在東 沖辛卯 神占膝 天德	●●天兵天牢 ▷◎天喜日建 殺在南 沖庚寅 神占心	◎◎天玉狗堂 ▷◎下食進貴 殺在西 沖己丑 神占腹	◎優白虎帝旺 ▷黑道大裕 殺在北 沖戊子 神占胸 黑大

丙午日時局

丙不作灶人神在肩　胎神廚灶碓房內東　正沖庚子殺在北　午不苫蓋人神在心　丁巳丁未呼的

癸巳時	壬辰時	辛卯時	庚寅時	己丑時	戊子時
▷優狗食日祿五符 ▷路空 殺在東 沖丁亥 神占乳	▷◎不遇武曲 ▷路空太陽 殺在南 沖丙戌 神占頸	◎◎少微玉堂 ▷黃道進貴 殺在西 沖乙酉 神占面	▷優天賊三合 ▷◎地兵長生 殺在己 沖甲申 神占耳目	◎◎寶光天德 ◎◎武曲進祿 殺在東 沖癸未 神占	●●諸事：：勿用 殺在南 沖壬午 神占踝 大凶
己亥時	戊戌時	丁酉時	丙申時	乙未時	甲午時
◎優左輔祿貴 ▷大退交馳 殺在西 沖癸巳 神占股	▷優六戊三合 ▷◎雷兵右弼 殺在北 沖壬辰 神占腰	◎◎明堂貴人 ▷◎貪狼天赦 殺在東 沖辛卯 神占膝	◎◎驛馬喜神 ▷優天兵青龍 殺在南 沖庚寅 神占心	▷優勾陳六合 ▷◎黑道長生 殺在西 沖己丑 神占腹	◎◎司命帝旺 ▷優天刑大進 殺在北 沖戊子 神占胸

丙辰日時局

丙不作灶人神在肩　胎神廚灶栖外正東　正沖庚戌殺在南　辰不哭泣人神腰膝　甲辰甲申呼的

癸巳時	壬辰時	辛卯時	庚寅時	己丑時	戊子時
◎明堂日祿五符 ▷路空 殺在東 沖丁亥 神占乳	▷優不遇青龍 ▷路空建 殺在南 沖丙戌 神占頸	◎▷日害天狗 ▷勾陳下食 殺在西 沖乙酉 神占頸	◎優驛馬長生 ▷◎地兵司命 殺在己 沖甲申 神占耳目	▷優元武太陰 ▷旬空國印 殺在東 沖癸未 神占頭	◎優天牢三合 ▷六戊福星 殺在南 沖壬午 神占踝
己亥時	戊戌時	丁酉時	丙申時	乙未時	甲午時
◎◎少微玉堂 ▷優大退貴人 殺在西 沖癸巳 神占股	●●諸事：：勿用 殺在北 沖壬辰 神占腰 大凶	◎優天赦六合 ◎◎寶光 殺在東 沖辛卯 神占膝	◎◎金匱喜神 ▷◎天兵三合 殺在南 沖庚寅 神占心	▷◎朱雀右弼 ▷優黑道日殺 殺在西 沖己丑 神占腹	◎優貪狼帝旺 ▷優天刑大進 殺在北 沖戊子 神占胸

丁卯日時局 的呼甲午甲戌　丁不剃人頭神在心
　丁不穿井卯人脾鼻　正沖辛酉殺在西　胎神倉庫門外正南

丁丑日時局 的呼癸未　丁不剃人頭神在心
　丑不帶冠人腰耳　正沖辛未殺在東　胎神倉庫廁外正西

丁亥日時局 的呼丁巳丁亥　丁不剃人頭神在心
　亥不行嫁人頭頸　正沖辛巳殺在西　胎神倉庫床外西北

丁酉日時局 （酉丁呼的）

丁不剃頭，人神在心
北內房門庫倉神胎　東在殺卯辛沖正　背在神人客會不酉

乙巳時	甲辰時	癸卯時	壬寅時	辛丑時	庚子時
▷優 殺在東 朱雀三合 旬空生旺 乙巳時沖己亥 神占乳	▷優 殺在南 天刑六合 不遇武曲 甲辰時沖戊戌 神占頭	●● 殺在北 諸事：勿用 相沖 癸卯時沖丁酉 神占面	▷ 殺在北 天賊青龍 大退空路 壬寅時沖丙申 神耳目	▷優 殺在東 武曲三曲 進祿勾陳 辛丑時沖乙未 神占頭	▷優 殺在南 司命鳳輦 進祿地兵黃道 庚子時沖甲午 神占踝
▷◎ 殺在西 天官驛馬 貴人元武 辛亥時沖乙巳 神占股	▷◎ 殺在北 右弼日害 地兵天牢 庚戌時沖甲辰 神占腰	優優 殺在東 己酉長生福星 大進建刑 己酉時沖癸卯 神占膝	▷ 殺在南 六戊狗食 白虎雷兵 戊申時沖壬寅 神占心	優優 殺在西 天德進貴 天赦寶光 丁未時沖辛丑 神占腹	◎◎ 殺在北 金匱喜神 天兵日祿 丙午時沖庚子 神占

丁未日時局 （未己呼的）

丁不剃頭，人神在心
東內房廁庫倉神胎　西在殺丑辛沖正　手頭神人藥服不未

乙巳時	甲辰時	癸卯時	壬寅時	辛丑時	庚子時
◎◎ 殺在東 驛馬玉堂 少微帝旺 乙巳時沖己亥 神占乳	▷優 殺在南 白虎進貴 黑道不遇 甲辰時沖戊戌 神占頭	◎優 殺在西 寶光三合 路空天德 癸卯時沖丁酉 神占面	▷◎ 殺在巳 天賊臨官 大退空路 壬寅時沖丙申 神耳目	●● 殺在東 諸事：勿用 正沖 辛丑時沖乙未 神占頭	▷優 殺在南 天刑居 地兵日貴 庚子時沖甲午 神占踝
優優 殺在西 三合天官 明堂貴人 辛亥時沖乙巳 神占股	▷優 殺在北 青龍日刑 地進兵貴 庚戌時沖甲辰 神占腰	優優 殺在東 福星貴人 長生大進 己酉時沖癸卯 神占膝	◎◎ 殺在南 司命右輔 六戊進貴 戊申時沖壬寅 神占心	◎◎ 殺在西 右弼同類 元武相資 丁未時沖辛丑 神占腹	▷◎ 殺在北 天兵喜神 日祿狗食 丙午時沖庚子 神占胸

丁巳日時局 （子庚呼的）

丁不剃頭，人神在心
丁正外床庫倉神胎　東在殺亥辛沖正　手在神人行出不巳

乙巳時	甲辰時	癸卯時	壬寅時	辛丑時	庚子時
▷◎ 殺在東 日建左輔 天賊帝旺 乙巳時沖己亥 神占乳	▷優 殺在南 不遇司命 狗食傳送 甲辰時沖戊戌 神占頭	◎優 殺在西 元武進貴 路空不遇 癸卯時沖丁酉 神占面	優優 殺在巳 天賊進貴 大退空路 壬寅時沖丙申 神耳目	▷優 殺在東 唐符三合 旬空玉堂 辛丑時沖乙未 神占頭	▷◎ 殺在南 旬空貪狼 地兵白虎 庚子時沖甲午 神占踝
●● 殺在西 諸事：勿用 正沖 辛亥時沖乙巳 神占股	◎◎ 殺在北 功曹福德 地兵金匱 庚戌時沖甲辰 神占腰	優優 殺在東 貴人三合 長生大進 己酉時沖癸卯 神占膝	▷◎ 殺在南 六戊六合 雷兵天刑 戊申時沖壬寅 神占心	◎◎ 殺在西 武曲天赦 金明星堂 丁未時沖辛丑 神占腹	▷優 殺在北 青龍喜神 天兵日祿 丙午時沖庚子 神占胸

戊辰日時局（的呼癸未癸酉）

戊不受田人神在腹　正沖壬戌殺在南　胎神房床栖外正南
辰不泣人神腰膝

壬子時	癸丑時	甲寅時	乙卯時	丙辰時	丁巳時
▷優 殺在南 沖丙午 天牢 三合 ◎神 路空 大進 占踝	▷優 殺在東 沖丁未 天元武 貴人 ▷◎神 路空 國印 占頭	◎優 殺在北 沖戊申 驛馬 長生 ▷◎神 不遇 司命 占耳目	▷優 殺在西 沖己酉 勾陳 天官 ▷◎神 狗食 日害 占頸面	▷優 殺在南 沖庚戌 天兵 喜神 ▷優神 日刑 青龍 占頸	◎優 殺在東 沖辛亥 明堂 日祿 ▷◎神 大退 五符 占乳

戊午時	己未時	庚申時	辛酉時	壬戌時	癸亥時
▷◎ 殺在北 沖壬子 天太刑陰 ▷◎神 六戊 貪狼 占胸	◎優 殺在西 沖癸丑 天右乙弼 ：：神 朱雀 貴人 占腹	殺在南 沖甲寅 左輔 三合 ◎神 地兵 金匱 占心	▷優 殺在東 沖乙卯 寶光 六合 ▷神 天賊 天德 占膝	●● 殺在北 諸事 沖丙辰 ：：神 勿用 相沖 占腰	◎◎ 殺在西 少微 沖丁巳 ▷：神 路空 黃道 占股

戊寅日時局（的呼甲辰丙午）

戊不受田人神在腹　正沖壬申殺在北　胎神房床爐外正西
寅不祭祀人神在胸

壬子時	癸丑時	甲寅時	乙卯時	丙辰時	丁巳時
◎優 殺在南 沖丙午 唐符 大進 ▷優神 路空 青龍 占踝	▷◎ 殺在東 沖丁未 狗食 明堂 ▷優神 路空 貴人 占頭	▷優 殺在北 沖戊申 天刑 長生 ▷優神 不遇 進祿 占耳目	◎◎ 殺在西 沖己酉 貪狼 太陽 ▷◎神 朱雀 天官 占頸面	◎◎ 殺在南 沖庚戌 右弼 喜神 ▷◎神 天兵 金匱 占頸	◎優 殺在東 沖辛亥 寶光 天赦 ▷優神 大退 日祿 占乳

戊午時	己未時	庚申時	辛酉時	壬戌時	癸亥時
優優 殺在北 沖壬子 三合 生旺 ▷：神 六戊 同居 占胸	◎◎ 殺在西 沖癸丑 武曲 玉堂 ◎優神 少微 貴人 占腹	●● 殺在南 諸事 沖甲寅 日破 ：：神 勿用 大凶 占心	▷優 殺在東 沖乙卯 天賊 時居 ▷：神 元武 日貴 占膝	優◎◎ 殺在北 三合 司命 沖丙辰 ▷：神 路空 黃道 占腰	▷優 殺在西 沖丁巳 勾陳 天地 ▷神 路空 合格 占股

戊子日時局（的呼己卯）

戊不受田人神在腹　正沖壬午殺在南　胎神房床誰外正北
子不問卜人神在目

壬子時	癸丑時	甲寅時	乙卯時	丙辰時	丁巳時
◎◎ 殺在南 沖丙午 唐符 金匱 ▷優神 路空 大進 占踝	優優 殺在東 沖丁未 貴人 天地 ▷：神 路空 合格 占頭	◎優 殺在北 沖戊申 左輔 長生 ▷◎神 不遇 驛馬 占耳目	◎優 殺在西 沖己酉 少微 天官 ▷◎神 日刑 玉堂 占頸面	◎優 殺在南 沖庚戌 武曲 三合 ▷◎神 天兵 喜神 占頸	◎優 殺在東 沖辛亥 五符 天赦 ▷優神 大退 日祿 占乳

戊午時	己未時	庚申時	辛酉時	壬戌時	癸亥時
●● 殺在北 諸事 沖壬子 日破 ▷：神 勿用 大凶 占胸	▷◎ 殺在西 沖癸丑 勾陳 羅紋 ▷：神 日害 互貴 占腹	優優 殺在南 沖甲寅 青龍 三合 ▷：神 地兵 福星 占心	◎◎ 殺在東 沖乙卯 貪狼 明堂 ▷：神 天賊 黃貴 占膝	▷◎ 殺在北 沖丙辰 天刑 右弼 ▷神 黑道 路空 占腰	▷◎ 殺在西 沖丁巳 狗食 左輔 ▷神 路空 朱雀 占股

戊戌日時局（的呼癸亥）戊不受田人神在

南內房栖床房神胎　北在殺辰壬沖正　戊不吃犬人神頭面

壬子時	癸丑時	甲寅時	乙卯時	丙辰時	丁巳時
▷◎殺　壬子時沖丙午　▷◎神　天牢唐符　路空大進　占踝	▷◎殺　癸丑時沖丁未　▷◎神　日貴人　天刑　路空　占頭	◎優殺　甲寅時沖戊申　▷◎神　金三星合　不長遇生　占耳目	◎優殺　乙卯時沖己酉　▷◎神　天六官合　勾太陳陽　占面	●●殺　丙辰時沖庚戌　諸事：：勿用　大凶　占頭	▷優殺　丁巳時沖辛亥　▷優神　旬空祿東　大退天赦　占乳

戊午時	己未時	庚申時	辛酉時	壬戌時	癸亥時
▷◎殺　戊午時沖壬子　▷◎神　貪三狼合　六戊帝旺　占胸	▷優殺　己未時沖癸丑　▷◎神　右天弼乙　朱貴雀人　占腹	◎優殺　庚申時沖甲寅　▷◎神　左福輔星　地金兵匱　占心	▷◎殺　辛酉時沖乙卯　▷▷神　天寶光賊　狗天食德　占膝	▷◎殺　壬戌時沖丙辰　▷▷神　白武虎曲　路日空建　占腰	◎◎殺　癸亥時沖丁巳　▷◎神　金玉星堂　路少空微　占股

戊申日時局（的呼庚戌）戊不受田人神腹

東內房爐床房神胎　南在殺寅壬沖正　申不安床人神頭背

壬子時	癸丑時	甲寅時	乙卯時	丙辰時	丁巳時
▷◎殺　壬子時沖丙午　▷◎神　唐青符龍　路空大進　占踝	◎◎殺　癸丑時沖丁未　▷◎神　國明印堂　路貴空人　占頭	●●殺　甲寅時沖戊申　諸事：：勿用　相沖　占耳目	◎優殺　乙卯時沖己酉　▷◎神　貪太狼陽　朱貴雀人　占面	◎優殺　丙辰時沖庚戌　▷◎神　喜三神合　天金兵匱　占頭	▷優殺　丁巳時沖辛亥　▷◎神　刑寶合光　大日退祿　占乳

戊午時	己未時	庚申時	辛酉時	壬戌時	癸亥時
▷◎殺　戊午時沖壬子　▷優神　六太戊陰　白帝虎旺　占胸	◎優殺　己未時沖癸丑　▷◎神　玉羅堂紋　狗交食貴　占腹	▷優殺　庚申時沖甲寅　▷◎神　天福牢星　地進兵祿　占心	▷◎殺　辛酉時沖乙卯　▷▷神　元功武曹　黑天道賊　占膝	◎◎殺　壬戌時沖丙辰　▷▷神　鳳司輦令　路黃空道　占腰	▷◎殺　癸亥時沖丁巳　▷▷神　勾金陳星　路日空害　占股

戊午日時局（的呼辛未）戊不受田人神腹

東正外誰床房神胎　北在殺午壬沖正　午不苫蓋人神心

壬子時	癸丑時	甲寅時	乙卯時	丙辰時	丁巳時
●●殺　壬子時沖丙午　諸事：：勿用　正沖　占踝	▷◎殺　癸丑時沖丁未　▷◎神　日貴人害　路寶空光　占頭	▷優殺　甲寅時沖戊申　▷◎神　不三遇合　白生虎旺　占耳目	◎優殺　乙卯時沖己酉　◎◎神　太天陽官　少玉微堂　占面	▷◎殺　丙辰時沖庚戌　▷◎神　天喜兵神　天武牢曲　占頭	▷優殺　丁巳時沖辛亥　狗祿食元　：：大同退馳　占乳

戊午時	己未時	庚申時	辛酉時	壬戌時	癸亥時
▷◎殺　戊午時沖壬子　▷優神　六司戊命　建帝刑旺　占胸	◎優殺　己未時沖癸丑　▷優神　六祿合貴　勾交陳馳　占腹	◎優殺　庚申時沖甲寅　▷優神　驛福馬星　地青兵龍　占心	◎◎殺　辛酉時沖乙卯　▷◎神　貪明狼堂　天進賊貴　占膝	◎◎殺　壬戌時沖丙辰　▷◎神　右三弼合　路財空局　占腰	◎◎殺　癸亥時沖丁巳　▷◎神　朱金雀星　路左空輔　占股

己巳日時局

未己辰甲呼的　脾在神人券破不己
南正外床門占神胎　東在殺亥癸沖正　手在神人行出不行

甲子時	乙丑時	丙寅時	丁卯時	戊辰時	己巳時
▷優殺 甲子 貪貴在南 ▷優神 沖戊 白大占踝 虎進午	◎優殺 乙丑 唐三合在東 ▷◎神 沖己 玉堂占頭 不遇未	◎優殺 丙寅 國天淵在北 ▷◎神 沖庚 天喜占耳 兵神申	◎優殺 丁卯 天武赦：在西 ▷◎神 沖辛 黑貪占面 道狼酉	▷◎殺 戊辰 狗食司命在南 ▷◎神 沖壬 六右占頸 戊弼戌	▷◎殺 己巳 勾陳帝旺在東 ▷◎神 沖癸 大左占乳 退輔亥
庚午時	辛未時	壬申時	癸酉時	甲戌時	乙亥時
▷優殺 庚午 天日貴祿在北 ▷◎神 沖甲 地青占胸 兵龍子	◎◎殺 辛未 明福堂星在西 ◎◎神 沖乙 太武占腹 陽曲丑	◎優殺 壬申 六羅合紋在南 ▷：神 沖丙 路互占心 空貴寅	▷優殺 癸酉 朱三雀合在東 ▷優神 沖丁 路長占膝 空生卯	◎◎殺 甲戌 福金德貴在北 ▷：神 沖戊 旬黃占腰 空道股己	●●殺 乙亥 諸日事破：：在西 勿大占股 用凶已

己卯日時局

未己亥丁呼的　脾在神人券破不己
西正外門大占神胎　西在殺酉癸沖正　鼻脾神人井穿不卯

甲子時	乙丑時	丙寅時	丁卯時	戊辰時	己巳時
▷◎殺 甲子 司命貴人在南 ◎優神 沖戊 五大占踝 合進午	▷◎殺 乙丑 勾唐陳符在東 ▷◎神 沖己 不武占頭 遇曲未	◎◎殺 丙寅 天喜神兵在北 ▷優神 沖庚 狗青占耳 食龍申	◎萬殺 丁卯 明天堂赦在西 ▷◎神 沖辛 黃日占面 道建酉	▷◎殺 戊辰 六武曲在南 ▷▷神 沖壬 雷天占頸 兵刑戌	▷◎殺 己巳 朱驛雀馬在東 ▷優神 沖癸 大帝占乳 退旺亥
庚午時	辛未時	壬申時	癸酉時	甲戌時	乙亥時
◎◎殺 庚午 福金德匱在北 ▷：神 沖甲 地日占胸 兵祿子	◎優殺 辛未 福三星合在西 ◎◎神 沖乙 寶天占腹 光德丑	◎優殺 壬申 旬羅空紋在南 ▷優神 沖丙 路交占心 空貴寅	●●殺 癸酉 諸日事破：：在東 勿正占膝 用沖卯	▷優殺 甲戌 天天牢：：在北 ▷▷神 沖戊 黑合占腰 道格辰	◎優殺 乙亥 左三輔合在西 ▷◎神 沖己 不木占股 遇星已

己丑日時局

未丁呼的　脾在神人券破不己
北正外廁門占神胎　東在殺未癸沖正　耳腰神人帶冠不丑

甲子時	乙丑時	丙寅時	丁卯時	戊辰時	己巳時
優優殺 甲子 羅六紋合在南 ▷優神 沖戊 交大占踝 貴進午	▷◎殺 乙丑 不唐遇符在東 ▷◎神 沖己 朱雀占頭 建未	◎◎殺 丙寅 國喜印神在北 ▷◎神 沖庚 天金占耳 兵匱申	優優殺 丁卯 天天德赦：：在西 ◎◎神 沖辛 黃寶占面 道光酉	▷優殺 戊辰 六時戊居在南 ▷◎神 沖壬 白占頸 虎貴戌	◎優殺 己巳 玉三堂合在東 ▷◎神 沖癸 大帝占乳 退旺亥
庚午時	辛未時	壬申時	癸酉時	甲戌時	乙亥時
▷優殺 庚午 貪祿狼貴在北 ▷：神 沖甲 地交占胸 兵馳子	●●殺 辛未 諸日事破：：在西 勿大占腹 用凶丑	◎◎殺 壬申 左司輔命在南 ▷優神 沖丙 路貴占心 空人寅	▷優殺 癸酉 天三賊合在東 ▷◎神 沖丁 路長占膝 空生卯	◎◎殺 甲戌 武青曲龍在北 ▷優神 沖戊 日進占腰 刑貴辰	◎◎殺 乙亥 驛明馬堂在西 ▷◎神 沖己 不木占股 遇星已

己亥日時局 呼的辛未　己不破券人神在脾
胎神占門床房內南　正沖癸巳殺在西　亥不行嫁人神頭頸

己巳時	戊辰時	丁卯時	丙寅時	乙丑時	甲子時
●●殺在東沖癸亥　諸事：：勿用　日破神占乳　大凶	▷◎殺在南沖壬戌　六戊司命　▷◎雷兵右弼　神占頸	優優殺在西沖辛酉　天赦三合　◎優貪狼進貴　神占面	◎優殺在北沖庚申　喜六神合　▷優天兵進貴　神占耳目	◎◎殺在東沖己未　唐符玉堂　▷◎不遇右弼　神占頭	◎優殺在南沖戊午　貪狼貴人　▷優白虎大進　神占踝
▷優殺在西沖己巳　不天遇德　▷◎建寶刑光　神占股	▷優殺在北沖戊辰　天金狗匱　：：下黃食　神占腰	▷優殺在東沖丁卯　天長賊生　▷▷路空朱雀　神占膝	▷優殺在南沖丙寅　天祿刑貴　▷：路空交馳　神占心	◎◎殺在西沖乙丑　明三星合　▷優武福曲星　神占腹	◎優殺在北沖甲子　金青星龍　▷優地日兵祿　神占胸

己酉日時局 呼的庚　己不破券人神在脾
胎神占門大門外東　正沖癸卯殺在東　酉不會客人神在背

己巳時	戊辰時	丁卯時	丙寅時	乙丑時	甲子時
▷殺在東沖癸亥　朱三合雀　▷優大生退旺　神占乳	▷優殺在南沖壬戌　六六戊合　▷▷雷兵天刑　神占頸	●●殺在西沖辛酉　諸事：：勿用　日破大凶　神占面	◎◎殺在北沖庚申　左喜輔神　▷優天兵青龍　神占耳目	◎優殺在東沖己未　唐三符合　▷◎不武遇曲　神占頭	優優殺在南沖戊午　貴五人合　▷優司命大進　神占踝
▷◎殺在西沖己巳　不左遇輔　▷◎元驛馬武　神占股	▷◎殺在北沖戊辰　天右牢弼　▷▷黑道害　神占腰	▷優殺在東沖丁卯　天長賊生　◎▷路空玉堂　神占膝	▷優殺在南沖丙寅　狗貴食人　▷▷路空白虎　神占心	優優殺在西沖乙丑　天福德星　◎優寶進光祿　神占腹	◎優殺在北沖甲子　五金符匱　▷優地日兵祿　神占胸

己未日時局 呼的丙戊　己不破券人神在脾
胎神占廁外正東　正沖癸丑殺在西　未不服藥人神頭手

己巳時	戊辰時	丁卯時	丙寅時	乙丑時	甲子時
◎優殺在東沖癸亥　驛帝馬旺　▷◎大玉退堂　神占乳	▷優殺在南沖壬戌　白進虎貴　：▷黑六道戊　神占頸	◎優殺在西沖辛酉　寶三光合　優優天大德赦　神占面	◎◎殺在北沖庚申　國喜印神　▷◎天金兵匱　神占耳目	●●殺在東沖己未　諸事：：勿用　相沖神占頭	優優殺在南沖戊午　大羅紋進　▷：天交刑貴　神占踝
優優殺在西沖己巳　木三星合　▷◎不明遇堂　神占股	◎優殺在北沖戊辰　武青曲龍　▷優日進貴刑　神占腰	優優殺在東沖丁卯　天長賊生　◎▷路空勾陳　神占膝	◎◎殺在南沖丙寅　左司輔命　▷優路空貴人　神占心	▷優殺在西沖乙丑　日福建星　▷◎元右武弼　神占腹	▷優殺在北沖甲子　狗祿食貴　▷：地交兵馳　神占胸

未乙呼的　**局時日子庚**　腰在神人絡經不庚
南內房磨誰占神胎　南在殺午甲沖正　目在神人卜問不子

▷優 辛巳時	元武 長生 殺在東 沖乙亥 旬空 太陰 占乳
▷優 庚辰時	天牢 三合 殺在南 沖甲戌 地兵 木星 占頸
◎◎ 己卯時	唐符 玉堂 殺在西 沖癸酉 進貴 大進 占面
▷◎ 戊寅時	六戊 左輔 殺在北 沖壬申 白虎 驛馬 占耳面
▷優 丁丑時	六合 貴人 殺在東 沖辛未 寶光 占頭
▷◎ 丙子時	天金匱 殺在南 沖庚午 不遇 日建 占踝
▷◎ 丁亥時	狗食 左輔 殺在西 沖辛巳 朱雀 天赦 占股
▷◎ 丙戌時	天兵 喜神 殺在北 沖庚辰 不遇 右弼 占腰
◎優 乙酉時	明堂 殺在東 沖己卯 旺 進貴 貪狼 占膝
◎優 甲申時	太陽 三合 殺在南 沖戊寅 大退 日祿害 占心
▷優 癸未時	勾陳 貴人 殺在西 沖丁丑 路空 日害 占腹
●● 壬午時	諸事破日 殺在北 沖丙子 諸事：：勿用 大凶 占胸

丑辛呼的　**局時日戌庚**　腰在神人絡經不庚
北東外栖磨誰神胎　北在殺辰甲沖正　面頭神人犬吃不戌

◎優 辛巳時	太陰 長生 殺在東 沖乙亥 傳送 明堂 占乳
●● 庚辰時	諸事破日 殺在南 沖甲戌 諸事：：勿用 大凶 占頸
▷優 己卯時	天賊 六合 殺在西 沖癸酉 勾陳 大進 占面
◎優 戊寅時	六戊 三合 殺在己巳 沖壬申 旬空 司命 占耳目
▷優 丁丑時	元武 貴人 殺在東 沖辛未 日刑 天赦 占頭
▷◎ 丙子時	天兵 喜神 殺在南 沖庚午 不遇 天牢 占踝
◎優 丁亥時	玉堂 天赦 殺在西 沖辛巳 黃道：少微 占股
▷◎ 丙戌時	天兵 喜神 殺在北 沖庚辰 白虎 武曲 占腰
◎優 乙酉時	寶光 天德 殺在東 沖己卯 狗食 帝旺 占膝
▷優 甲申時	驛馬 金匱 殺在南 沖戊寅 大退 祿 占心
▷優 癸未時	朱雀 貴人 殺在西 沖丁丑 路空 日刑 占腹
◎優 壬午時	貪狼 天官 殺在北 沖丙子 路空 福星 占胸

酉辛巳辛呼的　**局時日申庚**　腰在神人絡經不庚
南東外爐磨誰神胎　南在殺寅甲沖正　背頭神人床安不申

◎優 辛巳時	寶光 天德 殺在東 沖乙亥 刑合 長生 占乳
◎優 庚辰時	國印 三合 殺在南 沖甲戌 地兵 金匱 占頸
▷優 己卯時	天賊 進貴 殺在西 沖癸酉 朱雀 大進 占面
●● 戊寅時	諸事破日 殺在己巳 沖壬申 諸事：：勿用 大凶 占耳目
▷優 丁丑時	明堂 貴人 殺在東 沖辛未 旬空 天赦 占頭
◎優 丙子時	天兵 三合 殺在南 沖庚午 不遇 青龍 占踝
▷優 丁亥時	勾陳 天赦 殺在西 沖辛巳 黑道：日害 占股
▷優 丙戌時	天兵 喜神 殺在北 沖庚辰 不遇 司命 占腰
◎優 乙酉時	功曹 帝旺 殺在東 沖己卯 元武 進貴 占膝
▷優 甲申時	狗食 玉堂 殺在南 沖戊寅 大退 五符 占心
▷優 癸未時	白虎 天官 殺在北 沖丁丑 路空 福星 占腹
▷優 壬午時	天官 殺在北 沖丙子 路空 福星 占胸

庚午日時局　呼的毛戌　　庚不經絡神在腰
胎神占誰磨外正南　正沖甲子殺在北　午不苫蓋人神在心

辛巳時	庚辰時	己卯時	戊寅時	丁丑時	丙子時
◎優　殺在東　沖乙亥　神占乳　太陰長生　元武	▷◎　殺在南　沖甲戌　神占頭　天牢比肩　地兵武曲	◎優　殺在西　沖癸酉　神占面　己大進　唐符　天賊玉堂	◎優　殺在北　沖壬申　神占耳目　左輔三合　六戊生旺	優優　殺在東　沖辛未　神占頭　丁天羅紋◎：武曲交貴	●●　殺在南　沖庚午　神占踝　諸事：：勿用　日時：：相沖

丁亥時	丙戌時	乙酉時	甲申時	癸未時	壬午時
▷優　殺在西　沖辛巳　神占股　旬空天赦　朱雀左輔	▷優　殺在北　沖庚辰　神占腰　丙三合　天兵　不喜遇神	◎優　殺在東　沖己卯　神占膝　明帝旺：堂：黃道貪狼	優　殺在南　沖戊寅　神占心　驛馬日祿　大退青龍	▷◎　殺在西　沖丁丑　神占腹　路六合空　勾陳貴人	▷優　殺在北　沖丙子　神占胸　路福星空　日司命刑

庚辰日時局　呼的戊辰戌　　庚不經絡神在腰
胎神磨栖外正西　正沖甲戌殺在南　辰不哭泣人神在腰膝

辛巳時	庚辰時	己卯時	戊寅時	丁丑時	丙子時
◎優　殺在東　沖乙亥　神占乳　明堂長生：：黃道功曹	▷◎　殺在南　沖甲戌　神占頭　建青刑龍　地兵國印	▷◎　殺在西　沖癸酉　神占面　己大進　天賊唐符　狗食	◎優　殺在北　沖壬申　神占耳目　戊司命：：黃道	▷優　殺在東　沖辛未　神占頭　丁天赦元武：：黑道貴人	▷優　殺在南　沖庚午　神占踝　丙三合　天兵　不遇天牢

丁亥時	丙戌時	乙酉時	甲申時	癸未時	壬午時
◎優　殺在西　沖辛巳　神占股　玉堂天赦：：黃道少微	●●　殺在北　沖庚辰　神占腰　諸事：：勿用　日時：：相沖	優優　殺在東　沖己卯　神占膝　乙天地：帝旺：明堂	優優　殺在南　沖戊寅　神占心　金匱三合　大退日祿	▷優　殺在西　沖丁丑　神占腹　朱貴人雀　路右弼空	▷優　殺在北　沖丙子　神占胸　天天刑官　路福星空

庚寅日時局　呼的丙申　　庚不經絡神在腰
胎神磨爐外正北　正沖甲申殺在北　寅不祭祀人神在胸

辛巳時	庚辰時	己卯時	戊寅時	丁丑時	丙子時
優優　殺在東　沖乙亥　神占乳　進貴天德◎優寶光長生	◎優　殺在南　沖甲戌　神占頭　右福弼德　地兵金匱	優◎　殺在西　沖癸酉　神占面　大胞進胎：：天逢天賊	▷優　殺在北　沖壬申　神占耳目　六戊長生　雷兵天刑	◎優　殺在東　沖辛未　神占頭　明貴堂賽　狗天食赦	◎優　殺在南　沖庚午　神占踝　貪狼青龍　天喜神

丁亥時	丙戌時	乙酉時	甲申時	癸未時	壬午時
▷優　殺在西　沖辛巳　神占股　勾六合陳：：黑天赦道	◎優　殺在北　沖庚辰　神占腰　丙三合司命：：天喜神兵	◎優　殺在東　沖己卯　神占膝　元帝旺武：：黑金星道	●●　殺在南　沖戊寅　神占心　諸事：：勿用　日時：：正沖	◎◎　殺在西　沖丁丑　神占腹　武玉曲堂　路貴人空	▷優　殺在北　沖丙子　神占胸　旬三合空　路福星空

子壬呼的 辛丑日時局　辛不合醫人神在膝
南內房廁灶廚神胎　正沖乙未殺在東　丑不冠帶人神腰耳

癸巳時 沖丁亥	壬辰時 沖丙戌	辛卯時 沖乙酉	庚寅時 沖甲申	己丑時 沖癸未	戊子時 沖壬午
◎◎殺在東 玉堂三合東 ▷優神 路福星空	◎◎殺在南 白唐符六合南 ▷◎神 路太陽空 占頸	◎◎殺在西 寶光比肩 ▷優神 天賊天德 占面	◎優殺在北 金匱羅紋：地兵 交貴▷神 占目	◎◎殺在東 朱雀太陰：黑道 ▷優神 日建頭	◎優殺在南 長生六合 ▷優神 六進戊貴 占踝

己亥時 沖癸巳	戊戌時 沖壬辰	丁酉時 沖辛卯	丙申時 沖庚寅	乙未時 沖己丑	甲午時 沖戊子
◎◎殺在西 驛馬明堂 ▷：大退黃道 神占股	▷優殺在北 六戊青龍 ▷神 雷兵武曲 占腰	優優殺在東 日祿三合◎ 五符天赦膝	◎◎殺在南 左輔喜神 ▷◎神 天兵司命心	●●殺在西 諸事：勿用 正沖腹	優優殺在北 大進羅紋◎：貪狼互貴胸

亥辛呼的 辛亥日時局　辛不合醫人神在膝
北東西床灶廚神胎　正沖乙巳殺在西　亥不行嫁人神頭頸

癸巳時 沖丁亥	壬辰時 沖丙戌	辛卯時 沖乙酉	庚寅時 沖甲申	己丑時 沖癸未	戊子時 沖壬午
●●殺在東 諸事：勿用 大凶 日破：大凶	◎◎殺在南 唐符司命南 ▷優神 路進祿空	▷優殺在西 元武三合西 ▷▷神 旬空天賊	▷優殺在北 天牢六合巳 ▷◎神 地兵貴人 占耳目	◎◎殺在東 右弼玉堂 ▷：太陰黃道 神占股頭	▷優殺在南 六戊長生 ▷◎神 白虎貪狼 占踝

己亥時 沖癸巳	戊戌時 沖壬辰	丁酉時 沖辛卯	丙申時 沖庚寅	乙未時 沖己丑	甲午時 沖戊子
▷優殺在西 建刑天德 ▷◎神 大退寶光 占股	▷◎殺在北 六戊金匱 ▷◎神 狗食雷兵 占腰	▷優殺在東 不遇日祿 ▷優神 朱雀天赦 占膝	▷◎殺在南 天兵喜神 ▷◎神 天帝旺心	◎優殺在西 明堂三合◎ 黃道武曲 占腹	優優殺在北 青龍天官 優優神 大貴人進胸

辰庚呼的 辛酉日時局　辛不合醫人神在膝
南東外門灶廚神胎　正沖乙卯殺在東　酉不會客人神背

癸巳時 沖丁亥	壬辰時 沖丙戌	辛卯時 沖乙酉	庚寅時 沖甲申	己丑時 沖癸未	戊子時 沖壬午
◎參殺在東 國印三合東 ▷優神 路福星空	▷優殺在南 天刑六合南 ▷◎神 路唐符空	●●殺在西 諸事：勿用 大凶	◎優殺在北 左輔青龍巳 ▷◎神 地兵貴人	▷優殺在東 勾陳三合東 ▷◎神 旬空武曲	▷優殺在南 六戊長生 ▷◎神 旬空司命 踝

己亥時 沖癸巳	戊戌時 沖壬辰	丁酉時 沖辛卯	丙申時 沖庚寅	乙未時 沖己丑	甲午時 沖戊子
▷◎殺在西 元武驛馬 ▷◎神 大退左輔 股	▷◎殺在北 天牢右弼 ▷▷神 六戊日害	優優殺在東 天祿貴神 ▷：建交馳 天赦刑膝	▷◎殺在南 天兵喜神 ▷▷神 白虎狗食心	◎優殺在西 黃道天德 ▷：◎神 吉利寶光腹	◎優殺在北 金匱貴人 ◎優神 福德大進胸

辛未日時局（的呼己亥）
辛不合醫人神在膝　正沖乙丑殺在西　胎神廚灶外西南
未不服藥人神頭手

癸巳時	壬辰時	辛卯時	庚寅時	己丑時	戊子時
◎◎ 殺在東 國印 ▷優神沖丁亥 路空 福星占乳	▷◎ 殺在南 白虎太陽 ▷◎神沖丙戌 路空 唐符占頸	◎優 殺在西 寶光三合 ▷優神沖乙酉 天賊 天德占面	▷優 殺在北 金匱羅紋 ▷優神沖甲申 地兵 交貴占耳	●● 殺在東 日破 諸事::勿用大凶 神沖癸未占頭	▷優 殺在南 天刑長生 ▷優神沖壬午 六戊 進貴占踝
▷優 殺在西 旬空三合 ▷◎神沖癸巳 大退 明堂占股	◎優 殺在北 六青龍 ▷◎神沖壬辰 雷兵 武曲占腰	◎優 殺在東 勾陳天赦 ▷優神沖辛卯 不遇 日命占腰	◎◎ 殺在南 左輔喜神 ▷◎神沖庚寅 天命 司命占心	▷◎ 殺在西 元武右弼 ::▷黑道神沖己丑 日建占腹	優優 殺在北 貴人六合 ▷優神沖戊子 天牢 大進占胸

辛巳日時局（的呼己未）
辛不合醫人神在膝　正沖乙亥殺在東　胎神廚灶外正西
巳不出行人神在手

癸巳時	壬辰時	辛卯時	庚寅時	己丑時	戊子時
◎優 殺在東 國印福星 ▷優神沖丁亥 路空 進貴占乳	▷◎ 殺在南 狗食司命 ▷優神沖丙戌 路空 進貴占頸	▷◎ 殺在西 天賊比肩 ▷◎神沖乙酉 元武 貪狼占面	▷優 殺在北 日刑貴人 ▷◎神沖甲申 地兵 天牢占耳	◎優 殺在東 少微三合 ◎◎神沖癸未 玉堂 太陰占頭	▷優 殺在南 六戊長生 ▷◎神沖壬午 白虎 貪狼占踝
●● 殺在西 日破 諸事::勿用大凶 神沖癸巳占股	▷◎ 殺在北 六戊金匱 ▷::黑道神沖壬辰 雷兵 黃道占腰	▷優 殺在東 不遇三合 ▷優神沖辛卯 朱雀 維占腰	優優 殺在南 帝旺天地 ▷優神沖庚寅 天兵 天合局占心	◎優 殺在西 武明堂曲 ▷◎神沖己丑 中平 黃道占腹	優優 殺在北 天官青龍 ▷優神沖戊子 貴人 大進占胸

辛卯日時局（的呼辛未）
辛不合醫人神在膝　正沖乙酉殺在西　胎神廚灶門外正北
卯不穿井人神鼻脾

癸巳時	壬辰時	辛卯時	庚寅時	己丑時	戊子時
▷優 殺在東 朱雀福星 ▷◎神沖丁亥 路空 驛馬占乳	▷◎ 殺在南 天刑武曲 ▷優神沖丙戌 路空 進貴占頸	◎◎ 殺在西 明堂同類 ▷◎神沖乙酉 天賊 相資占面	▷優 殺在北 狗食青龍 ▷◎神沖甲申 地兵 貴人占耳	▷◎ 殺在東 勾陳太陰 ::◎黑道神沖癸未 武曲占頭	▷◎ 殺在南 六戊司命 ▷◎神沖壬午 日刑 長生占踝
▷優 殺在西 元武三合 ▷◎神沖癸巳 大左輔退占股	▷優 殺在北 六戊六合 ▷優神沖壬辰 雷兵 天牢占腰	●● 殺在東 諸事::勿用 神沖辛卯 相沖占膝	▷◎ 殺在南 天喜天兵 ▷優神沖庚寅 白虎 帝旺占心	優優 殺在西 天德三合 ▷◎神沖己丑 寶 財局光占腹	◎優 殺在北 金匱貴人 ▷優神沖戊子 旬空 大進占胸

辰甲呼的　壬寅日時局　脛在神人水汲不壬
南內房爐庫倉神胎　北在殺申丙沖正　胸在神人祀祭不寅

乙巳時	甲辰時	癸卯時	壬寅時	辛丑時	庚子時
殺在東 沖己亥	殺在南 沖戊戌	殺在西 沖丁酉	殺在北 沖丙申	殺在東 沖乙未	殺在南 沖甲午
◎優 寶光 貴人 ▷優 天德 賊刑 神占乳	◎◎ 右弼 金匱 ▷優 旬空 福星 神占頸	▷優 朱雀 貴人 ▷◎ 路空 貪狼 神占面	▷◎ 路六 空壬 ▷◎ 大退 趨良 神占耳目	▷◎ 天狗 明堂 ：優 下食 進貴 神占頭	◎優 貪狼 青龍 ▷◎ 地兵 帝旺 神占踝

辛亥時	庚戌時	己酉時	戊申時	丁未時	丙午時
殺在西 沖乙巳	殺在北 沖甲辰	殺在東 沖癸卯	殺在南 沖壬寅	殺在西 沖辛丑	殺在北 沖庚子
優優 六合 祿貴 ▷ 勾陳 交馳 神占股	◎◎ 水星 三合 ：◎ 地兵 司令 神占腰	▷優 元武 大進 ：◎ 黑道 傳送 神占膝	●● 諸事日時 勿用 ：◎ 相沖 神占心	◎◎ 玉堂 天赦 ◎◎ 武曲 國印 神占腹	▷優 天兵 三合 ▷◎ 白虎 喜神 神占胸

亥乙呼的　壬子日時局　脛在神人水汲不壬
北東外誰庫倉神胎　南在殺午丙沖正　目在神人卜問不子

乙巳時	甲辰時	癸卯時	壬寅時	辛丑時	庚子時
殺在東 沖己亥	殺在南 沖戊戌	殺在西 沖丁酉	殺在北 沖丙申	殺在東 沖乙未	殺在南 沖甲午
▷優 天羅 賊紋 ▷： 元武 交貴 神占乳	◎優 五曲 三合 ▷優 天牢 福星 神占頸	◎優 玉堂 祿貴 ▷優 路空 交馳 神占面	◎優 白虎 六壬 ▷： 路空 趨良 神占耳目	◎優 寶光 六合 ◎優 武曲 長生 神占頭	▷優 日建 帝旺 ▷◎ 地兵 金匱 神占踝

辛亥時	庚戌時	己酉時	戊申時	丁未時	丙午時
殺在西 沖乙巳	殺在北 沖甲辰	殺在東 沖癸卯	殺在南 沖壬寅	殺在西 沖辛丑	殺在北 沖庚子
▷◎ 狗食 五符 ▷優 朱雀 日祿 神占股	▷◎ 天右弼 刑 ：▷ 黑道 地兵 神占腰	優優 進明 貴堂 ◎優 貪狼 大進 神占膝	優優 青龍 三合 ▷優 六戊 長生 神占心	▷優 日天 害赦 ▷◎ 勾陳 國印 神占腹	●● 諸事日時 勿用 ：： 正沖 神占胸

丑辛酉辛呼的　壬戌日時局　脛在神人水汲不壬
南東外栖庫倉神胎　北在殺辰丙沖正　面頭神人犬吃不戌

乙巳時	甲辰時	癸卯時	壬寅時	辛丑時	庚子時
殺在東 沖己亥	殺在南 沖戊戌	殺在西 沖丁酉	殺在北 沖丙申	殺在東 沖乙未	殺在南 沖甲午
◎優 傳送 貴人 ▷◎ 天賊 明堂 神占乳	●● 諸事日破 勿用 ：： 大凶 神占頸	▷優 勾陳 六合 ▷◎ 路空 貴人 神占面	▷優 天賊 三合 ▷◎ 路空 臨官 神占耳目	▷◎ 元武 水星 ▷▷ 日旬 神占頭	▷優 天牢 帝旺 ▷▷ 地兵 旬空 神占踝

辛亥時	庚戌時	己酉時	戊申時	丁未時	丙午時
殺在西 沖乙巳	殺在北 沖甲辰	殺在東 沖癸卯	殺在南 沖壬寅	殺在西 沖辛丑	殺在北 沖庚子
◎◎ 五符 玉堂 ◎◎ 少微 日祿 神占股	▷◎ 白虎 武曲 ▷▷ 地兵 建 神占腰	◎◎ 寶光 天德 ▷◎ 狗食 大進 神占膝	▷殺 戊申 六戊 金匱 不驛馬遇 神占心	▷◎ 日右弼 刑 ▷◎ 朱雀 國印 神占腹	▷優 天兵 三合 ▷◎ 天喜 刑神 神占胸

局時日申壬　丁巳呼的　　壬不汲水人神在脛

胎神倉庫爐外西南　正沖丙寅殺在南　申不安床人神頭背

優優 庚子時 殺在南 沖甲午 青龍 三合 ▷優 帝旺 地兵 神占踝	◎◎ 辛丑時 殺在東 沖乙未 明堂 黃道 右弼 耳目 神占頭	●● 壬寅時 殺在北 沖丙申 日破 大凶 勿用 諸事：：神占面	▷優 癸卯時 殺在西 沖丁酉 朱雀 貴人 路空 貪狼 神占面	優優 甲辰時 殺在南 沖戊戌 福星 三合 金匱 右弼 神占頸	優優 乙巳時 殺在東 沖己亥 六合 羅紋 天德 交貴 神占乳
▷◎ 丙午時 殺在北 沖庚子 天喜 白虎 唐符 神占胸	丁未時 殺在西 沖辛丑 武曲 天兵 玉堂 ◎◎ 神占腹	▷優 戊申時 殺在南 沖壬寅 武曲 天生 雷兵 天牢 黑道 神占心	己酉時 殺在東 沖癸卯 大進 黑道 進貴 ▷優 神占膝	▷◎ 庚戌時 殺在北 沖甲辰 旬空 司命 黃道 地兵 神占腰	▷優 辛亥時 殺在西 沖乙巳 日祿 勾陳 黑道 時居 神占股

局時日午壬　壬寅呼的　　壬不汲水人神在脛

胎神倉庫碓外西北　正沖丙子殺在北　午不苫蓋人神在心

●● 庚子時 殺在南 沖甲午 日破 大凶 勿用 諸事：：神占踝	◎優 辛丑時 殺在東 沖乙未 武曲 天德 日進官殺 貴人 神占頭	◎◎ 壬寅時 殺在已 沖丙申 武曲 三合 臨官 ▷優 日退 耳目 神占面	◎◎ 癸卯時 殺在西 沖丁酉 少微 玉堂 貴人 ▷優 路空 神占面	◎優 甲辰時 殺在南 沖戊戌 武曲 福星 天貴人 ▷優 天牢 神占頸	▷優 乙巳時 殺在東 沖己亥 天賊 天官 貴人 ▷優 元武 神占乳
▷◎ 丙午時 殺在北 沖庚子 天喜 司命 ▷優 日 神占胸	優優 丁未時 殺在西 沖辛丑 天赦 勾陳 合局 ▷優 天 神占腹	優優 戊申時 殺在南 沖壬寅 驛馬 青龍 長生 ▷優 六戊 神占心	優優 己酉時 殺在東 沖癸卯 進大祿 進祿 明堂 旬空 神占膝	▷優 庚戌時 殺在北 沖甲辰 天三合 右弼 地兵 神占腰	◎優 辛亥時 殺在西 沖乙巳 左輔 天刑 祿貴 交馳 朱雀 神占股

局時日辰壬　申壬呼的　　壬不汲水人神在脛

胎神倉庫栖外正北　正沖丙戌殺在南　辰不哭泣人神腰膝

▷優 庚子時 殺在南 沖甲午 天牢 三合 帝旺 ▷優 黑道 地兵 神占踝	▷◎ 辛丑時 殺在東 沖乙未 元武 國印 ：◎ 黑道 水星 耳目 神占頭	◎◎ 壬寅時 殺在已 沖丙申 路空 驛馬 臨官 ▷優 大退 耳目 神占面	▷優 癸卯時 殺在西 沖丁酉 狗食 長生 路空 ▷優 貴人 神占面	優優 甲辰時 殺在南 沖戊戌 福星 青龍 ▷優 黃道 建刑 神占頸	◎優 乙巳時 殺在東 沖己亥 明堂 天乙 ▷優 天賊 天官 神占乳
◎◎ 丙午時 殺在北 沖庚子 貪狼 天喜 ▷◎ 天兵 唐符 神占胸	▷參 丁未時 殺在西 沖辛丑 朱維 天赦 ▷◎ 黑道 金星 神占腹	優優 戊申時 殺在南 沖壬寅 金匱 三合 ◎◎ 長生 六戊 神占心	優優 己酉時 殺在東 沖癸卯 天德 六合 ◎◎ 寶光 大進 神占膝	●● 庚戌時 殺在北 沖甲辰 日破 大凶 勿用 諸事：：神占腰	◎◎ 辛亥時 殺在西 沖乙巳 玉堂 日祿 ◎：少微 神占股

癸卯日時局

已丁辰丙呼的　足在神人訟詞不癸
南內房門床房神胎　酉在殺酉丁沖正　鼻脾神人井穿不卯

◎優驛馬 ▷優大退	◎喜神 ▷◎武曲	優優長生祿貴 ◎：明堂	▷優天賊 ◎青龍	▷◎勾陳武曲 優進貴	▷優日刑祿 大進
殺在東 丁巳時 沖辛亥 天赦 貴人 神占乳	殺在南 丙辰時 沖庚戌 天兵 武曲 神占頸	殺在西 乙卯時 沖己酉 明堂 交馳 神占面	殺在北 甲寅時 沖戊申 狗食 左輔 神占耳	殺在東 癸丑時 沖丁未 路空 進貴 神占頭	殺在南 壬子時 沖丙午 路空 大進 神占踝
◎優左輔三合 ▷優生旺	▷優天牢六合 路進貴	●●諸事勿用	▷優白虎國印 ：▷黑道兵	◎優寶光三合 ▷優不遇	▷◎六戊太陰 優雷兵
殺在西 癸亥時 沖丁巳 路空 生旺 神占股	殺在北 壬戌時 沖丙辰 路進貴 神占腰	殺在東 辛酉時 沖乙卯 日破 大凶 神占膝	殺在南 庚申時 沖甲寅 黑道兵 神占心	殺在西 己未時 沖癸丑 天德 不遇 神占腹	殺在北 戊午時 沖壬子 金匱 神占胸

癸丑日時局

亥丁寅甲呼的　足在神人訟詞不癸
北東外廁床房神胎　東在殺未丁沖正　耳腰神人帶冠不丑

◎優玉堂三合 ▷優大退	▷◎白虎喜神 ：▷黑道兵	優優長生福星 ◎◎天德	◎◎金星金匱 ▷優進貴	▷◎朱雀同類 ：▷相資	▷優狗食祿 ◎大進
殺在東 丁巳時 沖辛亥 貴人 神占乳	殺在南 丙辰時 沖庚戌 天兵 神占頸	殺在西 乙卯時 沖己酉 天德 貴人 神占面	殺在北 甲寅時 沖戊申 天賊 進貴 神占耳	殺在東 癸丑時 沖丁未 路空 神占頭	殺在南 壬子時 沖丙午 路空 大進 神占踝
◎◎金星明堂 ▷◎驛馬	▷優日刑青龍 ▷◎武曲	▷優勾陳三合 ：扶元	◎◎國印司命 優進貴	●●諸事勿用 ：▷相沖	▷◎天牢貪狼 優進貴
殺在西 癸亥時 沖丁巳 路空 驛馬 神占股	殺在北 壬戌時 沖丙辰 路空 武曲 神占腰	殺在東 辛酉時 沖乙卯 黑道 扶元 神占膝	殺在南 庚申時 沖甲寅 地兵 進貴 神占心	殺在西 己未時 沖癸丑 日時 相沖 神占腹	殺在北 戊午時 沖壬子 六戊 進貴 神占胸

癸亥日時局

寅丙呼的　足在神人訟詞不癸
南東外床房占神胎　西在殺巳丁沖正　頸頭神人嫁行不亥

●●諸事勿用	◎◎喜神司命 ▷天兵	優優貴人三合 ▷◎元長	▷優天牢六合 ▷◎臨官	▷◎旬空玉堂 優少微	▷優白虎日祿 ▷大進
殺在東 丁巳時 沖辛亥 日時 正沖 神占乳	殺在南 丙辰時 沖庚戌 黃道 天兵 神占頸	殺在西 乙卯時 沖己酉 天武 元長生 神占面	殺在北 甲寅時 沖戊申 天賊 臨官 神占耳	殺在東 癸丑時 沖丁未 路空 少微 神占頭	殺在南 壬子時 沖丙午 路空 大進 神占踝
▷優建刑帝旺 ▷◎路空寶光	▷◎狗食金匱 優進祿	▷優朱雀時居 ：▷黑道	▷◎天刑國印 優日害	◎優武曲三合 ▷▷明堂	▷優六戊青龍 優雷兵
殺在西 癸亥時 沖丁巳 寶光 神占股	殺在北 壬戌時 沖丙辰 路空 進祿 神占腰	殺在東 辛酉時 沖乙卯 黑道 驛馬 神占膝	殺在南 庚申時 沖甲寅 地兵 日害 神占心	殺在西 己未時 沖癸丑 不遇 明堂 神占腹	殺在北 戊午時 沖壬子 雷兵 太陰 神占胸

丑辛呼的　**癸酉日時局**　癸不詞訟人神在足
南西外門床房神胎　正沖丁卯殺在東　酉不會客人神在背

丁巳時	丙辰時	乙卯時	甲寅時	癸丑時	壬子時
優 參三合 羅紋：互貴 ▷大退 殺在東沖辛亥 神占乳	◎優 武六合 曲天兵 ▷◎ 殺在南沖庚戌 神占頸	●● 諸事：勿用 ▷大凶 殺在西沖己酉 神占頭面	◎優 左青輔龍 功曹 ▷◎ 殺在北沖戊申 神耳目	▷優 勾三合陳 路武曲空 殺在東沖丁未 神占頭	◎優 司命日祿 ▷優大進 殺在南沖丙午 神占踝
▷優 元武帝旺 ▷◎路空 左輔 殺在西沖丁巳 神占股	▷◎ 天牢右弼 路空 殺在北沖丙辰 神日害占腰	◎◎ 貪狼玉堂 建刑 殺在東沖乙卯 神進祿占膝	▷◎ 狗食國印 殺在南沖甲寅 神地兵白虎占心	◎優 唐符天德 不遇寶光 殺在西沖癸丑 神占腹	▷◎ 六戊金匱 殺在北沖壬子 神雷兵太陰占胸

申甲呼的　**癸未日時局**　癸不詞訟人神在足
北西外廁床房神胎　正沖丁丑殺在西　未不服藥人神頭手

丁巳時	丙辰時	乙卯時	甲寅時	癸丑時	壬子時
◎◎ 驛馬玉堂 ▷優大退 殺在東沖辛亥 神占乳	▷◎ 白虎喜神：▷黑道 殺在南沖庚戌 神天兵占頸	優優 福星三合 ▷◎長生 殺在西沖己酉 神貴人占面	◎優 金匱進貴 ▷◎ 殺在東沖戊申 神福德天賊占目	●● 諸事：勿用 ▷大凶 殺在東沖丁未 神占頭	▷優 天刑日祿 ▷◎大進 殺在南沖丙午 神占踝
◎優 明堂三合 ▷優帝旺 路空 殺在西沖丁巳 神占股	▷優 路空青龍 日刑武曲 殺在北沖丙辰 神占腰	▷▷ 勾陳中平 五旬空 殺在東沖乙卯 神鬼占膝	◎◎ 國印司命 ▷優 殺在南沖甲寅 神地兵進貴占心	▷◎ 不遇唐符右弼 元武 殺在西沖癸丑 神占腹	▷優 六戊六合 狗食 殺在北沖壬子 神進貴占胸

午甲呼的　**癸巳日時局**　癸不詞訟人神在足
北內房床房占神胎　正沖丁亥殺在東　巳不出行人神在手

丁巳時	丙辰時	乙卯時	甲寅時	癸丑時	壬子時
◎優 左輔天救 ▷大退 殺在東沖辛亥 神貴人占乳	▷◎ 天兵喜神 狗食司命 殺在南沖庚戌 神占頸	優優 福星長生 ▷優 殺在西沖己酉 神太陽貴人占面	▷▷ 天賊天牢 ▷日日刑 殺在東沖戊申 神耳目害占目	優◎ 三合玉堂 ▷：路空 殺在東沖丁未 神黃道占頭	優優 大進祿貴 ▷：路空 殺在南沖丙午 神交馳占踝
●● 諸事：勿用 ▷大凶 殺在西沖丁巳 神占股	◎◎ 福德金匱 ▷路空黃道 殺在北沖丙辰 神占腰	▷◎ 朱雀三合 ▷黑道 殺在東沖乙卯 神五鬼占膝	◎優 國印六合 ▷優 殺在南沖甲寅 神地兵長生占心	▷◎ 不明六合堂 ▷旬空 殺在西沖癸丑 神武曲占腹	▷◎ 六戊青龍 ▷雷兵 殺在北沖壬子 神進祿占胸

每日沖煞

　　要了解沖煞之前，必須先了解沖是地支六沖，六沖五行對立，立場不同，兩行在同一條線上；煞是強調方向或方位點的煞氣。沖是與日支或時支對沖，煞是逆日支或時支三合之方向，如申子辰三合為水，水煞南火。寅午戌三合為火局，火煞北水。巳酉丑三合金局，金煞東木。亥卯未三合木局，木煞西金，所以沖煞是兩回事。

　　地支六沖為子午沖、丑未沖、寅申沖、卯酉沖、辰戌沖、巳亥沖。煞是三合局其中一字遇到三會局（水火煞、金木煞，煞以三會庫支稱之為煞方位。

　　如民國一百零一年農曆五月二十四日干支為甲戌所以日支「戌」與「辰」沖，辰為屬龍者。凡屬龍的都是辰年生，而辰年的年干支有甲辰年、丙辰年、戊辰年、庚辰年、壬辰年；但是到底甲戌日是正沖那個辰年生的呢？這時就看日干的甲木剋戊土，則甲

戌與戊辰就是天尅地沖了，其餘的甲辰、丙辰、庚辰、壬辰為偏沖，因此農民曆上寫「沖戊辰二十五」意思就是指甲戌日正沖戊辰年生的人，屬龍今年二十五歲。

◎以下是六十甲子日沖煞的干支與方向：

　　甲子日煞南正沖戊午。乙丑日煞東正沖己未。
　　丙寅日煞北正沖庚申。丁卯日煞西正沖辛酉。
　　戊辰日煞南正沖壬戌。己巳日煞東正沖癸亥。
　　庚午日煞北正沖甲子。辛未日煞西正沖乙丑。
　　壬申日煞南正沖丙寅。癸酉日煞東正沖丁卯。

　　甲戌日煞北正沖戊辰。乙亥日煞西正沖己巳。
　　丙子日煞南正沖庚午。丁丑日煞東正沖辛未。
　　戊寅日煞北正沖壬申。己卯日煞西正沖癸酉。
　　庚辰日煞南正沖甲戌。辛巳日煞東正沖乙亥。
　　壬午日煞北正沖丙子。癸未日煞西正沖丁丑。

甲申日煞南正沖戊寅。乙酉日煞東正沖己卯。
丙戌日煞北正沖庚辰。丁亥日煞西正沖辛巳。
戊子日煞南正沖壬午。己丑日煞東正沖癸未。
庚寅日煞北正沖甲申。辛卯日煞西正沖乙酉。
壬辰日煞南正沖丙戌。癸巳日煞東正沖丁亥。

甲午日煞北正沖戊子。乙未日煞西正沖己丑。
丙申日煞南正沖庚寅。丁酉日煞東正沖辛卯。
戊戌日煞北正沖壬辰。己亥日煞西正沖癸巳。
庚子日煞南正沖甲午。辛丑日煞東正沖乙未。
壬寅日煞北正沖丙申。癸卯日煞西正沖丁酉。

甲辰日煞南正沖戊戌。乙巳日煞東正沖己亥。
丙午日煞北正沖庚子。丁未日煞西正沖辛丑。
戊申日煞南正沖壬寅。己酉日煞東正沖癸卯。
庚戌日煞北正沖甲辰。辛亥日煞西正沖乙巳。
壬子日煞南正沖丙午。癸丑日煞東正沖丁未。

甲寅日煞北正沖戊申。乙卯日煞西正沖己酉。
丙辰日煞南正沖庚戌。丁巳日煞東正沖辛亥。
戊午日煞北正沖壬子。己未日煞西正沖癸丑。
庚申日煞南正沖甲寅。辛酉日煞東正沖乙卯。
壬戌日煞北正沖丙辰。癸亥日煞西正沖丁巳。

　　沖是立場不同、五行對立、兩行同在一條線上方向相衝，相沖不論何者勝？何者敗？論八字時會考慮到輸、贏，如：水沖火則火必輸，火沖金則金輸，金沖木則木輸、木沖土則土輸、土沖土則兩敗俱傷，因此子午沖則午敗，辰戌及丑未沖則兩敗俱傷，寅申沖則寅敗，卯酉沖則卯敗，巳亥沖則巳敗，但擇日看喜忌沖剋，雖然此理可通，但怕讀者對五行生剋喜忌還不是很了解，所以凡沖就是不要用就對了。所以在看每日沖煞時，應特別注意，如果是甲戌日沖戊辰，戊辰屬龍的就是正沖，就是不要用為妙。

五行相逆為煞

　　煞是五行相沖方向相逆，我們不宜往與日支相逆之方向而行，如甲午日，地支午日為寅午戌三合南方火，者北方水為煞，甲午日不宜往北方行，或是朝北而起造、動土之事，以防凶神惡煞作弄，而發生意外或不吉利之事。

胎神

　　胎神是保護胎兒元神，指主宰保護胎兒的神明，換句話說，胎神與胎兒的成長息息相關。如果不慎沖動到胎神或是沖犯到胎神，都可能直接或間接影響到胎兒生長的發育與安危，所以胎神宜靜宜養。

　　胎神自古流傳下來，真假難辨，姑不論是否迷信，然而其中的確有著另一層深遠的意義，那就是我們中國人在造人的智慧，如果能注意的話，還是小心謹慎為妙，寧可信其有，以免無意間造成無法彌補的缺失。

　　胎神所在的方向及位置，於每月每日完全不同，方向分內外東、南、西、北及東南、西南、東北、西北、栖外、栖字同棲字，為停留的意思。位置有房、床、門、堂、碓、磨、倉庫、廚、灶、廁等。在農民曆或紅皮通書上可查到每日胎神所占之位置及方向。

位置之意涵

　　「門」指家裡內外所有的門，尤其是孕婦房間的門及宅之廳堂。

　　「堂」指廳、堂及房間。「房」指房間內非特定為臥房或寢室、包括所有傢俱。

　　「床」指大小床不單指產婦睡的床。

　　「碓」為盛米的容器，古代稱為米缸，現在住公寓小家庭生活，已經較少用到米缸了，大都用塑膠桶裝米，所以只要所有裝米的桶子都算。

　　「磨」為古時候磨米的器具稱磨。

「**倉庫**」指堆放平日閒雜不用東西的空間,儲藏室、樓梯間等。

「**廚**」指廚房裡的一切擺置的器具及周圍牆壁。

「**灶**」指燒柴的爐灶,目前代表指瓦斯爐、電熱器、微波爐等可生火加溫煮東西的器具。

「**廁**」為廁所洗手間浴室等。

胎神每日所在的地方,我們不可以隨便搬動平常不動的用品、傢俱,及器具或在牆壁上釘釘子、或任意更新修飾換裝房裡設備等,尤其是家裏有懷孕的人,以免動到胎神、影響胎兒的成長,這種只是中國人的禁忌,但流傳已經很久了。但是也絕非每一個人都可能沖犯到胎神,不過為了使懷孕的人,胎兒能平安生產,還是注意胎神禁忌方向位置,留意一下比較安心,以免無意間造成無法彌補的缺失。

胎神每月所在的位置：

正月房床、二月戶窗、三月門堂、四月廚灶。

五月身床、六月床倉、七月碓磨、八月廁戶。

九月門房、十月房床、十一月爐灶、十二月房床。

每日胎神所占遊之方位如下：

甲子日占門碓外東南。乙丑日碓磨廁外東南。

丙寅日廚灶爐外正南。丁卯日倉庫門外正南。

戊辰日房床栖外正南。己巳日占門床外正南。

庚午日占碓磨外正南。辛未日廚灶廁外西南。

壬申日倉庫爐外西南。癸酉日房床門外西南。

甲戌日門雞栖外西南。乙亥日碓磨床外西南。

丙子日廚灶碓外西南。丁丑日倉庫廁外正西。

戊寅日房床爐外正西。己卯日占大門外正西。

庚辰日碓磨栖外正西。辛巳日廚灶床外正西。

壬午日倉庫碓外西北。癸未日房床廁外西北。

甲申日占門爐外西北。乙酉日碓磨門外西北。
丙戌日廚灶栖外西北。丁亥日倉庫床外西北。
戊子日房床碓外正北。己丑日占門廁外正北。
庚寅日碓磨爐外正北。辛卯日廚灶門外正北。
壬辰日倉庫栖外正北。癸巳日占房床房內北。

甲午日占門碓房內北。乙未日碓磨廁房內北。
丙申日廚灶爐房內北。丁酉日門倉庫房內北。
戊戌日房床栖房內南。己亥日占門床房內南。
庚子日占碓磨房內南。辛丑日廚灶廁房內南。
壬寅日倉庫爐房內南。癸卯日房床門房內南。

甲辰日門雞栖房內東。乙巳日碓磨床房內東。
丙午日廚灶碓房內東。丁未日倉庫廁房內東。
戊申日房床爐房內東。己酉日占大門外東北。
庚戌日碓磨栖外東北。辛亥日廚灶床外東北。
壬子日倉庫碓外東北。癸丑日房床廁外東北。

甲寅日占門爐外東北。乙卯日碓磨門外正東。
丙辰日廚灶栖外正東。丁巳日倉庫床外正東。
戊午日房床碓外正東。己未日占門廁外正東。
庚申日碓磨爐外東南。辛酉日廚灶門外東南。
壬戌日倉庫栖外東南。癸亥日占房床外東南。

◎上列胎神每日所在的地方，不可隨便搬動平常定位
不動的家俱或器具、或釘釘子及修飾換裝璜，以免動
到胎神影響胎兒，不得不慎。

鎮守四方的歲神：

奏書、博士、力士、蠶室

奏書

「奏書」貴神的代表。為水神乃歲之貴神，為「歲」君之諫臣，掌奏記主伺察、是察私、揚功德之神，宜祭祀求福營造建室。協紀辦方曰：「奏書居歲君後維、有天子左圖右史鑑之、以出治之家、故以奏書名之。」所理之地，宜祭祀、求福、營建、修飾坦牆。

寅卯辰年—艮方。

巳午未年—巽方。

申酉戌年—坤方。

亥子丑年—乾方。

在農民曆首頁上以及在紅皮通書的首一頁，有一幅八邊形方位圖，除了標明上南、下北、右西、左東，還有奏書、博士、力士、蠶室。

奏書、為水神，乃歲之貴神，奏書在歲後一維。歲在東方，奏書在北維；歲在南方，奏書在東南維；歲在西方，奏書在西南維；歲在北方，奏書在西北維。為歲君（皇帝）之諫臣輔助職責，所以不敢在前，而是在歲君之後，作提議、諫議之輔助；掌奏記、主伺察、是察私、揚功德之神。每年所在方位不同，所占方位為一卦四十五度而非一山十五度角寅卯辰年在艮東北方、巳午未年在巽東南方、申酉戌年在坤西南方、亥子丑年在乾西北方。如壬辰年為寅卯辰在艮東北方。奏書所居方向，宜祭祀求福、營造建室。

博士

「博士」善神的代表。為火神為歲之善神，掌案牘，主擬議、會議諮詢，為天子掌理政治紀綱之神，宜於興修，可進賢才，有益國治。

　　寅卯辰年—坤方（艮之對沖）。
　　巳午未年—乾方（巽之對沖）。
　　申酉戌年—艮方（坤之對沖）。
　　亥子丑年—巽方（乾之對沖）。

為火神與奏書水神相對。

奏書在東北，則博士在西南；

奏書在東南，博士在西北；

奏書在西南，博士在東北；

奏書在西北，博士在東北。

博士與奏書總是相對的，所占方位一卦四十五度，非一山十五度。乃歲之善神，掌暗牘、主擬議、為天子掌理政治紀綱之神，故以博士謂之。

寅卯辰年在坤西南方、巳午未年在乾西北方、申酉戌年在艮東北方、亥子丑年在巽東南方。博士所屬方向、利於營建、興修、可進賢才、有益國治。

博士常居維方，不取自專，只提有用建議，對國、對民有利益，又屬火神。

力士

「力士」惡神的代表。力士為歲之惡神主刑威、殺戮，忌動土、破土，凡事不宜抵向，以免招來不吉之麻煩，與五黃會合，家長有凶。所在之方不宜向之，犯之令人瘟疫。

寅卯辰年—巽方（辰巽巳東南方）

巳午未年—坤方（未坤申西南方）

申酉戌年—乾方（戌乾亥西北方）

亥子丑年—艮方（丑艮寅東北方）

力士在太歲前，也可說前維（乾艮巽坤四維土），太歲在東方寅卯辰年，力士就在巽東南方；太歲在南方巳午未年，力士就在坤西南方；太歲在西方申酉戌年，力士就在乾西北方；太歲在北方、亥子丑年，力士就在艮東北方力士。

力士為歲之惡神，主刑威、所在之方，凡事不宜抵向，以免招來不吉之麻煩。

力士就是天子御林軍，常在太歲前維，不敢遠離黃帝，力士所在之方，可詔此方之臣，株之有罪者。因此力士不可向之，安墳、建屋主宅長死亡。

蠶室

「蠶室」凶神得代表。掌管衣食、後宮，為歲之凶神，忌動土、破土、修動，犯之則收成不好。

寅卯辰年—乾方（巽之對宮）。

巳午未年—艮方（坤之對宮）。

申酉戌年—巽方（乾之對宮）。

亥子丑年—坤方（艮之對宮）。

「蠶室」為歲之凶神，掌握蠶桑之事，常在力士之對方。所理之方、不可修動，犯之收成不好，故不可向之。

寅卯辰年在力士在巽方，蠶室「乾」西北方。

巳午未年力士在坤方，蠶室在「艮」東北方。

申酉戌年力士在乾方，蠶室在「巽」東南方。

亥子丑年力士在艮方，蠶室在「坤」西南方。

所占方位為四十五度角，非十五度角。

蠶室為歲方長生之宮，較無凶義，只忌於其方修作；蠶室恐傷生氣；若犯之，一年蠶絲都沒有收成。若養蠶者，則又應為吉方，餘當不忌。

歲德日

　　歲德者，歲中之德神，歲德日為逢歲德神之日。歲德神是天神中最有權威的年神，分為五陽干、五陰干；天神即天干五行之神、地神即地支五行之神。

屬陽的是君道，屬陰的是臣道，君德自處，臣德從君。歲德神對人們有很好的影響，故歲德神所在之日，萬福集聚、萬事順心、眾殃自避、大吉大利。

德為五陽干與當年年干相同稱之。
如甲年逢甲日即為歲德日、丙年逢丙日、戊年逢戊日、庚年逢庚日、壬年逢壬日。

　　如五陰干年當值，則以合陰干之陽干謂之，如乙年為庚日、丁年為壬日、己年為甲日、辛年為丙日、癸年為戊日。

　　歲德神，既為每年天地極福之神、陰陽感動之位，其干值方或值日都叫歲德。

　　是以舉凡修作、動土、移徙、結婚、嫁娶、出行，向歲德方位及用歲德日則大吉大利，百事皆祥。

歲德合日

　　歲德合是歲德五合之干，歲德合與歲德一樣都是吉神。歲德日與歲德合日同為上吉之日，有宜無忌，百事吉，即百無禁忌。對人們頗有幫助，故歲德合日，萬事皆吉。歲德神為陽神，歲德合神為陰神，因此有剛柔之別。

　　凡屬於家內事如：嫁娶、葬喪、冠笄宜用柔即乙丁己辛癸日，都是以歲德合為宜。凡事家外事如：遠行上官、打獵及用兵則宜用剛日即甲丙戊庚壬日，均宜用歲德。

　　歲德合日在甲年為己日、丙年為辛日、戊年為癸日、庚年為乙日、壬年為丁日、乙年為乙日、丁年為丁日、己年為己日、辛年為辛日、癸年為癸日。如民國一百零一年為壬辰年，舉凡日干逢壬日就是歲德日，好比農曆七月初三日壬子日即為歲德日，七月初八日丁酉日則為歲德合日。

陽以自德為德，陰以從陽為德，故歲德屬陽，歲德合屬陰。

天乙貴人

陰陽調和，象徵吉祥，百事皆宜。

由年干推算的天乙貴人歌訣：

甲戊庚牛羊、乙己鼠猴鄉、丙丁豬雞位、

壬癸兔蛇藏、六辛逢馬虎，此是貴人方。

天乙貴人，此神有陽貴、陰貴之分（陽貴由子宮起甲而順，陰貴由申宮起甲而逆），乾為天，坤為乙，故以天乙貴人為名，凡事遇之可解凶厄為吉慶。

天乙貴人

陽貴（天乙）時辰：

甲日未時、丙日酉時、戊日丑時、庚日丑時、壬日卯時。

乙日申時、丁日亥時、己日子時、辛日寅時、癸日巳時。

陰貴（玉堂）時辰：

甲日丑時、丙日亥時、戊日未時、庚日未時、壬日巳時、乙日子時、丁日酉時、己日申時、辛日午時、癸日卯時。

可輔助日子之不足天乙貴人又稱日貴臨時，為日之貴神，分陽貴與陰貴，因日干之變換而移動全在輔日子之不足。

甲日見未時、乙日見申時、丙日見酉時、丁日見亥時。

戊日見丑時、己日見子時、庚日見丑時、辛日見寅時。

壬日見卯時、癸日見巳時、**為陽貴時辰**。

甲日見丑時、乙日見子時、丙日見亥時、丁日見酉時。

戊日見未時、己日見申時、庚日見未時、辛日見午時。

壬日見巳時、癸日見卯時，**為陰貴時辰**。

天德日

　　天德為天之福德，眾象所理之方、所值之日、可以祈福、嫁娶、興土起造、上樑、百事皆宜，得天福蔭。

　　所謂天德者，係指三合之氣，以月支論。

一、五、九月為寅午戌三合火局，以丙丁火日為用。

二、六、十月為亥卯未三合木局，以甲乙木日為用。

三、七、十一月為申子辰三合水局，以壬癸水日為用。

四、八、十二月為巳酉丑三合金局，以庚辛金日為用。

　　　　二五八及十一月為四旺月，居子午卯酉，天德居四方不用天德。故一月逢丁日、三月逢壬日、四月逢辛日、六月逢甲日、七月逢癸日、九月逢丙日、十月逢乙日、十二月逢庚日為天德日。

　　　　正月—丁日、二—坤、三月—壬日、四月—辛日、五—乾、六月—甲日、七月—癸日、八—艮、九月—丙日、十月—乙日、十一—巽、十二月—庚日。

『乾、坤、艮、巽四隅不用』

天德合日

　　　　所謂天德合日者，合德之神，就是與天德日干相合之日，宜營造動土、開市、祈福、出師遠行。

　　　　正月逢壬日、三月逢丁日、四月逢丙日、六月逢己日、七月逢戊日、九月逢辛日、十月逢庚日、十二月逢乙日為天德合日。

月德日

月德者，月之德神，以干為尊，支為卑，是臣求君德也，故以三合五行陽干為德，宜向其方。月德日除了可以起造動土、自積福蔭、上官到職外。如求職求官用月德日，自求旺氣福蔭最好不過。

寅午戌月、一、五、九月逢丙日。

亥卯未月、二、六、十月逢甲日。

申子辰、三、七、十一月逢壬日。

巳酉丑、四、八、十二月逢庚日謂之月德日。

月德乃三合方之旺干，百事皆吉，祇忌：捕魚打獵，恐無功而返。

月德合日

月德合者就是與月德日干相合之日；「五行之精，日為陽、月為陰，所理之地，眾惡皆消。所值之日，百福並集。特別有利於出師命將，上冊受封，祠祀星辰、營建宮室、諸事皆宜。」可見月德合日是一個大好日子，所到之方、之地百福聚集。

一、五、九寅午戌月逢辛日。

二、六、十亥卯未月逢己日。

三、七、十一申子辰月逢丁日。

四、八、十二巳酉丑月逢乙日為月德日。

天赦日

春—戊寅日、夏—甲午日、秋—戊申日、冬—甲子日。

天赦日一年中只最多也只有七日而已，天赦日為上天赦放人們有過之日，解人之災禍，百無禁忌。因此有些人東挑西找，選不到好日子時，乾脆選在天赦日，防萬一有錯也無過。但事實上也非百無禁忌，因春、夏、秋、冬的天赦日，各有其適合的事項。

如：春季寅卯辰月逢戊寅日，事合建造房屋、動土，乃戊為自然界的印星。

夏季巳、午、未逢甲午日，適合開張營利。

秋季申、酉、戌月逢戊申日，適合修建祖墳、房子修繕，乃金旺風強，易損房屋。

　　冬季亥、子、丑月逢甲子日，適合結婚、成家，乃甲木之印為水，印為家庭，故適合結婚成家。

　　如一百零一年年天赦日在春季有一個，別為國曆三月十八日的戊寅日。夏季有兩個，分別為國曆六月二日甲午日及八月一日甲午日。

月恩日

　　宜動土、起造、嫁娶、移徙、祭祀、上官赴任、求財。

◎以陽月生陽日，陰月生陰日為月恩。

　　寅月—陽木生陽火，取丙日。

　　卯月—陰木生陰火，取丁日。

　　三月（辰）—陽土生陽金，取庚日。

　　四月—陰火生陰土，取己日。

　　五月—陽火生陽土，取戊日。

　　六月—陰土生陰金，取辛日。

　　七月—陽金生陽水，取壬日。

八月─陰金生陰水，取癸日。

九月─陽土生陽金，取庚日。

十月─陰水生陰木，取乙日。

十一月─陽水生陽木，取甲日。

十二月─陰土生陰金，取辛日。

月恩日，以當月五行之干支為依據，以排序為陰陽，為受月之五行干支所生之日，如木生火，一月寅月為木月生火，火則為月恩，以陽月生陽日、陰月生陰日為月恩。月恩日宜動土起造、嫁娶、移徙、祭祀、上官、求財。

一月丙日、二月丁日、三月庚日、四月己日、五月戊日、六月辛日、七月壬日、八月癸日、九月庚日、十月乙日、十一月甲日、十二月辛日謂之月恩日。

天願日

宜：嫁娶、求財、出行、祈福。

一月甲午日、二月甲戌日、三月乙酉日。

四月丙子日、五月丁丑日、六月戊午日。

七月甲寅日、八月丙辰日、九月辛卯日。
十月戊辰日、十一月甲子日、十二月癸未日。

　　天願日，以月之干支為依據，擇與之和合之日為
天願日，為月之喜神日，宜嫁娶、求財、出行、祈福。
因為六十甲子循環一週為六十日，一個月僅三十日，
所以未必每月會逢天願日。

　　農曆一月甲午日、二月甲戌日、三月乙酉日、四月
丙子日、五月丁丑日、六月戊午日、七月甲寅日、八
月丙辰日、九月辛卯日、十月戊辰日、十一月甲子日、
十二月癸未日為天願日。

若逢天願日可多參用為吉。

四相日

　　宜修營動土、起造、栽種、遠行、搬家、移徒，
均為喜用。

　　　春季—丙丁日、夏季—戊己日、

　　　秋季—壬癸日、冬季—甲乙日。

五行之衰旺，得令則為旺為相；不得令則為休為囚為死。

　　四相者為四季所生之氣。春木生火、夏火生土、秋金生水、冬水生木。

　　四相者，四時春、夏、秋、冬本氣之生相，故逢四相日宜：修造動土起造、栽種、移徒、遠行、搬家，均可取用。四相無庚辛日，此為自然五行之象，季月為辰、戌、丑、未，視季月為中和之氣，不取其相氣庚、辛為用。

　　相者，輔我之義，春木生火為木輔火、夏火生土為火輔土、秋金生水為金輔水、冬水生木為水輔木、無土生金故無庚辛金。春季逢丙丁日、夏季逢戊己日、秋季逢壬癸日、冬季逢甲乙日為四相日。

時德又名四時天德

　　德者得也，得天地之所生，即天地舒暢氣之化也。

春季—午日、夏季—辰日、

秋季—子日、　冬季—寅日。

　宜慶功會友、謁貴。

　　德為得我月令所生之氣，天地之舒暢氣循環，四時為四季，四時天德為春、夏、秋、冬四時序所生之德神。逢時德日宜慶功、會友、謁貴、祈福、求職。

　　春季逢午日、夏季逢辰日、秋季逢子日、冬季逢寅日為時德日。

三合日

　　為五行合之簡稱，三合者：申子辰、亥卯未、寅午戌、巳酉丑。三合日即值月之本氣與日支相應而取用，月、日氣三合成同一氣，三合者如聚結群力，眾志城城。

　　故三合日宜：嫁娶、會友、結盟、訂婚、開市、起造、上樑、納財、立券交易。

　　一月寅日逢午日、二月卯月逢亥日未日。

　　三月辰月逢子日、四月巳月逢酉日。

　　五月午月逢寅日戌日、六月未月逢卯日。

　　七月申月逢子日、八月酉月逢巳日丑日。

九月戌月逢午日、十月亥月逢卯日、十一月子月逢申日辰日、十二月丑月逢酉日。以上都為三合日。

三合有個關鍵就是：凡三合日為三合之半合：一定要有旺氣，子、午、卯、酉在，才能合成氣、否則不可謂之三合日，故寅月逢戌日、辰月逢申、巳月逢丑、未月逢亥、申月逢辰、戌月逢寅、亥月逢未、十二月逢巳，不可稱三合日。

驛馬日又稱為天后日

宜：遠行、赴任、就職、搬家、謁貴、求醫等。三合頭（三合局）長生位之對沖位即為驛馬，於日見之稱驛馬日，例寅、午、戌月見申日則為驛馬日。

俗云：「三合頭沖為驛馬。」驛馬為發動之神，歲、月、日、時中逢之皆有之。

驛馬為沖三合之長生氣謂之。

如寅、午、戌三合之長生氣為寅（三合頭寅）、沖寅者
為申也，故寅午戌月逢申日則為驛馬日；

　　巳、酉、丑三合之長生氣為巳，沖巳者為亥，故
巳酉丑月逢亥日為驛馬日；

　　申、子、辰三合之長生氣為申，沖申者為寅，故
申子辰月逢寅日，則為驛馬日；

　　亥、卯、未三合之長生氣為亥，沖亥者為巳，故
亥卯未逢巳日則為驛馬日。

　　逢驛馬日遠行、赴任、就職、移徒、搬家、謁貴、
求醫生最好。

一月逢申日。　二月逢巳日。　三月逢寅月。
四月逢亥日。　五月逢申日。　六月逢巳日。
七月逢寅日。　八月逢亥日。　九月逢申日。
十月逢巳日。十一月逢寅日。十二月逢亥日。
以上為驛馬日。

日祿時神

古云：「祿抵干財。日祿逢時得位命中所有，時到自來，事半功倍。」

甲日寅時、乙日卯時。

丙日巳時、丁日午時。

戊日巳時、己日午時。

庚日申時、辛日酉時。

壬日亥時、癸日子時。

日祿臨時(日祿歸時)為該日之吉時，就是每天的好時辰。

俗云：「命好不如運好。又說好年不如好月、好月不如好日、好日不如好時。」每天時辰宜忌之好壞，對任何行事都有直接相當大的影響。

日祿又稱日祿臨時或八祿時，是每天都會遇到的好時辰，只要好好應用時辰，會感生相當大的助力。

甲日見寅時、乙日見卯時、丙日見巳時、丁日見午時、戊日見巳時、己日見午時、庚日見申時、辛日見酉時、壬日見亥時、癸日見子時，為日祿歸時，是當天的好時辰。

喜神時辰、吉方

甲己日寅時艮方、乙庚日戌時乾方、丙辛日申時坤方、丁壬日午時離方、戊癸日辰時巽方。主喜事洋洋之時辰。

物以相見為喜，易傳曰:「相見乎離」。離者，南方之卦也，五行為火，天干為丙，喜神者，見丙也，右為天兵時。

喜神之位，為日干所喜臨時辰，凡事喜氣洋洋，祥和歡喜，出行宜趨吉。

用五虎遁時訣，遁出天干。

甲日見寅時、乙日見戌時、丙日見申時、丁日見午時。戊日見辰時、己日見寅時、庚日見戌時、辛日見申時。壬日見午時、癸日見辰時為喜神所值之時辰。

天官貴人時神

主天神福蔭之時

歌訣:「甲子逢酉乙猴家。丙尋子位錦添花。丁豬戊兔己寅位。辛庚同馬壬癸蛇」。

甲日酉時、乙日申時、丙日子時、丁日亥時、戊日卯時、己日寅時、庚日午時、辛日午時、壬日巳時、癸日巳時。

天官貴人為天神福蔭取代時遇之;宜祭祀、祈福、酬神、上官、赴舉、出行、求財、見貴、百事吉。

甲日見酉時、乙日見申時。

丙日見子時、丁日見亥時。

戊日見卯時、己日見寅時。

庚日見午時、辛日見巳時。

壬日見丑未時、癸日見辰戌時,謂之天官貴人。

福星貴人時神

主對當日之事有旺福助祿之氣,逢之宜:祭祀、祈福、酬神、婚娶、出行、求財、入宅、造葬、百事吉。

歌訣：「甲虎丙鼠乙豬牛。丁雞戊猴己羊走。

庚馬辛蛇癸愛兔。壬騎龍背姓名揚。」

甲日寅時、乙日亥丑時、丙日子時、丁日酉時、戊日申時、己日未時、庚日午時、辛日巳時、壬日辰時、癸日卯時。

星貴人值時對當日之事有旺福助祿福興高照之氣。

甲日見寅時、乙日見亥丑時。丙日見子時、丁日見酉時。

戊日見申時、己日見未時。

庚日見午時、辛日見巳時。

壬日見辰時、癸日見卯時。

以上為福星貴人所在之時辰。

五富日

宜：運動會產品展示會作品發表會、各種盛大集會、慶祝會。五富者，財物豐盛之意，五富日者以月支為準。

亥日：一、五、九月，　　寅日：二、六、十月，

　　巳日：三、七、十一月，申日：四、八、十二月。

亥卯未月三合木局之「臨官位」寅日。

巳酉丑月三合金局之「臨官位」申日。

寅午戌月三合火局之「絕位」亥日。

申子辰月三合水局之「絕位」巳日。

以上即為三合頭之六合位。

　　五富者，為財物富強旺盛、豐收之神。如準備各種盛大集會、各類慶祝會、運動會、產品展示會、促銷活動、作品發表會、選擇五富日最好。

一月（寅午戌）逢亥日。　二月逢寅日（亥卯未）。

三月（申子辰）逢巳日。四月（巳酉丑）逢申日。

五月（寅午戌）逢亥日。六月（亥卯未）逢寅日。

七月（申子辰）逢巳日。八月（巳酉丑）逢申日。

九月（寅午戌）逢亥日。十月（亥卯未）逢寅日。

十一月（申子辰）逢巳日。十二月（巳酉丑）逢申日，

以上謂之五富日。

敬安日

一(未)、三(申)、五(酉)、七(戌)、九(亥)、十一月(子):由未位順推至子位。

二(丑)、四(寅)、六(卯)、八(辰)、十(巳)、十二月(午):由丑位順推至午位。

敬安者,敬重、安定、恭敬、恭順;陰陽相會之義,陽會陰則必敬、陰會陽則必恭,人與人之間相互恭敬則必安也,故敬安之日乃為恭順之神主日。

凡是召開有關組織會議、開股東會議、家族會議、公聽會、協調會、或拜訪到上司、到長輩家作禮貌拜訪、推薦朋友、求職、赴任,甚至於離鄉背井想要衣錦還鄉,想找個好日子回家風光、光耀門眉,選擇敬安日最好不過。

一月(寅)逢未日、二(卯)月逢丑日。

三(辰)月逢申日、四月(巳)逢寅日。

五月(午)逢酉日、六月(未)逢卯日。

七月(申)逢戌日、八月(酉)逢辰日。

九月（戌）逢亥日、十月（亥）逢巳日。

十一月（子）逢子日、十二月（丑）逢午日。以上謂之敬
安日。

福生日

福生日宜：求恩、祈福、祭祀、求職、求財、求官。
一月酉日、二月卯日、三月戌日、四月辰日、五月亥
日、六月巳日、七月子日、八月午日、九月丑日、十
月未日、十一月寅日、十二月申日。

一（酉）、三（戌）、五（亥）、七（子）、九（丑）、十
一月（寅）：由酉位順推至寅位。

二（卯）、四（辰）、六（巳）、八（午）、十（未）、十
二月（申）：由卯位順推至申位。

福生者，月中之福神。福生日宜求恩、祈福、祭
祀、祀神拜拜、福蔭最靈。平常不沒時間或較少拜拜
的人，選擇福生日拜拜敬神、拜佛、求財、求官、求
職、求福，會有意想不到的收獲。

一月（寅）逢酉日、二月（卯）逢卯日。

三月（辰）逢戌日、四月（巳）逢辰日。

五月（午）逢亥日、六月（未）逢巳日。

七月（申）逢子日、八月（酉）逢午日。

九月（戌）逢丑日、十月（亥）逢未日。

十一（子）月逢寅日、十二月（丑）逢申日謂之福生日。

續世日

宜：結婚、祭祀、拜神、求子。

續世日之求算法：

一（丑）、三（寅）、五（卯）、七（辰）、九（巳）、十一月（午）：由丑位（丑日）順推至午位（午日）

二（未）、四（申）、六（酉）、八（戌）、十（亥）、十二月（子）：由未位（未日）順推至子位（子日）

一月丑日、二月未日、三月寅日、四月申日、五月卯日、六月酉日、七月辰日、八月戌日、九月巳日、十月亥日、十一月午日、十二月子日。

　續世者，月之善神，月中綿延、永續、繼續之神，續世日最宜結婚、嫁娶、祭祀、求子、受孕日，或久婚未孕，想傳宗孝親、拜神求子，選續世日最好。

一（寅）月逢丑日、二（卯）月逢未日。

三月（辰）逢寅日、四月（巳）逢申日。

五月（午）逢卯日、六月（未）逢酉日。

七月（申）逢辰日、八月（酉）逢戌日。

九月（戌）逢巳日、十月（亥）逢亥日。

十一（子）月逢午日、十二（丑）月逢子日。以上謂之續世日。

天恩日

　　天恩日是上天福德施予萬民之日。

甲子日、乙丑日、丙寅日、丁卯日、戊辰日。

己卯日、庚辰日、辛巳日、壬午日、癸未日。

己酉日、庚戌日、辛亥日、壬子日、癸丑日。

宜：犒賞部屬、布施政事、救濟貧困。

　　天恩日為上天施恩德蔭，得澤施予百姓之日。施天恩予人者，而不思回報，天給予百姓之關環、德澤，故天恩日最宜犒賞部屬、布施政事、救濟貧困。

凡甲子日、乙丑日、丙寅日、丁卯日、戊辰日。

己卯日、庚辰日、辛巳日、壬午日、癸未日。

己酉日、庚戌日、辛亥日、壬子日、癸丑日等十五日謂之天恩日。

陽德日

　　陽德、德者得也，得到天地和諧之氣。

　　一、七月戌日，二、八月子日，三、九月寅日，四、十月辰日，五、十一月午日，六、十二月申日。

　　如一、七月由戌位(戌日)隔一逆推之。

　　宜：開張、納財、開市、立券交易、結親、訂盟。

　　陽德者，得到月中天地之德神。陽德日為德神主日，當值之日，諸事順遂，最宜開張、開市、納財、結親、訂盟、立券交易。

一月（寅）逢戌日、二月（卯）逢子日。

三月（辰）逢寅日、四月（巳）逢辰日。

五月（午）逢午日、六月（未）逢申日。

七月（申）逢戌日、八月（酉）逢子日。

九月（戌）逢寅日、十月（亥）逢辰日。

十一月（子）逢午日、十二月（丑）逢申日。以上謂之陽德日。

陰德日

　　天地之間，氣化有陰陽之分，互而為用，孤陰不生，孤陽不長，陰陽日為陰德之神當值之日。

　　一、七月酉日，二、八月未日，三、九月巳日，四、十月卯日，五、十一月丑日，六、十二月亥日。

　　如一、七月「酉位」隔一位逆推之。

　　宜：洗冤、行善、積德、嘉惠貧困。

　　陰德者，月內陰德之神掌管人間之善惡。陰德日為陰德神所值之日，專管人間善惡、明察德行，陰德神揚善嫉惡、功過分明之神，凡有冤屈，準備清洗冤

情，或行善積德、嘉惠貧困、惠澤里民，選陰德日事半功倍。

一月（寅）逢酉日、二月（卯）逢未日。

三月（辰）逢巳日、四月（巳）逢卯日。

五月（午）逢丑日、六月（未）逢亥日。

七月（申）逢酉日、八月（酉）逢未日。

九月（戌）逢巳日、十月（亥）逢卯日。

十一月（子）逢丑日、十二月（丑）逢亥日。

以上逢之為陰德日。

天道十二神：黃道神與黑道神

所謂黃道神與黑道神，分別依順序如下：

1青龍（天貴）、2明堂（明輔）、3天刑、4朱雀、5金匱（福德）、6天德（寶光）、7白虎、8玉堂（少微）、9天牢、10元武、11司命（鳳輦）、12勾陳。

寅月或日　申月或日　青龍在「子」

卯月或日　酉月或日　青龍在「寅」

辰月或日　　戌月或日　　青龍在「辰」

巳月或日　　亥月或日　　青龍在「午」

午月或日　　子月或日　　青龍在「申」

未月或日　　丑月或日　　青龍在「戌」

　1青龍（天貴）2明堂（明輔）3天刑4朱雀5金匱（福德）6天德（寶光）7白虎8玉堂（少微）9天牢10元武11司命（鳳輦）12勾陳。

　　一般人喜歡黃道吉日及黃道吉時，但大都不知道黃道是什麼？自古相傳上天有天道十二神，黃道有六、黑道有六。依順序分別青龍、明堂、金匱、天德、玉堂、司命，為黃道吉神，所值之日為黃道吉日、一切凶惡自然避之。

以下為黃道六吉神：

　　青龍黃道：及天貴黃道。宜：祈福、嫁娶、結婚、造葬、百事皆吉。

　　明堂黃道：及明輔黃道。宜：祈福、嫁娶、結婚、開市、造葬吉。

　　金匱黃道：及福德黃道。宜：祈福、嫁娶、結婚、入宅、造葬吉。

　　天德黃道：及寶光黃道。宜：祈福、嫁娶、結婚、入宅、造葬吉。

　　玉堂黃道：及少微黃道。宜：入宅、安床、安灶、開倉庫吉。

　　司命黃道：及鳳輦黃道。宜：作灶、祀灶、受封、修造吉。

　　天刑、朱雀、白虎、天牢、元武、勾陳為黑道神，所值之日不宜上官、赴任、詞訟、動土、起造、遠行、嫁娶、搬家。

以下為黑道六神：

及天刑黑道。天牢黑道：忌：上官、赴任、詞訟、諸眾務（吉多可用）。

白虎黑道：及朱雀黑道。白虎用麒麟符制，朱雀用鳳凰符制（吉多可用）。

勾陳黑道：及元武黑道。忌：詞訟、諸眾務（合吉星多可用）。

天道十二神輪值順序原則，按月值日與按日值時，兩者都為相同的組合。如寅月或寅日其青龍在子，寅月逢子日，就是黃道吉日、寅日逢子時就是黃道吉時，餘類推。

背記法：龍明刑雀匱天德。虎玉牢司勾陳。

1. 寅月或寅日、青龍在子、明堂在丑、天刑在寅、朱雀在卯、金匱在辰、天德在巳、白虎在午、玉堂在未、天牢在申、元武在酉、司命在戌、勾陳在亥。

2.卯月或卯日、青龍在寅、明堂在卯、天刑在辰、朱
雀在巳、金匱在午、天德在未、白虎在申、玉堂在酉、
天牢在戌、元武在亥、司命在子、勾陳在丑。

3.辰月或辰日、青龍在辰、明堂在巳、天刑在午、朱
雀在未、金匱在申、天德在酉、白虎在戌、玉堂在亥、
天牢在子、元武在丑、司命在寅、勾陳在卯。

4.巳月或巳日、青龍在午、明堂在未、天刑在申、朱
雀在酉、金匱在戌、天德在亥、白虎在子、玉堂在丑、
天牢在寅、元武在卯、司命在辰、勾陳在巳。

5.午月或午日、青龍在申、明堂在酉、天刑在戌、朱
雀在亥、金匱在子、天德在丑、白虎在寅、玉堂在卯、
天牢在辰、元武在巳、司命在午、勾陳在未。

6. 未月或未日、青龍在戌、明堂在亥、天刑在子、朱雀在丑、金匱在寅、天德在卯、白虎在辰、玉堂在巳、天牢在午、元武在未、司命在申、勾陳在酉。

7. 申月或申日、青龍在子、明堂在丑、天刑在寅、朱雀在卯、金匱在辰、天德在巳、白虎在午、玉堂在未、天牢在申、元武在酉、司命在戌、勾陳在亥。

8. 酉月或酉日、青龍在寅、明堂在卯、天刑在辰、朱雀在巳、金匱在午、天德在未、白虎在申、玉堂在酉、天牢在戌、元武在亥、司命在子、勾陳在丑。

9. 戌月或戌日、青龍在辰、明堂在巳、天刑在午、朱雀在未、金匱在申、天德在酉、白虎在戌、玉堂在亥、天牢在子、元武在丑、司命在寅、勾陳在卯。

10. 亥月或亥日、青龍在午、明堂在未、天刑在申、朱雀在酉、金匱在戌、天德在亥、白虎在子、玉堂在丑、天牢在寅、元武在卯、司命在辰、勾陳在巳。

11. 子月或子日、青龍在申、明堂在酉、天刑在戌、朱雀在亥、金匱在子、天德在丑、白虎在寅、玉堂在卯、天牢在辰、元武在巳、司命在午、勾陳在未。

12. 丑月或丑日、青龍在戌、明堂在亥、天刑在子、朱雀在丑、金匱在寅、天德在卯、白虎在辰、玉堂在巳、天牢在午、元武在未、司命在申、勾陳在酉。

探病凶日

忌：壬寅、壬午、庚午、甲寅、乙卯、己卯

　　人吃五穀雜糧，天候寒暑冷熱無常，親朋好友，身體欠安在所難免，基於關愛之心、人情世故，總要前往探望；。有些人去探病返回後，自己也病了或有些不舒服；要說迷信倒真有其事，為了避免這樣的事情，古代古聖賢經驗的累積，留下六日告訴人們自己小心，**凡是壬寅日、壬午日、庚午日、甲寅日、乙卯日、己卯日**去探病，易對自己的身體造成影響，往往對自己不好。

如一百零一年國曆三月二十二日逢壬午日，農民曆上註明勿探病，或如國曆四月十一日也註明勿探病；在這六天最好不要去探病，不要鐵齒，以免真的回來不舒服不要以迷信論之，要體會古聖賢的深意，可以先打個電話或送鮮花卡片，問候一下，可改天另擇吉日再去探病。

楊公忌日

　　楊公忌日亦是前人自古流傳下來的日子，是前人的經驗法則，不按日干支的陰陽五行及其他規矩，只用一口訣：「正月十三起原序、每月周三就於斯、七月初一並二九，以下按算「室火豬。」即以正月十三日開始，逐月減二日，七月有初一及二十九日，再由二十九日逐月減二日。戒後人若逢楊公忌日不宜移徙搬家，入新宅、遠行、分居、分家產，否則會有不祥之兆。

　　楊公忌日每年一樣，分別為農曆一月十三日、二月十一日、三月九日、四月七日、五月五日、六月三日、七月一日及二十九日、八月二十七日、九月二十五日、十月二十三日、十一月二十一日、十二月十九日。此另外農曆每逢月初一日不宜嫁娶、安神，因為月初無月人難圓。

　　初七不安灶。初九不宜上樑。十五不行嫁。十七日不宜安葬。二十三不宜動墳，二十五日不宜搬家。又稱橫天朱雀日。

彭祖忌日

　　　彭祖相傳為神話中最長命的神仙，相傳老彭祖交代流傳了一些經驗，給後世的子子孫孫，期以作為日後趨吉避凶之方法。彭祖忌日，按日之天干及地支而定，不管何年何月，只以干支為主。

每逢天干的：

甲日不開倉。乙日不栽種。丙日不修灶。

丁日不剃頭。戊日不受田。己日不破券。

庚日不經絡。辛日不合醬。壬日不汲水。

癸日不詞訟。

每逢地支的：

子日不問卜。丑日不帶冠。寅日不祭祀。

卯日不穿井、辰日不哭泣、巳日不出行。

午日不苫蓋、未日不服藥、申日不安床。

酉日不會客、戌日不吃犬、亥日不行嫁。

　　因此彭祖忌日已把各行各業的公休日都訂出來了。在日常生活中我們查看農民曆的時候可以參考，但是不是真的不這麼做會發生凶象，我覺得雖然說不要太迷信，但還是寧可信其有。

觸水龍

忌丙子日或丙子時。

癸未日或癸未時。

癸丑日或癸丑時。

　　夏天到海灘溪邊戲水，大多數的人都很喜歡，為夏天的一大樂趣，有鑑於此，但是每年總有一些不幸失足滅頂事件發生，讓人防不勝防，所以我曾經也在台南市灣裡紅十字會，參加好幾年的夏天海邊安全求生義工。

　　觸水龍乃是自古相傳下來，大忌戲水的時間，遇觸水龍最好能小心。當然最重要的還是平時就須注意，若想戲水最好選擇安全措施妥善，與有安全救生員之場所戲水，不能認為不觸水龍就可以放心戲水。

　　觸水龍以日與時的干支而論，**凡是丙子日、癸未日、癸丑日，或丙子時、癸未時、癸丑時**都是屬於觸水龍。大忌戲水的時間。

四離日與四絕日

　　二分(春分、秋分)、二至(夏至、冬至)的前一日
為「四離日」忌嫁娶、遠行、出征、行房。

　　四立(立春、立夏、立秋、立冬)前一日為「四絕
日」忌嫁娶、遠行、出軍、出征、行房。

　　字面上看起來，四離四絕似乎相當不好，但四離日
與四絕日其實並非如此，也並非是凶厄之日，在二分、
二至與四立的前一日，就是因為新舊兩氣的交接際，
或為陰陽氣變消長的交會，所以宜靜不宜動，也不宜
耗損陰陽之氣(行房)。

　　凡春分、夏至、秋分、冬至的前一日稱為四離日、
不宜嫁娶、行房、遠行及出征。立春、立夏、立秋、
立冬的前一天稱為四絕日，忌遠行、出軍、嫁娶、行
房。

氣往亡日

　　氣往亡日係古人經驗累積，有感天地之氣日鬱結不通，故有諸多禁忌。

　　起例訣：「立春七每立加一。京十四仲加一雙。

　　　　　　　　明廿一季進三冬。出行嫁娶見死亡」

　　立春後（含）第七天，立夏（含）後第八天，立秋後第九天，立冬後第十天。

　　驚蟄後第十四天，芒種後第十六天，白露後第十八天，大雪後第二十天。

　　清明後第二十一天，小暑後第二十四天，寒露後第二十七天，小寒後第三十天。

　　氣往亡日又稱天門日，感覺死氣沉沉，都沒有一點朝氣的，但事實上可以不必過於避諱及考慮、只要當天的干支 與自己八字喜用相符，凡事還是可行的、可選用的。

氣往亡日分述於下：

　　立春後七日以立春當天起算，驚蟄後十四日、清明後二十一日、立夏後八日、芒種後十六日、小暑後二十四日、立秋後九日、白露後十八日、寒露後二十七日、立冬後十日、大雪後二十日、小寒後三十日謂之氣往亡日。

災煞日不可打官司

災煞者月之禁神，災煞日：**不宜**：起基、動土、訂盟、
　　遠行、會親、嫁娶、上任、打官司、訴訟。

　煞有劫煞、災煞、墓庫煞（稱月煞）稱之三煞日；所謂災煞日是指子、午、卯、酉日，為月之禁神，所值之日時，逢之宜靜不宜動，事多阻礙。

一、五、九月（寅午戌月）煞北（災煞子方）為子日。

二、六、十月（亥卯未月）煞西（災煞酉方）為酉日。

三、七、十一月（申子辰月）煞南（災煞午方）為午日。

四、八、十二月（巳酉丑月）煞東（災煞卯方）為卯日。

一月逢子日、二月逢酉日、三月逢午日。

四月逢卯日、五月逢子日、六月逢酉日。

七月逢午日、八月逢卯日、九月逢子日。

十月逢酉日、十一月逢午日、十二月逢卯日。

以上謂之災煞日。

月煞日 （不作客）

忌：開倉、遠行、嫁娶、栽種、動土、忌留客在家、不到別人家作客。

月煞者，肅殺之氣特別重，辰、戌、丑、未均為墓庫日，事多延遲、沈寂。如以生年對照之稱三煞日、時逢之大凶。

一、五、九月（寅午戌月）忌丑日。

三、七、十一月（申子辰月）忌未日。

二、六、十月（亥卯未月）忌戌日。

四、八、十二月（巳酉丑月）忌辰日

月煞者、肅殺之氣重，月內之殺神，月煞日不宜開倉、遠行、嫁娶、栽種、動土、忌訪友作客。

　　尤其忌留客在家，古代月煞日通常不到別人家作客。一月逢丑日、二月逢戌日、三月逢未日、四月逢辰日。五月逢丑日、六月逢戌日、七月逢未日、八月逢辰日。九月逢丑日、十月逢戌日、十一月逢未日、十二月逢辰日。以上為月煞日。

月忌日

　　不宜：祭祀、赴宴、整容、剃頭、求醫、修屋、祈福。

　訣：「每月上旬初五忌。廿三十四二期是。
　　　　通書凡事從權用。協紀小亨憲不利。」

農曆每月初五、十四、二十三日為月忌日，初五起每加九天（相隔九天）為月忌日。不宜祭祀、祈福、赴宴、整容、剃頭、求醫、修屋等事，諸多不宜。不過月忌日之干支與自己八字命局喜用神相符，就不必刻意去忌諱，仍可選用。

五不遇時

七殺時干則為五不遇時，又為落空之凶時。

甲日庚時、乙日辛時、丙日壬時、丁日癸時、戊日申時、己日乙時、庚日丙時、辛日丁時、壬日戊時、癸日己時

好日碰上壞時辰還是不見、落空，於十神法稱之時逢七殺，於擇日稱五不遇時。五不遇時為凶時，選到好日子避免撞上好時。五不遇時為時尅日干，對當日而言為凶時。

甲日遇庚時、乙日遇辛時、丙日遇壬時。

丁日遇癸時、戊日遇甲時、己日遇乙時。

庚日遇丙時、辛日遇丁時、壬日遇戊時。

癸日遇己時。以上為五不遇時。

正廢四日

春天寅卯辰月逢庚申、辛酉日。

夏天巳午未月逢壬子、癸亥日。

秋天申酉戌月逢甲寅、乙卯日。

冬天亥子丑月逢丙午、丁巳日。

百事皆忌，乃值死囚之氣，惟入殮、移柩、安葬不忌。

刀砧

春天寅卯辰月逢亥、子日。

夏天巳午未月逢寅、卯日。

秋天申酉戌月逢巳、午日。

冬天亥子丑月逢申、酉日。

刀砧：忌：伐木、做樑、納畜、造畜稠、牧養、針灸、穿割。

土王用事

土王：王者旺也，土王為土旺之意。凡動土、破土、修造、營造、開渠、穿井、破屋壞垣、栽種及與土地有相關之行為這約 72 天都是忌諱。

一年約有 365 天，分別由「木、火、土、金、水」

五行各值約 73 天，春旺於木、夏旺於火、秋旺於金、冬旺於水，而土旺於四季，分佈於四季當中的四立之前，每季約十八天又 3 個時辰，由土主宰當令，稱為「土王用事」。

立春前約十八天為土王用事至立春止。

立夏前約十八天為土王用事至立夏止。

立秋前約十八天為土王用事至立秋止。

立冬前約十八天為土王用事至立冬止。

凡事與土地有關之行為，此約 73 天都是禁忌。

《易經》築基篇

（此篇節錄本人著作「姓名、易經、心易占卜解碼全書」）

太極、二儀、四象、八卦演義圖：

太極，極者至極而無對之稱，極既無對，而非亦之曰太。太極本身就是一個混沌、一個宇宙的空間、一個圓，就像是雞蛋，蛋破開就像混沌初開，蛋黃和蛋白就是太極中的兩儀，兩儀即是陰、陽，用符號來做代表可分為陽爻與陰爻，陽爻「主動」，代表「放射」、積極、外向、明亮、溫熱；陰爻主「靜」，代表「接收」、保守、內向、晦暗、寒冷；有放射也有接收，兩者配合才能使變化一直持續下去。陰、陽也就是日、月稱之「兩儀」，「兩儀」生四象，「四象」生八卦，「八卦」

代表生命的創造力而生萬物，因此生命由此開始，所以說先有蛋再有雞。

1 乾（☰），2 兌（☱），3 離（☲），4 震（☳），5 巽（☴），6 坎（☵）7 艮（☶），8 坤（☷）。這八卦的演義產生了卦序，每一個卦蘊含了天、地、人三才及專門術語，必須牢記住。有個固定的背誦口訣：

「**乾三連，坤六斷，震仰盂，艮覆碗，離中虛，坎中滿，兌上缺，巽下斷。**」這八卦稱為「經卦」，表示基礎之意。八卦又分「先天八卦圖」與「後天八卦圖」，都是由這八種符號所組成，先天為「體」，為天地造物所形成的，為不變的原則；後天為「用」，為人為的因素所形成的地形、地物，也代表季節、時間、方位。

先天八卦數字概念

先天八卦的順序：乾、兌、離、震分佈於陽氣之地，所以初爻為陽，卦序為 1.2.3.4 為陽從左邊團團轉，巽、坎、艮、坤分佈於陰氣之地，所以初爻為陰，卦序為 5.6.7.8 為陰從右路轉相通。

　　《易經八卦》是由中國之地形、地物及天象而來，是探討「日月變化」的書，八字本身也是由「日月陰陽變化」而來，**擇日學**就是透過這日、月交媾陰陽變化所產生的吉凶而定；「日月」如同夫妻之道；八字就像八卦一樣，由夫妻交媾所衍生的子女，再衍生六十四卦，就成了子子孫孫；天干甲己合定位，其於八個天干也就是說八個字互相組合，　衍生出萬物之象，如同代代相傳。

先天八卦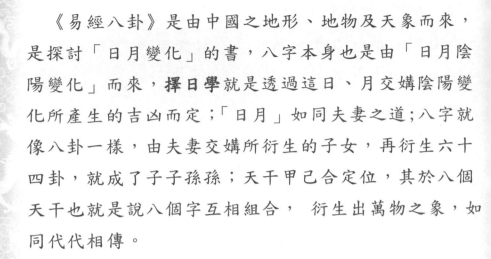圖

　　先天八卦圖是人面向南方，以太陽為座標所定出來的八卦方位。我們所站之處為地，上面是天，左手為東方是太陽升起之處；右手為西方，則是月升之處。依此來看中國地理，則是西北多山，西南多風，東北多雷（地震），東南多湖泊。

　　「先天八卦圖」據說是伏羲所畫，從哲學的觀點來看，當宇宙萬物還未形成之前，即所謂的「先天」，當有了宇宙萬物，就形成了所謂的「後天」。先天八卦是記載宇宙形成的大現象也是在講人的根基，上為乾，下為坤，代表天與地；左為離（日），右為坎（月），代表火與水，意即日與月。左上角為兌，右上角為巽，代表澤與風；左下角為震，右下角為艮，代表雷與山。

　　〈說卦傳〉所云：「天地定位，山澤通氣，雷風相薄，水火不相射，八卦相錯。」圖中是個圓形的混沌，內有陰陽的太極圖，白色稱為陽，陽中有個黑點，此稱為陽中有陰；黑色部分稱為陰，陰中有個白點，此稱為陰中有陽。太極圖一般稱之為陰陽魚，黑點與白

點都象徵魚的眼睛。黑色與白色之間是互相形成一個圓，彼此向對方產生運動、進展、交媾，而形成自然萬物；亦即所謂天、地、日、月、湖海江河、風氣、雷電、樹木、高山。

《易經》，總共有六十四個卦，代表大自然的六十四種情性，這些卦都是由下往上六條橫線所組成的。《易經》的「易」字，就是指日、月「交媾」。而任何的交媾都是由陽與陰兩種因素的消長所造成的。「爻」這個字代表「變化」，在描述變化的陰、陽、放射與接收。「卦」，則是代表在我們眼前的自然現象。當大自然出現變化時，人類要如何用元始本能因應？如何趨吉避凶？

《易經》是一套陰、陽符號系統，本身用八個符號來作為基本的原素，在由這八個符號相錯成六十四個卦，用卦象來代表每一個自然環境或特定狀態，然後再藉由卦象的「交媾」與「變化」，引証未來「結果」。六十四卦，每一卦有一句卦辭，說明此卦的代表意義（於本人的著作「姓名、易經、心易占卜解碼全書」

內有詳細的註解）；此外，每一卦有六爻，每一爻有一句爻辭，說明此爻的過程與結果。《易經》包話：六十四卦、六十四句卦辭，以及三百八十四句爻辭（於本人的著作「384爻占卦體用註解」內有詳細的註解）。

換句話說，十天干及十二地支其二十二個符號在詮釋《易經》六十四卦於四季當中的現象變化，再將干支的陰陽相疊成為六十甲子，此六十甲子是將《易經》六十四卦用六十週天循環來表述，表述著六十種自然的情境。（於八字十神洩天機–上冊有詳細的論述）

八卦的表徵取自它的卦德，用於諸物則又有諸種不同的解釋了。這種可變性正是它歷數千年不衰的關鍵。《說卦》曰：「天地定位，山澤通氣，雷風相薄，水火不相射。」後人多以此作為說明，也有人認為乾（天），坤（地），艮（山），兌（澤），震（雷），巽（風），坎（水），離（火）的方位關係即由此而來。

先天八卦圖有據可查的起源是宋代。北宋邵雍在《皇極經世》中記載了這種排列，他死後不久就有

先天八卦圖流傳。邵雍是否為先天八卦的作者，一直存在爭議。先天八卦的方位與後天八卦為何不同？有人認為先天八卦反映了世界未產生前的景象，而後天八卦則相反。也有人認為先天八卦和後天八卦分別代表了時間和空間的概念，如清人張潮〈幽夢影〉中即有「先天八卦，豎看者也；後天八卦，橫看者也」之句。

　　《說卦》曰：「帝出乎震，齊乎巽，相見乎離，致役乎坤，說言乎兌戰乎乾，勞乎坎，成言乎艮。」與由「震」出發，順時針經巽、離、坤、兌、乾、坎、艮回到震位的順序一致。後天八卦方位與東南西北方位存在著一一對的關係：震、離、兌、坎分別代表東、南、西、北，餘下四卦巽、坤、乾、艮則分別為東南，西南，西北，東北。

也反映了中國古代製作地圖的傳統方式：上南下北，左東右西。這個方位與西方傳入的現代製圖方向正好相差一百八十度。

下頁為易經六十四卦圖表

坤（地）	艮（山）	坎（水）	巽（風）	震（雷）	離（火）	兌（澤）	乾（天）	←上卦 ↓下卦
11. 地天泰	26. 山 天大畜	5. 水天需	9. 風天 小畜	34. 雷 天大壯	14. 火 天大有	43. 澤天夬	1. 乾為天	乾（天）
19. 地澤臨	41. 山澤損	60. 水澤節	61. 風 澤中孚	54. 雷 澤歸妹	38. 火澤睽	58. 兌為澤	10. 天澤履	兌（澤）
36. 地 火明夷	22. 山火賁	63. 水 火既濟	37. 風 火家人	55. 雷火豐	30. 離為火	49. 澤火革	13. 天 火同人	離（火）
24. 地雷復	27. 山雷頤	3. 水雷屯	42. 風雷益	51. 震為雷	21. 火 雷噬嗑	17. 澤雷隨	25. 天 雷無妄	震（雷）
46. 地風升	18. 山風蠱	48. 水風井	57. 巽為風	32. 雷風恆	50. 火風鼎	28. 澤 風大過	44. 天風姤	巽（風）
7. 地水師	4. 山水蒙	29. 坎為水	59. 風水渙	40. 雷水解	64. 火 水未濟	47. 澤水困	6. 天水訟	坎（水）
15. 地山謙	52. 艮為山	39. 水山蹇	53. 風山漸	62. 雷 山小過	56. 火山旅	31. 澤山咸	33. 天山遯	艮（山）
2. 坤為地	23. 山地剝	8. 水地比	20. 風地觀	16. 雷地豫	35. 火地晉	45. 澤地萃	12. 天地否	坤（地）

先天八卦圖與數字搭配，形成一種特定結構（見下頁圖）。把數字寫在八卦圖的每一個卦上，則可見其對角線皆為9。由乾卦開始往左算是1、2、3、4，再來由右邊的巽卦往右算，是5、6、7、8，這八個數字中，屬於陽性卦的是乾（父）、震（長男）、坎（中男）、艮（少男），其數字為1、4、6、7，其和為18。屬於陰性卦的是坤（母）、巽（長女）、離（中女）、兌（少女），其數字8、5、3、2，其和也是18。像這種情況顯得很神奇，也促使我們想進一步探討《易經》的奧秘。

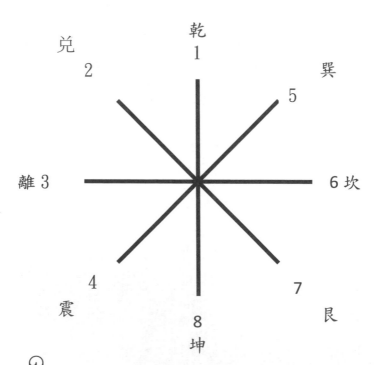

後天八卦

後天八卦據說是周文王所畫。中國位居東半球北部，所以周文王觀察乾（天）的正中位置在西北「乾以君之」乾卦象徵天道；而坤（地）則位於西南「坤以藏之」坤卦象徵地道；艮為山，接近天，在東北「艮以止之」艮為嚴寒之域；巽為齊平，近地，在東南「風以散之」，春夏大地可藉風的傳播使草木茂盛。

震在東「雷以動之」太陽由此地昇起，萬物就會隨之而動；兌在西「兌以說之」兌是收成之季，因有果實而喜悅；離在南「日以晅之」，離卦外照耀萬物，為地帶來能量磁場；坎在北「雨以潤之」雨為坎卦，可滋潤萬物。

文王八卦圖依天、地、山、澤、雷、風、水、火，相互交錯排列，並以震為始、艮為終，做為應用道理。其圖如下：

　　後天八卦圖在〈說卦傳〉裡有生動的描述:「帝出乎震,齊乎巽,相見乎離,致役乎坤,說言乎兌,戰乎乾,勞乎坎,成言乎艮。」意思是:「帝出乎震」,震木由艮位寒冬之季破土而出,以締造大業。

　　「帝」:可指北極星,為先天的震卦位,從震位甲木出發,堅毅不拔,以成就大業。

到了巽位「齊乎巽」巽為春夏之季,此季草木並茂而生。震代表甲、巽代表乙木,乙木枝葉蓬勃而齊生,使萬物充滿生機。

　　到了離位「相見乎離」離火明利萬物成長,為丙、丁火的能量,陽臨使萬物彼此相見爭相而長。

到了坤位「致役乎坤」坤卦居西南，為季夏與孟秋，此季陽旺高溫之地，為天干己土，地支未土，利於耕耘，西南得朋之地，萬物得到幫助。

到了兌位「說言乎兌」兌卦居西方，季節屬秋，為天干辛金，地支酉金。春分與秋分兩季日月等長，陰陽調和、溫差不大而合悅，為佛家所云：「西方極樂世界」。西方果實成熟使萬物愉悅歡喜。

到了乾位「戰乎乾」乾居西北方位，天干為戊，地支為戌土與亥水；太陽由西北方戌而下。日陷致使盜心萌生，為了爭取甜美果實而相互交戰；西北方「龍戰于野，其血玄黃」。

到了坎位「勞乎坎」勞與坎五行皆屬水，天干為壬、癸，地支為亥、子， 北方之地，萬物生機不見但卻忙著思考未來的行事計劃。使萬物勞苦疲倦。

到了艮位「成言乎艮」艮居東北，天干為戊，地支為寅丑，象徵萬物之終始。東北之地，冬藏入庫使萬物成功收場。

　　後天八卦，主要是從先天八卦所產生的天象、地形、地物與「方位」、「五行」相互交媾產生的。八卦配五行、陰陽，震與巽為木，震為甲、寅為陽、乙、卯為巽為陰，離為火陽爻為丙、巳、陰爻為丁、午，坤與艮為土，坤為己、未、辰為陰土、艮為戊、戌、丑為陽土；兌與乾為金，乾為庚、申為陽、兌為陰為辛、酉；坎為水，陽爻為壬、亥水、陰爻為癸、子水；而且東南西北四個方位來說，也代表四季，即為春夏秋冬。

　　以方位的口訣來說：「左青龍，右白虎，前朱雀，後玄武。」將人（木）立於中宮戊、己土之地，其色為黃。震在左邊，在東代表木，其色為青，象徵的動物為龍；兌在右，在西邊為金，其色為白，象徵的動物為虎；離在方在南為火，其色為赤為紅，象徵的動物為朱雀；坎在後方在北方為水，其色為玄為黑，象徵為龜與蛇。

　　由五行推到五色，自然可以再推到五味，依序是：酸（木）、苦（火）、甘（土）、辛（金）、鹹（水）；人身器官，則依序為：肝、心、脾、肺、腎。

以下表格為五行、八卦十天干、十二地支類化取象推演之整理圖表：

八卦的基本類化取象圖表

坤	艮	坎	巽	震	離	兌	乾	卦名
地	山	水	風	雷	火	澤	天	象名
8	7	6	5	4	3	2	1	卦序
1	6	7	2	8	3	4	9	先天卦數
洛書數								
2	8	1	4	3	9	7	6	後天卦數
土	土	水	木	木	火	金	金	五行
己	戊	壬癸	乙	甲	丙丁	辛	庚	天干
丑未	辰戌	子亥	卯	寅	巳午	酉	申	地支
西南	東北	北	東南	東	南	西	西北	方位
夏末	冬末	冬	春末	春	夏	秋	秋末	季節
6～7	12～1	11～12	3～4	1～2	4～5	7～8	9～10	月份
母	少男	中男	長女	長男	中女	少女	父	人物
陰	陽	陽	陰	陽	陰	陰	陽	陰陽
陽逆	止萌	陷養	和狂	動壞	麗段	悅憎	健衰	屬性
皮膚	鼻	耳	股	四肢	眼	口	頭	身體
胃部	脾膽	腎生殖系統	腸	肝中樞神	心	肺	腦	內臟
鬼門	生門	休門	杜門	傷門	景門	驚門	天門	八方門位
二黑	八白	一白	四祿	三碧	九紫	七赤	六白	白星九紫運星局九星
病符	財帛	文曲	文昌	蚩尤	右弼	破軍	武曲	天九宅九星
祿存	巨門	文曲	輔弼	貪狼	廉貞	破軍	武曲	天九宅九星
禍害	天醫	六煞	伏位	生氣	五鬼	絕命	延年	四凶吉位八卦
申坤未	寅艮丑	壬子癸	巳巽辰	甲卯乙	丙丁午	庚酉辛	戌乾亥	八卦合24山

八卦體用、卦德

乾卦，卦德為健，健乃剛健之意。以「天」為表徵，為十天干的庚金，為十二地支的申金。

兌卦，卦德為說，說乃喜悅之意。以「澤」為表徵，為十天干的辛金，為十二地支的酉金。

離卦，卦德為麗，麗乃明麗之意。以「火」為表徵，為十天干的丙丁火，為十二地支的巳午火。

震卦，卦德為動，動乃活動之意。以「雷」為表徵，為十天干的甲木，為十二地支的寅木。

巽卦，卦德為入，入乃進入之意。以「風」為表徵，為十天干的乙木，為十二地支的卯木。

坎卦，卦德為陷，陷乃險陷之意。以「水」為表徵，為十天干的壬子癸，為十二地支的亥子，此也就是我們中國人為什麼用水來表示災難的原因，也代表鬼魅之事。

艮卦，卦德為止，止乃停止之意。以「山」為表徵，為十天干的戊土，為十二地支的戌丑。

坤卦，卦德為順，順乃柔順之意。以「地」為表徵，為十天干的己土，為十二地支地支的辰未土。

　　《易經八卦》就是在詮釋十天干與十二地支，就是《易經八卦》顯於外的用；體為藏、為陰，用為顯、為陽，天干又為顯、為用，地支為藏為體；那麼以**擇日學**的角度來說：「天干、地支為體，擇日後的結果（日課）就稱為用」，用在強調一個吉凶好壞的一個表象，藉由日、月運行，表現在日課當中的一個氣。

　　年月柱為藏為體、日時柱為顯為用；年為體，月為用、月為體、日為用；日為體、時為用，時為體、分為用，一陰一陽謂之道，萬物因體、用之道而生生不息，循環不已。

　　「八字時空洩天機-雷集」在強調體，而「八字時空洩天機-風集」在強調用的概念；震為雷為甲木、為陽為體為放，巽為風為乙木、為陰為收，在考驗甲木樹幹吸收地熱、能量、養份的多寡，用乙木枝葉來詮釋吸收甲木養份的成果顯現，而「擇日學」就是要來設計自然宇宙間新生命開始的一套學術；所以風集是

雷集的續集，還沒有閱讀「八字時空洩天機－雷集」的人，要先閱讀「雷集」，再閱讀「風集」，保證讓您有意想不到的大豐收，不敢說空前，但敢大膽的說：「願意公開秘訣、心法的五術老師，少之又少」。

「學然後知不足，教然後知困」，這句話用在學習擇日學、八字命理及研究《易經》的道路上，正是最佳的寫照。

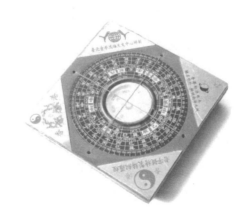

後天八卦於方位的應用

　　我們為何說買東西，而不說買南北呢？乃因東到西在講有形的「質」，木的生長到結果，這個現象我們看得到；南北水火在說「氣」，是「無形」的「質」，看不見的能量；木在土裡破土而出，要有看不到的地熱（火）和澤（水），才能長大；所以八字中木金較旺的人，較強調有形的作為、物質的享受、看得到的東西；水火較旺的人，強調無形的「能量」，靠智慧，做生意的話就是買空賣空；子午線（先天天地乾坤，後天水火）在說鬼神，所以八字水多有辛的人，和鬼神有緣；而墓的水土保持不能用鋼筋，會破壞墓的磁場（辛、水），所以至少要隔6尺6不會干擾金、水的磁場。

　　木旺代表開創（震、巽之氣），因為木（寅卯辰）為春天之氣，木氣旺者都喜開創事業；八字火旺的人較勞碌（離火之氣），在強調動能的能量，因火（巳午未）為夏天之氣，草木蓬勃而生不動不舒服，即使當老板也要事必親恭親自視察管理，格局較低者賺勞力錢。

　　八字金旺（庚辛及申酉戌），為秋天的習性，八字中若從酉（兌卦）到戌（乾卦）是代表滿山的果實，是悅（兌為悅），若戌到酉，果實爛掉，是毀是折（毀為折），就是所謂的六害，金雞遇犬淚雙流，酉到戌不算六害；寅申巳亥四驛馬地，為動態的星，因為四者的來源都是土，氣要轉換都要經過土，也就是說四驛馬每次要氣化要轉變前都會經過思考，思考後再動，失敗率較低。

　　孔子作春秋（震、兌），關公讀春秋，春秋（東西）為做人的道理，只要在春天播種，到了秋天就會有甜美的果實，但有了果實不代表守得住，要懂得守就是亥子丑—冬藏的習性，故八字時柱為丑，為人生劃下完美句點，到老能守住成果；亥中藏壬（戌後的亥，山後的水不可能是靜態），　為動態的水，子中藏癸，為靜態的水，兩者都代表智慧，　但是亥是動態的思考，子則為靜靜思考，此為八卦方位的應用。（以上由馬婉華老師筆錄提供）

後天八卦也可以排列成數字的關係，即是所謂的「洛書」：「靈龜出乎洛，龜身甲折具四五數。戴九履一，左三右七，二四為肩，六八為足，而五居中。聖人則龜身之折，文書為洛書。」其意如下圖。

離

巽 4　　　9

　　　　　　2 坤

震 3　　　5　　　7 兌

艮 8　　　1　　　6 乾

坎

九宮數在數字排列上，無論是直行相加、斜角相加、橫行相加，其數皆為 15。這種結構組合，使許多研究數學的人深感興趣。

　　自漢代以後的《易經》，就是連繫著後天八卦而應用於各個領域上，我們研究《易經》，要去深入探討串連各種領域，包括：「擇日學、陰、陽宅、八字、紫微斗數、姓名學、卜卦…等」。所以我們要先打好基礎，本書「教您使用農民曆」，及進階「教您使用農民曆及紅皮通書的第一本教材」也可說是十天干與十二地支應用的一個基礎，以及：「八字時空洩天機－雷、風集」上所能提供的「理氣」、「象數」及「契機」三方面按部就班地去學習，必會有很大的收獲。

　　古人智慧博大精深，他們的智慧是層層累積的，不是可以拿來就用的，要使自己能學以致用，必須由基礎、類化、取象下足功夫，才能應用自如。

　　「教您使用農民曆及紅皮通書的教材」上冊及中冊前面的部分就是本書的內容，後面為擇日的所有細節、步驟及嫁娶婚課、喪葬吉課的應用，將它匯集而成精緻精裝版書籍，也有一系類的教材即將發行，可研習、查閱、珍藏，是一套相當完整的教材。

在此恭祝閱讀、順心、財源廣進、如意。

年、月、日、時吉凶神煞和
擇日用語總註解

一. 論年月開山、立向、修方吉神註解：

歲德日方：歲德者，歲中之德神。

甲年甲方、乙年庚方、丙年丙方、丁年壬方、

戊年戊方、己年甲方、庚年庚方、辛年丙方、

壬年壬方、癸年戊方。

　宜：祈福、修營、造葬。最宜修造大吉，惟忌：鑿

掘池塘不吉。

歲德合日、方：歲德合是歲德五合之。甲年己方、乙年乙

方、丙年辛方、丁年丁方、戊年癸方、己

年己方、庚年乙方、辛年辛方、壬年丁方、

癸年癸方。

歲德均為上吉。修方、造葬，百事皆吉。

歲天德：天地極吉之神，百事用之皆吉祥。

歲月德：此方向宜：造葬、修營，百事皆百祥。

歲位德：陰陽交會之辰吉。**宜**：修方、造葬、百事吉。

歲位合：五行相合之辰，而相扶持吉祥、吉利也。

歲枝德：執守之德，宜：造葬、修營，百事皆吉利。

歲枝合：枝德相合之辰也，**宜**：興工動土，百福助吉。

天德、月德：與陰陽貴人、憾龍帝星並。

　　　　　　宜：修作、造葬，主能發財帛，出貴丁之吉
　　　　　　　　神。

羅天大進：此乃進氣之神所到之處，六十年大進財帛、人
　　　　　　丁，並六畜興旺。

尊帝二星：此二星為福最大，能制凶神惡煞。

　　　　　　宜：修方、造葬，發福綿長無窮。

紫微帝星：年龍月兔日虎時牛，玉皇鑾駕並制凶神。

　　　　　　宜：修方、造葬吉。

蓋山黃道：天心都天寶照北辰帝星、周仙羅星並見。

　　　　　　宜：造葬、修作吉。

天乙貴人：例從先天后、天德合之神，並陰陽貴到山
　　　　　　向，主發財帛、進人丁吉。

祿馬貴人：此星所到處，宜：修作，主大進、官祿、
　　　　　　財帛、人丁興旺，百事俱吉祥。

飛天祿馬：馬到坐山人丁旺，祿到坐山富貴榮昌，貴
人齊到，主出公卿之慶。

飛天赦星：此星能解諸凶殺，與解神、喝散神同，能
制伏官符用之星。

橫財月財：此星乃帝星招財之地。

　　宜：出行、造葬、修作、移居、開市、出行吉。

曆數太陽：乃星中天子照臨方向，百殺潛伏。

　　宜：造葬、修方、入宅吉。

守天太陽：主登科甲大富貴，守殿太陰主出文貴，能
制小兒殺建。

斗母太陰：乃后妃之象，佐理太陽所到方，可制九良
星和小月建。

金精鰲極：山屬何司令天地人清濁，又日精月華照
照穴吉。

八節三奇：乃貴人幹福之炁，能制伏凶星。

　　宜：嫁娶、入宅、造葬吉。

三元紫白：凡開山、立向、修方最吉，九紫可制劍鋒，
一白可制火星。

四利三元：李淳風押殺三元，又一行禪師名轉天關。

　　　　宜：　造葬、修方。

通天竅馬：年、月、日、時合得此星。

　　　　宜：修作、造葬、修方，主大旺財帛、人丁，

　　　　　　並六畜興旺。

催官鬼使：合此星，宜：造葬、主催貴、加冠、晉祿、

　　　　　　興旺財丁大吉。

奏書博士：二星太歲之貴神，要歲德、月德同臨化喜

　　　　　　神。

　　　　宜：修作吉。

壬癸水德：宜：造葬、修作，可制諸火星之吉神。

金木水土星：此四星並。**宜**：修方、造葬大吉大利。

貪狼武曲：**宜**：修方、竪造，主進財帛、人丁旺，並

　　　　　　六畜興旺。

左輔右弼：同入中宮。**宜**：修作造葬、吉利。

五龍捉殺：大能制殺，催宮祿、旺財帛、人丁。

牛房二星：此二星。**宜**：修作造葬、吉利。

驛馬臨官：**宜**：修作、遠行，百事用之皆吉祥。

生氣青龍：宜：修方、豎造、安床、嫁娶有喜慶降臨。

五運六氣：合運氣生旺，自能發福吉祥。

天倉人倉：百事並吉，最宜修造倉庫大吉。

二. 論開山、立向、修方凶神制化註解：

歲破方：與月、日、時支六沖名：歲破。忌：造葬、修方
　　　　大凶。◎（坐山難制）。

三殺方：諸事忌坐山（不忌向），一字亦忌勿用。
　　　　◎難以制化。

坐殺、向殺方：坐殺重，不可用。向殺輕審用，新葬
　　　　　　　可用，修方不可用。

炙退方：忌：造葬、修方。宜：取山頭生旺、三合彙
　　　　氣、大進補之為吉。

天官符：真活天官並，忌：修方造葬。
　　　宜：太陽、天赦、解神、喝散制化為吉。

也官符：宜：太陽、皇恩、天赦、解神、喝散、貴人
　　　　或納音五行制化為吉。

剋山家：四柱納音剋傷庫運納音五行。**忌**：修方、造葬。

　　宜：日課四柱納音制化為吉。

大月建：**忌**：修方。其殺屬土。

　　宜：取太陽木局制化。斟酌勿用為吉。

小兒殺：**忌**：修方。**宜**：會斗母、太陰、月宿、母倉制化，斟酌勿用。

震宮殺：**單忌**：上樑。**宜**：太陽、三奇、祿馬貴人制化，斟酌勿用為吉。

正傍陰府：活陰府吉。死陰府凶。**忌**：修方、造葬。

　　宜：梟印（偏印）、七殺制化用。

諸家羅睺：俱屬火性。**忌**：立向◎不忌修方。

　　宜：水德、輪星、水局制化吉。

太歲堆黃：即太歲戊己殺。**忌**：修方凶（新造葬權用）。

都天太歲：**忌**：造葬、修方。

　　宜：山頭生旺、彙氣、大進補助。

諸家火星：**忌**:修宅舍（不忌墳塋）。

　　宜：水德、輪星、水局制化。

羅天大退：忌：造葬、修方。

　　　　　　宜：山頭生旺、彙氣、大進補助為吉。

剖鋒殺方：忌：喪葬、修墳。

　　　　　　宜：太陽、九紫、木局制化，斟酌使用。

八座凶方：忌：喪葬、修墳。

　　　　　　宜：太陽、華蓋、青龍制化，斟酌使用。

九良星殺：忌：修宅、修船、修宮觀、修寺院。

　　　　　　宜：斗母太陰制化。

諸家空亡：宜：山頭得令、彙氣、旺氣、大進補或四

　　　　　　　　柱填實補用。

李廣箭刃：忌：造葬、修方、箭刃雙全凶。單一字可

　　　　　　　　用。

　　　　　　宜：太陽、三六合、貴人制化。

日流太歲：忌：造葬、修方，初次旬凶，土王用事旬，

　　　　　　　　尤凶。

九天朱雀：忌：開山、立向、即陰收、陽平。

　　　　　　宜：帶星、三德、三奇制化。

正八座日：忌：安葬。若四季八座與收日同併則凶。其餘

　　　　　　　　權用。

山方殺日：忌：造葬、修方。其先天最重，後天雖輕，
　　　　　亦凶。

沖丁殺日：即與分金干同支沖。修方最凶，造葬亦忌，
　　　　　勿用。

曜殺凶日：此乃渾天卦爻相剋殺。

　　　　忌：造葬、修方凶，難制化勿用。

星曜殺日：此乃正體五行相剋殺。

　　　　忌：造葬、修方凶，難制化勿用。

文曲殺日：金火填消滅。

　　　　忌：修方、造葬。宜：辨陰陽氣候為佳。

太歲壓神：忌：喪葬，不忌修墳，若掩土時，祭主宜
　　　　　避片刻。

古墓殺：單忌祖墳傍附葬方道，他事則不忌。

金神七殺：天金神為重、地金神為輕。

　　　　宜：三德、貴人、紫微帝星制化。

浮天空亡：號破軍星。忌：立向、修方。

　　　　宜：太陽、三奇制化。

支退流財：忌：開山、修方。

　　　　宜：扶旺、補運。可得三其反吉。

破敗五鬼：**忌**：立向、修作。

  宜：取三德、帝星、太陽、三奇、貴人制化為

    吉。

諸家血刃：**忌**：修方、動土。

  宜：三德、太陽、三奇祿元、貴人制化為吉。

病符喪門：**忌**：修方、安床。

  宜：太陽、三德、天醫、三奇、貴人制化。

弔客白虎：**忌**：修方、動土。

  宜：太陽、三奇、祿元、貴 人制化。白虎可用

    「麒麟符」制吉。

天禁朱雀：名山家官符。**忌**：造葬。

  宜：太陽、三德（歲德、天德、月德）、三奇貴

    人制化。

山家困龍：名巡山大耗。**忌**：造葬。

  宜：三德（天德、歲德、月德）、三奇（甲戊

    庚、 壬癸辛、乙丙丁）、竅馬 制化為吉。

三、論日家吉神註解：

顯曲傅星：即斗轉帝星能轉凶召吉。

　　　　宜：上官、嫁娶、結婚、入宅、百事皆吉。

歲德、歲德合：宜：祈福、上官赴任、嫁娶、訂婚、
　　　　　　　　修方、動土、造葬、移居吉。

天德、月德：此福德之神。

　　　　　宜：祈福、嫁娶、入宅、修造、上樑、安葬、
　　　　　萬事大吉。

天月德合：宜：興造、修宅、入宅、安葬、祈福、嫁
　　　　　娶、結婚（訂婚）、六禮吉。

天赦天願：宜：祭祀、祈福、求嗣、齋醮、嫁娶、結
　　　　　婚、興修、造葬吉。

天恩月恩：宜：祈福、齋醮、上官、結婚（訂婚）、嫁
　　　　　娶、移徒、造葬、百事皆吉。

天福天瑞：宜：上官、佩印、祈福、結婚、納采、送
　　　　　禮、入宅、開市、百事皆吉。

天倉母倉：宜：結婚、嫁娶、起造、修造倉庫、納財、
　　　　　牧養、納畜大吉。

四相時德：宜：祭祀、上官、結婚、納采、嫁娶、興造、修宅、上樑吉。

益後續世：宜：祭祀、祈福、求嗣、結婚、嫁娶、修作、造葬、百事皆吉。

大偷修日：宜：拆卸、修宅、造宅、修路、修橋、修灶、修墳塋為吉。

枝德德合：宜：造葬、修作、興動助福吉。

不將季分：宜：結婚、嫁娶、招贅、納婿吉利。

上吉次吉：宜：修宅、造宅、結婚（訂婚）、嫁娶、百事皆吉利。

玉字金堂：宜：修宅、造宅、移居、入宅、百事皆吉利。

福生福厚：宜：祈福、設齋醮、入宅、求財、造葬。

青龍黃道：宜：祈福、結婚、嫁娶、造宅、造葬、百事皆吉。

明堂黃道：宜：上官、安床、安灶、修宅、造宅、入宅吉利。

玉堂黃道：宜：修宅、造宅、安床、開倉、作灶、入宅吉利。

金匱黃道：宜：修宅、造宅、求嗣、開市、嫁娶、結
婚、入宅吉利。

司命黃道：宜：起造、修作、修灶、作灶、祀灶、受
封吉利。

天德黃道：宜：祈福、修方、造葬、結婚、嫁娶、百
事皆吉利。

天貴：宜：上官赴任，並受封襲爵吉利。

天喜：宜：祈福、結婚、嫁娶、造宅、入宅、開市。

天富：宜：開市、求財、納財、造葬、造倉庫吉。

天馬：宜：出行、移居、移宅、開市、經商、求財吉。

天醫：宜：求醫、療病、並針灸、服藥吉利。

天后：宜：求醫、療病、服藥、針灸吉利。

天岳：宜：興修、造葬、凡事用之皆吉。

五富：宜：開市、求財、修宅、造宅、入宅、作灶、
安葬吉。

三合：宜：祈福、結婚、嫁娶、造宅、入宅、開市、
造葬、交易吉。

五合：宜：開光、祈福、齋醮、嫁娶、開市、造船。

六合：宜：祈福、結婚、嫁娶、開市、入宅、造葬。

陽德：宜：結婚、嫁娶、開市、造宅、入宅。

陰德：宜：祭祀、設齋醮、施恩、行惠、功果吉。

大明：天地開通之神。宜：安葬。百事用之皆吉。

普護：宜：祈福、齋醮、出行、移徙、嫁娶、百事吉
　　　　利。

要安：宜：結婚、嫁娶、求財、修方、造葬，百事皆
　　　　利。

生氣：宜：安床、移徙、療病、結婚、嫁娶、求嗣吉。

敬心：宜：祭祀、祭神、祈福、設齋醮、謝神、賽願吉。

神在：宜：祭祀、設齋醮、祈福、謝神、賽願大吉。

七聖：宜：祭祀、設齋醮、祈福、賽願大吉。

聖心：宜：祭祀、祀神、祈福、齋醮、功果、嫁娶吉。

明星：宜：祈福、齋醮、造葬。可制天狗二賊。

驛馬：宜：出行、上官赴任、經商、求財、開市。

月財：宜：移居、出行、開市、開倉、求財、造葬。

滿德：乃萬通四吉。忌：與受死同日。

吉期：宜：上官、興造　入宅、百事皆吉。

吉慶：諸事大吉、惟忌：與受死同日。

幽微：諸事大吉。惟忌：與受死同日。

月空：**宜**：上表、設齋醮、修造、動土皆吉。

活曜：乃萬通四吉。**忌**：與受死同日。

鳴吠：**宜**：破土、修墳、安葬傍附葬。

鳴吠對：**宜**：破土、啟攢、成服、除服、安葬。

不守塚：**宜**：破土、啟攢、修墳、安葬吉利。

四、論日家凶神註解：

月破大耗：**忌**：祈福、設齋醮、豎造、結婚、嫁娶、
安床、修置產室、開市、納財、納畜、
牧養、修方、安葬、百事皆凶。

四離四絕：**忌**：求嗣、會親友、上官、出行、入學、
六禮、結婚、嫁娶、訂盟、安床、入宅、
開市、豎造、作灶、療病、牧養、納畜。

二往七日：**忌**：上冊表章、上官、出行、進人口、偃
武習藝、結婚、嫁娶、入宅、出火、
療病。

天地二賊：**忌**：祭祀、入宅、開市、興造、出火。
宜：用明星或丙時制化。

天罡勾紋：及河魁勾紋全仝自縊殺。
俗忌：嫁娶、祭祀，其餘不忌。

橫天朱雀：忌：每月初一忌嫁娶，初九忌上樑，十七
日忌安葬，廿五日忌移徙。

天休廢日：忌：上官、入學、應試、赴舉、作染、彫
刻、開池塘。

神號鬼哭：忌：祈福、設齋醮，逢天喜則吉。鬼哭忌
成服、除服。

鼓論殺日：忌：動鼓樂、鳴金、建醮修齋。若是祈福
則不忌。

土公忌葬日：忌：修宅、修墳、動土、破土、修造倉
庫、修築隄防、修飾垣牆、開渠井、
安碓磑、栽種、修置產室。

黃帝死：忌：動土、破土、修宅、修墳凶。

羅天退日：忌：修方、造葬。宜取三合生旺、大進、
彙氣局補之吉。

土府土符：忌：修造、修墳、動土、破土、修倉庫、
築隄防、栽種、安碓磨磑、修飾垣牆、
修置產室。

土瘟地囊：忌：動土、破土、修造倉庫、修築隄防、
　　　　　　修置產室、開渠井、安礁磨磑、栽種、
　　　　　　修飾垣牆修宅、修墳、。

十惡大敗：無祿日忌：應試、赴舉、給由偃武、造寨城
　　　　　郭凶。

長星短星：忌：裁衣、進人口、經絡、開市、交易、
　　　　　　納財、納六畜凶。

上兀不舉：以及下兀。忌：臨政、親民、上官、赴任、
　　　　　入學凶。

天地轉殺：忌：修作廁所、池陂塘，開鑿池塘、安置
　　　　　產室凶。

天火火星：忌：修造、蓋屋、合脊、上樑、安門、安
　　　　　灶、出火、入宅。

天乙絕氣：忌：求嗣、上官、赴任、納進人口、栽種、
　　　　　植樹凶。

天地凶敗：忌：出軍、上樑、造牌坊、應試赴舉、鑄
　　　　　鎔、彫刻凶。

天翻地覆：忌：行船、造船、修船、造橋、修橋。其
　　　　　餘事情不忌。

天地荒無：俗謂凡事雖忌，但逢日辰生望、吉多者可
用。

天地爭雄：俗忌出軍、安營、造寨、造船、行船。吉
多可用。

翻弓人隔：俗忌翻弓人隔雙全。**忌**：嫁娶、納婿、進
人口凶。

死氣官符：**忌**：偃武、療病、赴舉、修置產室、斷乳、
栽種凶。

債木爭訟：**忌**：安門、開市、放債、分居。其餘之事
不忌。

冰消瓦解：仝仝子午日。大忌：上樑、入宅、作灶、造船、
造橋日。

瘟出瘟入：**忌**：出火、移徒、入宅、牧養、納畜、造
畜栖棧凶。

破群驚走：**忌**：牧養、納畜、造畜、稠栖、棧刣、六
畜、割蜜凶。

九坎空焦：**忌**：開市、求財、出行、鑄鎔、造車、造
器、栽種植物。

白虎朱雀中：忌：嫁娶、移徒、入宅、安香（**宜**：麒
　　　　　　麟符、鳳凰符制之朱雀）。

真滅沒：忌：嫁娶、修方、造葬、入宅、開市凶勿用。
　　　　　憲曆不忌。

月厭對：忌：嫁娶、行舟。月厭歲天德解，厭對歲月德解。

受死日：俗忌：諸吉事。惟畋獵、取魚、入殮、移柩、
　　　　　成服、除服、破土、啟攢、安葬吉。

月忌日：有孟仲季之別，戊己凶審用。**忌**：上表章、
　　　　　上官、出行、修置產室。

月殺日：**忌**：安葬、經絡。逢三德制化吉。

上朔日：**忌**：祈福、上官、會親友、產室、設醮凶。

楊公忌：**忌**：出火、入宅、移徒、分居大凶。

倒家殺：**俗忌**：上樑大凶，忌經絡。而其餘之事不忌。

三不返：**忌**：應試、赴舉、給由、求財凶。

四不祥：**忌**：上官、赴任、應試、赴舉凶。

四方耗：**忌**：造倉庫、開市、交易、納財、出行。

正四廢：**忌**：百事皆忌。（惟入殮、移柩、安葬不忌）。

正絕煙：**忌**：移徒、入宅、出火、作窯、作灶凶。

五不歸：忌：應試、赴舉、求財、出行凶。

六不成：忌：偃武、習藝、結義、作染、打窩、打灶。

天狗：忌：祈福、祭祀、嫁娶。太陽、麒麟星、制符
　　　　　或貴人登天時制化吉。

天瘟：忌：造畜栖棧、納畜、牧養、治病、入宅、上樑。

天兵：忌：上樑、合脊、蓋屋、入殮凶。餘事不忌。

血支：忌：只忌針灸、穿耳孔、淹畜斟酌勿用。

血忌：忌：針灸、穿耳孔、納畜、牧養、造畜栖棧。

遊禍：忌：祈福、祭祀、建醮、療病、服藥凶。

歸忌：忌：嫁娶、遠迴歸寧、移徒、入宅、出火。

刀砧：忌：伐木、做樑、納畜、造畜稠、牧養、針灸、
　　　　　穿割。

小耗：忌：造倉庫、開市、交易、納財、立券。

瓦碎：初旬忌陽宅興造、修橋、造橋、修船、造船、
　　　　　作灶凶。

瓦陷：忌：造橋、造船、蓋屋、合脊、穿井、放水凶。

臥尸：只忌安床、伏尸。**忌**：療病、服藥凶。

四窮：忌：結婚、開市、交易、納財、立券。

五離：忌：結婚、嫁娶、安床、並會親友。

咸池：忌：嫁娶。宜取課中正官、正印、長生制。

披麻：只忌：嫁娶、入宅。合吉多制化用。

流財離：忌：開市、交易、納財、求財、立券。

大小空：忌：捕捉、畋獵、取魚、求財。金火填實制
化可補。

重喪並三喪復日：只忌：修齋、安葬、修墳、啟攢、破
土、入殮、移柩、成服、除服、
開生墳、合壽木、凶勿用。

帝酷：忌：祈福、建醮。其餘之事不忌。

反支：只忌：上表章、詞訟。（其餘之事不忌）。

蚩尤：忌：出軍、經絡、冠笄、蓋屋凶。

伏斷：忌：經絡、架馬、做樑、伐木凶。

死別：依協紀闢謬（嫁娶可用吉）。

反支：只忌：上表章、詞訟。（其餘之事不忌）。

龍禁：只忌：造橋、造船、行船。（其餘之事不忌）。

龍虎：只忌：伐木。宜取魚、納畜吉。

赤口：逢寅午戌日制之，合吉多可用。

地火：忌：栽種、月火，忌：作窰、修窰凶。

木馬：忌：伐木、架馬、做樑、合壽木凶。

斧殺：忌：伐木、架馬、做樑、合壽木凶。

八座：忌：破土、安葬、修墳、開生墳。不忌修宅、
　　　　　造宅。

紅紗：惟忌：季月，辰戌丑未月則凶。（孟仲月合吉多
　　　　　可用）。

陽差：及陰錯。忌：上官、赴任、安床凶。

滅門：忌：安門、修門。若為安葬則不忌。

五、論時家吉神註解：

福星貴人：宜：祭祀、祈福、酬神、結婚、嫁娶、出
　　　　　行、入宅、求財、造葬，百事皆吉。

太陽天赦：能解諸凶神、官符。
　　　　宜：入宅、修方、豎造、安葬、萬事大吉。

太陰吉時：佐理太陽，值太陰日，制九良星、小兒殺。
　　　　宜： 安葬、修作吉。

天官貴人：宜：祭祀、祈福、酬神、上官、赴舉、出
　　　　　行、見貴、求財，百事皆吉。

天乙貴人：及陰陽貴人：宜：祈福、求嗣、出行、見貴、求財、結婚、嫁娶、修作、造葬，百事皆吉。

祿貴交馳、及羅紋交貴：及進祿、進貴。

宜：祈福、求嗣、出行、開市、交易、求財、結婚、嫁娶、造葬諸事皆吉。

羅天大進、及三合：宜：祈福、求嗣、嫁娶、結婚、修造、入宅、開市、交易、求財、造葬、百事皆吉。

五合六合、及喜神：宜：祈福、求嗣、結婚、嫁娶、六禮、出行、開市、交易、求財、安床吉。

祿元、及馬元驛馬：宜：上官、見貴、出行、求財、開市、結婚、入宅、嫁娶、造葬，百事皆吉。

長生帝旺：宜：求嗣、結婚、嫁娶、移徒、入宅、開市、交易、求財、造葬、修作，百事皆吉。

傳送功曹：宜：祭祀、祈福、酬神、設醮吉。

金星、木星及水星：宜：修造、上樑、入宅、安葬吉。

貪狼、武曲、左輔及右弼：宜：修作、造葬大吉。

明堂黃道、及明輔黃道：宜：祈福、結婚、嫁娶、開市、
　　　　　　　　　　　　　造葬大吉。

金匱黃道、及福德黃道：宜：祈福、結婚、嫁娶、入宅、
　　　　　　　　　　　　　造葬吉。

天德黃道、及寶光黃道：宜：祈福、結婚、嫁娶、入宅、
　　　　　　　　　　　　　造葬吉。

玉堂黃道、及少微黃道：宜：入宅、安床、安灶、開倉
　　　　　　　　　　　　　庫吉。

司命黃道、及鳳輦黃道：宜：作灶、祀灶、受封、修造
　　　　　　　　　　　　　吉。

青龍黃道、及天貴黃道：宜：祈福、結婚、嫁娶、造葬、
　　　　　　　　　　　　　百事皆吉。

唐符、五符、及國印：宜：上官、出行、見貴、求財吉。

六、論時家凶神註解：

日時相沖破：忌：祈福、求嗣、上官、出行、結婚、
嫁娶、修造、動土、開市、入宅、
移徙、安葬，百事不宜皆凶。

截路空亡時：忌：焚香、祈福、酬神、賽愿、開光、
進表章、設醮、上官、赴任、出行、
求財、行船凶。（壬、癸干時為截路空時）。

暗天賊時：忌：祭祀、祈福、設醮。（**宜**：明星或丙時
制化吉）。

天兵凶時：忌：上樑、入殮。（丙干時為天兵時）。

地兵凶時：忌：動土、破土。（庚時干為地兵時）。

天狗下食凶時：忌：祭祀、祈福、設醮、修齋。明星
守護制化。

天牢黑道、及天刑黑道：忌：上官、赴任、詞訟諸眾務，
吉多可用。

勾陳黑道：及元武黑道：忌：詞訟諸眾務，若合吉星
多可用。

白虎黑道：及朱雀黑道：白虎用麒麟符制，朱雀用鳳凰
符制。 吉多可用。

大退時：忌：修方、造葬。宜：合格局、彙氣、進補
　　　　　　　　　　　　　　吉。

六戊時：忌：焚香、祈福、設醮、起鼓。

　　　宜：明星制化。（戊時干為六戊時）。

旬空時：忌：出行。宜：開生墳、合壽木吉。

日建時：忌：造船、行船凶。餘合吉多可用。

日殺時：忌：眾務。宜：黃道合祿貴，吉多可用。

日刑時：忌：上官諸眾務。合貴人，吉多可用。

日害時：忌：上官諸眾務。合貴人，吉多可用。

雷兵時：忌：修船大凶。餘事不忌。（戊時干為雷兵）。

五鬼時：忌：出行。若合吉多可用。

五不遇時：忌：上官、出行。合吉多可用。（時干剋日
　　　　　　干為五不遇時）。

七、論十二建星宜忌註解

1.建日:建旺、開創、建設之日。

建：宜：訂盟、立卷、交易、納財、上官赴任、修造、
　　　　求醫、拜師、學藝、會親友、上樑、立柱、動
　　　　土、出行、入學、出行、結婚…吉。

忌：掘井、乘船、破屋、破土、行喪、拆卸、安葬。

2. 除日：除舊佈新、除霉、除惡之日。

除：宜：祭祀、齋戒、沐浴、掃舍宇、設醮、祈福、
　　　　修造、求醫、治病、裁衣、開店、栽植吉。
　　　　藥之調合。

忌：納財、出行、婚姻、嫁娶、掘井、開市、納畜、
　　移徒、開市、開光。。

3 滿日：圓滿、美滿、豐收之日。

滿：宜：交易、立券、納財、訂盟、開市、祈福、移
　　　　徒、修造、入宅、上官卦任、解除、上樑、
　　　　安機、嫁娶、出行、祭祀、裁衣、開店、栽
　　　　植吉。

　　忌：葬儀、破壞、破屋。

4. 平日：平穩、平安之日。

平：宜：祈福、忌祀、平治、動土、出行、會親友、安機、
作灶、嫁娶、相談、移徒、裁衣、造屋。

忌：結婚姻、納采、問名、嫁娶、開市、開工、
　　買車、訴訟、分產、破土、行喪、移徒、掘
　　溝、栽植。此乃月建陰氣既盡之地。

5.定日:安定、穩定、入定之日。

定：宜：祈福、納財、開工、開市、入宅、會親友、
　　　求醫、治病、嫁娶、移徒、祭事、造屋、納
　　　畜、買牛羊、傭人。

　忌：出行、移徒、安葬、行喪、赴任、訴訟。

6.執日:執行、實行、實踐、履行之日。

執：宜：訂盟、嫁娶、上官赴任、開市、交易、立券、
　　　祭祀、祈福、破土、動土、造屋、掘井、播種。

　忌：入宅、出行、移徒、開庫。

7.破日:破財、破滅、破碎之日。

破：宜：出獵、破屋、壞垣、掃舍宇、求醫、治病、解除。

忌：凡事不宜為上，諸事不吉、此日大凶。

8. 危日:危險、危難、危惡之日。

危:宜:砍伐、打獵、掃宇舍。

忌:一切吉事,諸事不吉。

9. 成日:成功、成果、成就。

成:宜:出行、交易、立券、安葬、設醮、祈福、祭祀、會親友、求醫、治病、赴任、納財、納畜、安葬、修造、動土、破土、出行、入學、嫁娶、開店、造屋、播種、萬事成就之日。

忌:訴訟、出鬥、破屋、壞垣。

10. 收日:收成、收穫、收取之日。

收:宜:嫁娶、入學、移徒、造屋、買賣、播種、納財、納畜、交易、祭祀、祈福、上官赴任、入宅、謝土、安香。

忌:葬儀、出行、針灸、求醫、治病。

1. 開日：開始、開朗、開闊之日。

開：宜：訂盟、嫁娶、入學、開工、造屋、開業、交易、立券、上官赴任、入宅、移徒、祈福、祭祀、設醮、開工、修造、上樑、安機、移徒、願望成就。

2. 閉日：閉塞、封閉、密閉之日。

閉：宜：安葬、築堤、埋池、埋穴、掃宇舍。

忌：訂盟、嫁娶、開光、開市、入宅、安香、立券、交易、此日甚凶，萬事閉塞之日。

八、論二十八星宿宜忌註解

角：宜：婚禮、置田產、參加考試、旅行、穿新衣、立柱、安門、移徒、裁衣。

忌：喪葬、修墳。

亢：宜：播種、買牛馬。

忌：建屋、上官赴任、嫁娶、安葬、祭祀。

氐：宜：播種、造倉、買田園。

忌：葬儀、婚嫁、行船。

房：宜：婚姻、祭祀、上樑、移徒、喪葬、上官赴任、
置產、買田宅。

忌：裁衣。

心：宜：祭祀、移徒、旅行。

忌：裁衣、其它凶。

尾：宜：婚禮、造作。

忌：裁衣。

箕：宜：造屋、開池、收財、豐收。

忌：葬儀、婚禮、裁衣。

斗：宜：裁衣、建倉、掘井、教牛馬。

牛：忌：婚嫁、蠶桑無收、錢財耗損。

女：宜：女性大吉、學裁衣、學藝。

忌：葬儀、爭訟。

虛：宜：不論何事、災禍不斷退守者吉。

危：出行、納財、塗壁、其它凶災要戒慎。

室：宜：婚禮、祭祀、移徒、造作、掘井、營造、買
田產、作壽、喪葬。

忌：其他要戒慎。

壁：宜：婚禮、造作、交易、納財。

　　忌：往南方凶。

奎：宜：出行、裁衣、掘井。

　　忌：開市、新築、買賣。

婁：宜：婚禮、裁衣、請負、造庭。

　　忌：往南方凶。

胃：宜：公事吉。

　　忌：裁衣、私事凶。

昴：宜：凶多吉少，諸事不宜。

畢：宜：葬儀、造屋、造橋、掘井。

　　忌：裁衣。

觜：忌：萬事凶，諸事不宜。

參：宜：考試、赴任、旅行、求則、安門。

　　忌：葬儀、嫁娶、納聘。

井：宜：祭祀、祈福、建造、掘井、播種。

　　忌：嫁娶、裁衣。

鬼：宜：喪葬。其它不宜取凶。

　　忌：往西方凶。

柳：忌：葬儀。

星：宜：婚禮、嫁娶、營運、播種。

　　忌：葬儀、裁衣、開渠。

張：宜：婚禮、裁衣、祭祀、祝事。所值之日五穀豐
　　　　收國泰民安。

翼：宜：百事皆不利，大凶，諸事不吉。

軫：宜：婚禮、裁衣、入學、掘井、買田園、行事百
　　　　無禁忌。　忌：向北方旅行凶。

九、論彭祖百忌註解

甲日不開倉。乙日不裁種。丙日不修灶。丁日不剃頭。

戊日不受田。己日不破券。庚日不經絡。辛日不合醬。

壬日不汲水。癸日不詞訟。

子日不問卜。丑日不帶冠。寅日不祭祀。卯日不穿井。

辰日不哭泣。巳日不出行。午日不苫蓋。未日不服藥。

申日不安床。酉日不會客。戌日不吃犬。亥日不行嫁。

擇日法基礎學

擇日學大致分為三大項:

(1項)一般擇日吉課 (2項)嫁娶結婚日課 (3項)地理葬
　　　課等。

(1).**一般擇日吉課:**其概括為開市、立券交易、神佛開
　　光點眼、買車、動土、破土、起基、定磉、豎柱上
　　樑、安門、安修廚灶、移居入宅、入座安香、安神
　　位、出火、入火、歸火、祭煞、移安床舖、建造神
　　廟、建造橋樑、造船、行船、出行、看病、……等
　　甚多。

(2).**嫁娶結婚日課:**名目甚多,現代婚嫁之禮須適應
　　時代腳步,因時、因地、因人制宜,目前均採簡
　　單隆重之方式,一般以①問名請期。②訂婚、(訂
　　盟、納采納幣)。　③結婚(安床、喜忌、出閣、
　　入房)三項為主。神煞甚多,均需一一避除。

(3). **地理喪課**：葬者乃為人子送終之切事，亡人宜入土為安，且風水造作，有關後代子孫興旺，故擇日課之重要，宜主事(子女)配合仙命(亡者)、山頭(地理)而選，不可疏忽大意。

擇日課的引動：

　擇日課如果發生錯誤時，所發生的凶性，大都會在一旬裡面發生事項。所謂的一旬為十天。

例如甲子旬：甲子日、乙丑日、丙寅日、丁卯日…癸酉日或者在十二天內也就是十二地支運轉，就會發生問題。六十日以後發生之事，是純屬個人之因素，非日課擇誤所偏差的失誤。

一. 十天干五行、方位、數字

十天干：甲、乙、丙、丁、戊、己、庚、辛、壬、癸。

天干五行方位：

甲乙屬木為東方　　丙丁屬火為南方

戊己屬土為中央　　庚辛屬金為西方

壬癸屬水為北方

十天干與數字：

甲1、乙2、丙3、丁4、戊5、

己6、庚7、辛8、壬9、癸10

十天干陰陽、男女：

甲、丙、戊、庚、壬　屬陽，陽年生人、男為陽男、女為陽女。

乙、丁、己、辛、癸　屬陰，陰年生人，男為陰男，女為陰女。

二.天干相沖、相剋

所謂(沖)就是五行不同，性質相反，立場對立，方位在同一條線上

甲庚沖(１７沖)　乙辛沖(２８沖)　丙壬沖(３９沖)

丁癸沖(４０沖)

天干相剋

雖然性質相反，但方位不在同一條線上，所以並不對立，只是相剋而不為相沖

戊剋壬　　丙剋庚　　乙剋己

甲剋戊　　己剋癸　　丁剋

三. 天干化合

甲（陽木）　己（陰土）合化土　（１　６合）

乙（陰木）　庚（陽金）合化金　（２　７合）

丙（陽火）　辛（陰金）合化水　（３　８合）

丁（陰火）　壬（陽水）合化木　（４　９合）

戊（陽土）　癸（陰水）合化火　（５　０合）

四. 五行生剋

五行：木、　火、　土、金、水

五行相生：水生木、木生火、火生土、土生金、金生水

五行相剋：金剋木、木剋土、土剋水、水剋火、火剋金

十二地支：

子、丑、寅、卯、辰、巳、午、未、申、酉、戌、　亥。

五. 十二地支陰陽（以地支所藏之陰陽爲其陰陽）

寅、辰、巳、申、戌、亥　屬陽

子、丑、卯、午、未、酉　屬陰

六. 十二地支排序陰陽與生肖

1 子屬鼠　　2 丑屬牛　　3 寅屬虎　　4 卯屬兔

5 辰屬龍　　6 巳屬蛇　　7 午屬馬　　8 未屬羊

9 申屬猴　　10 酉屬雞　　11 戌屬狗　　12 亥屬豬

1 子、3 寅、5 辰、7 午、9 申、11 戌　　　屬陽

2 丑、4 卯、6 巳、8 未、10 酉、12 亥　　　屬陰

此為排六十甲子順序所用

七. 地支三會、四季方位

寅卯辰三會為木、司春為東方

　寅 1 月．　卯 2 月．　辰 3 月

巳午未三會為火、司夏為南方

　巳 4 月．　午 5 月．　未 6 月．

申酉戌三會為金、司秋為西方

申 7 月．　酉 8 月．　戌 9 月

亥子丑三會為水、司冬為北方

亥 10 月．子 11 月．丑 12 月

惟辰、戌、丑、未四支、單位而言是屬於土之四季

七. 地支六合

子丑合 化土　　寅亥合 化木　　卯戌合 化火

辰酉合 化金　　巳申合 化水　　午未合 化火

八. 地支三合

申子辰 合成水局 → 長生於申.帝旺於子.入庫於辰

寅午戌 合成火局 → 長生於寅.帝旺於午.入庫於戌

巳酉丑 合成金局 → 長生於巳.帝旺於酉.入庫於丑

亥卯未 合成木局 → 長生於亥.帝旺於卯.入庫於未

九. 地支相沖

子午沖　　丑未沖　　寅申沖

卯酉沖　　辰戌沖　　巳亥沖

十. 地支六害

子未相害　　丑午相害　　寅巳相害

卯辰相害　　申亥相害　　酉戌相害

十一. 十二支相刑

寅刑巳　　巳刑申　　申刑寅　：　為無恩之刑

未刑丑　　丑刑戌　　戌刑未　：　為恃勢之刑

　子刑卯　　　　　　卯刑子　：　為無禮之刑

辰刑辰　　午刑午　　酉刑酉　　亥刑亥　：　為自刑之刑

十二. 地支三殺：

亥卯未命人殺在　戌　。　　寅午戌命人殺在　丑　。

巳酉丑命人殺在　辰　。　　申子辰命人殺在　未　。

稱為墓庫殺。

十三. 四生仲墓

寅申巳亥為四孟。四馬、四病、四生。

子午卯酉為四仲。四敗、四和、四正。

辰戌丑未為四季。四庫、四刑、四墓。

十四. 回頭貢殺

只有辰、戌、丑、未才會犯之，此回頭貢殺大凶，無化解。

辰命之人所擇日課不宜見巳酉丑全。

未命之人所擇日課不宜見申子辰全。

戌命之人所擇日課不宜見亥卯未全。

丑命之人所擇日課不宜見寅午戌全。

十五. 五行分佈於四季、地支

一年約有三百六十五天，分佈五種五行，每壹五行分配約為七十三天。

木 寅月：三十天又五個時辰。

卯月：三十天又五個時辰。

辰月：十二天又二個時辰。（有乙木之餘氣），十八天又三個時辰（土旺用事）

火 巳月：三十天。

午月：三十天又五個時辰。

未月：十二天又二個時辰（有丁火的餘氣），十八天又三個時辰（土旺用事）

金 申月：三十天又五個時辰。

酉月：三十天又五個時辰。

戌月：十二天又二個時辰（有辛金的餘氣），十八天又三個時辰（土旺用事）

水　亥月：三十天又五個時辰。

　　子月：三十天又五個時辰。

　　丑月：十二天又二個時辰（有癸水的餘氣），十八天又三個時辰（土旺用事）

◎　辰、戌、丑、未四季土，每個地支約十八天用事，亦共有七十二天，但有時會出現每一季月會多出一天，因閏月之故。

十六. 三元地理分八卦二十四山

　　八天干：甲、乙、丙、丁、庚、辛、壬、癸。

　　　四維：乾、坤、艮、巽。

　　十二地支：子、丑、寅、卯、辰、巳、午、未、申、
　　　　　　　酉、戌、亥。

十七. 煞方→三合四局

申子辰水局　→　煞南方。巳午未

亥卯未木局　→　煞西方。申酉戌

寅午戌火局　→　煞北方。亥子丑

巳酉丑金局　→　煞東方。寅卯

十八. 二十四山與所屬方位

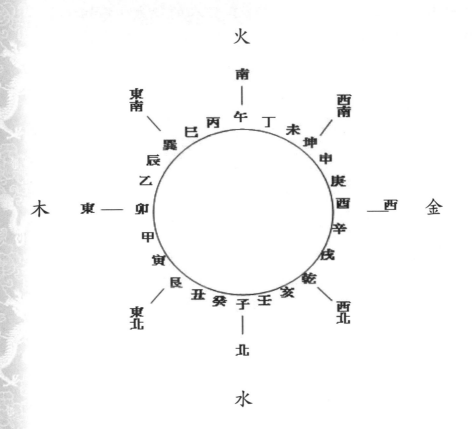

◎壬子癸北方。　　丑艮寅東北方。
◎甲卯乙東方。　　辰巽巳東南方。
◎丙午丁南方。　　未坤申西南方。
◎庚酉辛西方。　　戌乾亥西北方。

◎擇日以坐為主，如要修理以方(向)為主，以不能煞
　到方（向）為主。

◎乾、坤、艮、巽四維作角度角內皆含蓋煞氣之位。

　東→寅、甲、卯、乙、辰。

　西→申、庚、酉、辛、戌。

　南→巳、丙、午、丁、未。

　北→亥、壬、子、癸、丑。

如在「艮」偏「寅」則以「東」視之，屬東之範圍之內。

如在「艮」偏「丑」則以「北」視之，屬北方之範圍內。

如在「坤」偏未則以「南」視之，屬南之範圍內。

如在「坤」偏「申」則以「西」視之，屬西方之範圍內。

如在「乾」偏「戌」則以「西」視之，屬西之範圍內。

如在「乾」偏「亥」則以「北」視之，屬北之範圍之內。

如在「巽」偏「辰」則以「東」視之，屬東之範圍內。

如在「巽」偏「巳」則以「南」視之，屬南之範圍內。

十九. 十天干長生訣

十二長生排列表										
	甲	乙	丙	丁	戊	己	庚	辛	壬	癸
長生+3	亥	午	寅	酉	寅	酉	巳	子	申	卯
沐浴+4	子	巳	卯	申	卯	申	午	亥	酉	寅
冠帶+5	丑	辰	辰	未	辰	未	未	戌	戌	丑
臨官+6	寅	卯	巳	午	巳	午	申	酉	亥	子
帝旺5	卯	寅	午	巳	午	巳	酉	申	子	亥
衰4	辰	丑	未	辰	未	辰	戌	未	丑	戌
病3	巳	子	申	卯	申	卯	亥	午	寅	酉
死2	午	亥	酉	寅	酉	寅	子	巳	卯	申
墓1	未	戌	戌	丑	戌	丑	丑	辰	辰	未
絕0	申	酉	亥	子	亥	子	寅	卯	巳	午
胎+1	酉	申	子	亥	子	亥	卯	寅	午	巳
養+2	戌	未	丑	戌	丑	戌	辰	丑	未	辰

十天干長生訣

陽天干順推、陰天干逆推。陽死陰生、陰死陽生。

長生即為：堆長生、進長生位。

帝旺即為：旺位。 堆旺、進旺。

臨官即為：堆祿、進祿位。

（陰天干之祿位，為陽天干之羊刃；陽天干之祿位，即為陰天干之羊刃）。

陽天干的病即為： 堆馬。 　　　　胎即為：飛刃。

陽天干的養位即為地支三殺：陰天干之飛刃。

二十. 神煞篇

1. 天乙貴人(堆貴、進貴)：

甲戊庚牛羊（丑、未）。

乙己鼠猴鄉（子、申）。

丙丁豬雞位（亥、酉）。

壬癸兔蛇藏（卯、巳）。

六辛逢馬虎 （午、寅）

天乙貴人可化刑、害、箭刃。

2. 堆貴、進貴(天乙貴人):

　　本命之天干對照到所擇之日的地支,為天乙貴人,稱堆貴。

本命之地支為所擇之日天干的天乙貴人,為稱之進貴。

但不管進貴、堆貴都是天乙貴人,可化解刑、害、箭刃雙全。

3. 三奇:

　　甲戊庚天上三奇。適合安神位、祈福之事。

　　乙丙丁地上三奇。適合動土、破土、建築、造葬之事。

　　壬癸辛人中三奇。適合人際開創、嫁娶、開市之事。

4. 祿元(進祿、堆祿):

　　364頁十天干長生訣表中,十天干之臨官位稱之祿元。

本命之天干對照所擇之日的地支為祿元,稱之堆祿。

本命之地支為所擇之日的祿元,稱之進祿。

5. 驛馬:

　　又稱堆馬、馬元,取三合局頭字對沖為堆馬、馬元,馬前一位為欄,馬後一位為鞭。

◎ 驛馬在於催動財星或事業,遇驛馬為速發,但於婚嫁者要配欄,婚姻才能穩定。

◎申子辰：

　「寅」為堆馬、馬元，子命或辰命之人可取，但申命
　之人不可取，乃寅申沖之故，欄在卯，鞭在丑。

◎亥卯未：

　「巳」為堆馬、馬元，卯命或未命之人可取，但亥命
　之人不可取，乃巳亥沖之故，欄在午，鞭在辰。

◎寅午戌：

　「申」為堆馬、馬元，午命或戌命之人可取，但寅命
　之人不可取，乃寅申沖之故，欄在酉，鞭在未。

◎巳酉丑：

　「亥」為堆馬、馬元，酉命或丑命之人可取，　但巳命
之人不可取，乃巳亥沖之故，欄在子，鞭在戌。

◎結婚日課中，如果出現馬元（驛馬）必須有欄方可
　使用，切勿再出現鞭，為驛馬再加鞭，形容此新娘
　婚後靜不住，快馬加鞭，有如驛馬一樣到處奔動。

6. 箭刃：

陽刃和飛刃之合稱。祿前一位稱陽刃（刃），陽刃之對沖
為飛刃（箭）。參照第 364 頁，（十天干長生訣）。

如：甲木祿在寅和庚金祿在申，遇卯酉全為箭刃。

　　丙火和戊土及壬水，遇子午全為箭刃。

　　乙木和辛金之天干，遇辰戌全為箭刃。

　　丁火和己土與癸水，遇丑未全為箭刃。

◎箭刃代表有血光之問題發生，所擇日課中如逢雙字全，
　必須逢貴人、三合、六合解化，單字者不忌。如：丙年
　生之人祿在巳，陽刃在午，干的對沖為子，所以飛刃在
　子，擇子月午時或日課中子、午同現稱箭刃全，宜日為
　辰或寅三合化解或用丙年生，天乙貴人在豬、雞位，如
　日為酉日或亥日即天乙貴人，可化解箭刃。
◎箭刃除了會犯血光之問題外也會有囉嗦的事情發生
　宜慎之。

7. 天德日方：

正丁、二坤、三壬、四辛、五乾、六甲。

七癸、八艮、九丙、十乙、子巽、丑庚。

歌訣：正丁二坤中。三壬四辛同。五乾六甲上。

七癸八艮同。九丙十歸乙。子巽丑庚中。

◎二、五、八、十一月為四旺月，子午卯酉天德居四

方。取天德方，不用天德日。

8. 月德日、方：

亥卯未月（十、二、六）　在甲（東方）。

寅午戌月（一、五、九）　在丙（南方）。

巳酉丑月（四、八、十二）在庚（西方）。

申子辰月（七、十一、三）在壬（北方）。

9. 歲德日、方：

甲、丙、戊、庚、壬歲德日在年天干，

歲德合在年天干之五合位。

如壬辰年，壬為歲德，丁為歲德合。

乙、丁、己、辛、癸歲德日在年干五合，歲德合在年之天

干位。

如癸巳年，癸為歲德合日，戊為歲德合。

擇日喜忌篇

一. 擇日講求動氣與不動氣：

例如：今年壬辰年，申子辰年三合北方水，水是煞火，所以煞南方，此屋若是坐北向南，能用事，因北邊之環境並未動氣。

例如：辛卯年，亥卯未年煞西方（亥卯為三合為木，與金交戰，所以煞西），此屋若是坐西向東，則不能用事，乃用事就是動氣，就動了煞氣，宜慎之。

◎擇日必須避開煞氣方，煞氣方不能動氣，動氣則凶。

例如：吉宅坐北向南，者寅午戌之年、月、日、時皆為煞北方之氣。擇此寅午戌稱煞氣方動為凶。

二. 擇良辰吉日

擇良辰吉日，亦與八字、命理方式相同，取年、月、日、時，以日主為主，日主健旺，財官有力，財有食傷來生旺。此日必發。

擇日課以「時」為第一要上吉，在則為「日」，所謂日
吉不如時良。

土旺用事之日（四立前的十八天又三個時前），不能破土，
只能謝土。

◎解厄、制煞、化煞必需用陽時，叫作以陽追陰。
　（凌晨零時至中午 12 時，稱作陽時，中午 12 時過後至
　晚 00:00 稱作陰時）

◎陰氣入侵，則必須用陽時來制煞，最好在早上
　　10 時～12 時前→　叫作以陽追陰。

三. 搬家、開市、入宅、安神位、祭煞、解厄、
　　開光點眼、安八卦、鏡符（避邪）、山海鎮、
　　石敢當皆取用陽時。

◎入殮、葬課、安葬，陰時、陽時皆可取用。

◎　體為陽→體受傷要用有形來醫，如身體生病、受傷要
　　透過醫生來醫治。陽宅遇風煞、路沖、壁刀等，要透
　　過樹木擋煞或水化煞。

◎氣屬陰→屬於無形之物、是一種感應，犯到時，要透過
　　神佛或有道行的靈修者加以化解。

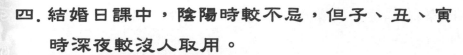

四. 結婚日課中，陰陽時較不忌，但子、丑、寅
　　時深夜較沒人取用。

◎四絕 →立春、立夏、立秋、立冬，四立的前一日稱四
　　　　　絕；此四日及前一天不嫁娶。

　四離→春分、夏至、秋分、冬至，各前一日稱四離；此
　　　　　四日及前一天不嫁娶。

四立、、四絕、二分、二至、四離:天地五行在此轉變時，
　　　　　天地為一個大宇宙、大空間，人體為小宇宙、小天
　　　　　地，五行在此交流轉變時，人之精、氣、神、血不
　　　　　可在此時洩掉，會產生逆流，氣會受損，所以在此
　　　　　十六天最好不要行房，以免損耗精、氣、神。

五. 一般嫁娶日及入宅安神位皆較不取初一日
   十五日這兩天。

　　此乃初一日為太陽強，太陰陷，表示夫強，有利於丈夫，但卻不利於妻子，男女若在此時交合會有損精氣神之問題，宜慎之。

　　十五日為太陰強，太陽弱，表示妻強，有利妻子，卻不利丈夫，男女若在此時交合會有損精氣神之問，宜慎之。

六. 擇日學上大多以地支為主，凡遇日沖、時沖，
   諸事少取，若逢吉課中月、日呈現六沖，稱
   為月破，亦諸事少取。

但如年月相沖者不忌。所擇的日課要日吉、時良才為好的吉課。

◎所擇日課中犯到刑、害、箭刃全，應取三合、六合或貴人解化之。

　　但沖、煞、殺，無法改，大凶勿用，宜避之為吉。

地支犯真三殺大凶，勿取用真三殺，非真三殺也盡量不要取用。

例如：丙申命，擇未日或未時稱犯三殺，用五虎遁求天干得乙，乙未為丙申命之真三殺，餘非真三殺，但非真三殺也盡量不取。

七. 傳統擇日學上皆以本命為主，即出生之年柱為先天命。（但本人在擇日上，皆再配合出生之日柱，及日課本身取象以大自然之生氣為原則）

◎ 天干五合及地支三合、六合在一般擇日課及結婚日課中皆廣泛在使用；三合、六合可解刑、害、箭刃，但三合六合無法解沖、煞、殺，宜避之為宜。

八. 傳統擇日要訣：

擇日之時要詢問主事或主饋之用意，欲擇何種日課，以及備齊其生辰年、月、日、時八字，宅曆或神位之坐位方向。

擇日學以本命年柱為主，擇三合、六合、三德、三奇貴人，天乙貴人或祿元、馬元、帝旺，必須避開本命之沖、殺，以及坐向之煞方，則此日課必自清、吉慶、日吉、時良。

◎ 主事(宅主)→為男主人(或所有參與者)。

◎ 主饋(宅婦)→為女主人。

◎ 宅眷→主事者的家人眷屬。

◎ 宅父→主事者的父親。

◎ 宅母→主事者的母親。

◎ 擇日課要避開：

　沖→地支六沖。

　剋→天干陽陽、陰陰之相剋，

　刑→地支之刑。

　殺→地支三殺。

　煞→方位、方向之煞。

　箭刃→地支陽刃稱刃和飛刃稱箭，兩者同時出現者

　　　　為忌。

參考前面第 354 頁～369 頁擇日法基礎學之沖、剋、刑、殺、煞、回頭貢殺之說明。

◎ 煞方：

　申子辰（水局）煞南方，　亥卯未（木局）煞西方，

　寅午戌（火局）煞北方，　巳酉丑（金局）煞東方。

例如：

丙午命之人，可取寅日或戌日謂之三合，如所座之
方位為南方，（擇日以坐為主）不宜見申子辰之年、月、
日、時之日課。

例如：

房子之坐向為坐南朝北之房子，今年為「壬辰年」煞南，
不宜入宅，所以南方也不宜修理內部、動土、動氣，會犯
煞。

例如：

坐東向西，東邊要動氣，年、月、日、時不能見巳酉丑
為煞東，東邊不能動氣，也不宜修理內部、動土、動氣，
會犯煞。

例如：

坐北向南之房子，現要修理南方（前面）就不能用寅午戌
的年、月、日、時來修理，乃寅午戌火局煞北方之故。

例如：

坐西向東之宅，起造、動土、修繕、造作，不論年、月、
日、時皆不宜見亥卯未木局，見亥、卯、未為犯煞。

◎如剛好遇犯煞之房子，又非搬不可，此時只宜偷偷
　搬遷，不宜見紅（不貼紅紙、門聯），不熱鬧請客，
　不放鞭炮可化解犯煞。

◎年月如犯煞，但非搬不可，只好擇吉日、吉時取之。
　偷偷搬不宜見紅，不請客，不放鞭炮。如要安神請
　客，再另擇良日吉時。

九. 一般搬家，以先安神位，再入厝。（安神位先，再安祖先。）

◎神位、公媽要照屋向坐，假如壬辰年，日課年煞為
　南方，剛好屋向又是坐南向北者，暫時先勿安爐，
　如要安，記得安浮爐，也就爐下墊金紙或米盤或用
　謝籃吊著。等下一年癸巳年再重新擇日安爐。另擇
　良辰吉日，將金紙、米盤拿掉。雖然先安浮爐，無
　坐向之分，但亦宜避開沖煞之月、日、時及煞方，再
　則須先淨化乾淨。

◎日吉時良：

擇日課中，除避開煞方之外，皆取日、和時為要，但煞方
須年、月、日、時皆看。紅皮通書中之紅課已避開日家之
凶神，是我們擇日課必備的工具書，就是我常在課堂上所
說的小抄。

年、月、日、時之禁忌：

午命之人，不取子日子時，但如子年、子月則不忌，因乃年、月為大環境，為先天，先天不能改，日、時為後天，可以改變催吉。

◎丙午命之人，所擇日課如為午日或午時稱自刑，或原本日課中，日時皆為午日、午時即犯自刑，但如年或月有寅或戌或未，此稱三合、六合化自刑，自刑遇三合、六合或本命之三、六合或貴人即可化。

◎戊命之人，所擇日課為丑日或丑時稱犯刑也是犯三殺，或日課中日時為丑日未時即稱為犯三刑，也是犯日破不能用；自刑、刑遇三合或六合或貴人即可化，但三殺及六沖大凶不用。

◎子命之人遇卯日或卯時，即犯三刑。

日課中本身不能犯三刑，日課與本命亦不能犯三刑，但如有三合、六合及貴人者可化解，如沒化解會產生麻煩、糾紛、刑剋、糾纏之事、是非之事，宜慎之。

例如：

酉命之人，所擇日課中為酉日、巳時，雖然與本命酉酉自刑，但日課中巳酉三合，所以此日課有三合化解可以使用，為吉課。

十. 地支三殺：

寅午戌命殺在「丑」。申子辰命殺在「未」。

亥卯未命殺在「戌」。巳酉丑命殺在「辰」。

◎辰、戌、丑、未之殺稱為墓庫殺，比三刑更為嚴重、更凶，犯殺無改，嚴重者三日內必出凶災及有血光之事發生。

例如：辰酉雖為六合，但酉命之人不能用辰日或辰時，乃因為巳酉丑命生人，殺在辰，但辰命之人可以用酉日或酉時，稱為六合，乃申子辰命生人殺在未不在酉，在選用時宜特別小心。

例如：卯戌雖為六合，但卯命之人不能用戌日、戌時，因為亥卯未命生人之殺在戌 ，而戌命生之人可以用卯日或卯時，此乃寅午戌命生人殺在丑而不在卯之故，在選用時宜特別小心。

例如：丙寅命之人，如選用丑日午時，此雖然午時寅午為三合，但丑日卻犯三殺，乃寅午戌命殺在丑之故。

又如丙午命之人，如選用寅日子時，一定要選在凌晨零點開始的子時（稱早子時），切勿用前一日（丑日）晚上 11：00 時後之夜子時，以為是寅日，此是錯誤的，乃丑日夜子時，丑是寅午戌命的三殺。此法是以晚上凌晨零點作分界，即早子時與夜子時。

> 註：本人不使用早子時及夜子時之論說，在八字學的應用上，完全以過晚上 11 時後，就換日柱，但在擇日學上，為了避免與其他命理學家在學理上的爭辯，我們在選擇日課時，如要用子時就選在零晨 00：00 過後，免得唇槍舌戰。

十二. 真三殺：

◎ 丙午命之人，遇「丑」犯殺，用丙午命天干丙套入五虎遁，丙、辛之年起庚寅、辛卯、壬辰…順數至辛丑即知辛丑為真三殺，餘非真三殺。

◎ 丁卯命之人，遇「戌」為犯三殺， 用五虎遁丁、壬之年起壬寅、癸卯、甲辰、乙巳…順數至庚戌，求天干得庚戌為真三殺（日、時皆不選用），雖然得天干五合或地支三合、六合，卻不能化解犯真三殺之凶性。

◎戊午命人，丑為犯三殺，用五虎遁求，戊、癸之年起甲寅、乙卯、丙辰、丁巳…順數至乙丑，乙丑為犯真三殺，所以不能用乙丑日、乙丑時。

◎其實不管真三殺或非真三殺都要避開，尤其不可選其真三殺，乃真三殺屬大凶，無法化解。而非真三殺可取本命天乙貴人制化。

十三. 回頭貢殺（又稱河上翁煞）：

擇取日課中申子辰三字全，殺未命之人。
擇取日課中寅午戌三字全，殺丑命之人。
擇取日課中亥卯未三字全，殺戌命之人。
擇取日課中巳酉丑三字全，殺辰命之人。

註：只有辰、戌、丑、未命生人，才會犯回頭貢殺。日課中必須三字全才算，二字不忌，回頭貢殺犯之大凶，無法可解，大忌勿用。

回頭貢殺：

貢到辰稱回頭貢龍；貢到戌稱回頭貢狗；
貢到丑稱回頭貢牛；貢到未稱回頭貢羊。

例如:庚戌命生之人,不宜擇以下之日課

> 壬辰年
> 辛亥月
> ○卯日　　　　日課中,亥卯未三字全,庚戌命人犯
> ○未時　　　　回頭貢殺,大凶。稱回頭貢狗。

十四. 天乙貴人:

　　天乙貴人,可化刑、害。

　　用本命出生年的天干,對照所擇日課的地支,為天乙貴人時,稱為堆貴。所擇日課的天干,對照本命出生年的地支為天乙貴人時,稱為進貴。

◎擇日課以「時」為第一要上吉,再則為日,所謂日吉不如時良。

例如:丙午命生人選酉日、酉時、亥日、亥時稱為堆貴

　　　　乃丙、丁之年貴人在豬、雞位為堆貴。(但本人在擇選時,雖然亥為丙之貴人,但亥會造成丙干生人的太陽情性下山,所以不用。)

　　　如所擇日為辛日或辛時,遇丙午命生人,稱為進貴,乃擇辛日、時,遇生年遇馬、虎年生人為貴人,稱之進貴。

例如:己亥命 → 擇丙子日丙申時為雙堆貴,乙、己生人貴人在鼠、猴。

日課為丙子日、丙申時，遇己亥命生人稱進貴。

　　　乃擇丙日遇豬命生之人為貴人為進貴之故。

　　　丙子日丙申時 → 申子又為三合，此日課極佳。

◎年沖時或月沖時可以使用，較不忌。年、月之沖可
　以用，但月、日之沖稱月破不可以用，日、時之沖
　稱日破也是不可使用。

十一. 一般日課實例：

須避開：六沖、三刑、方位煞、本命煞、箭刃、回頭貢殺。

宜擇取：三合、六合、堆進貴人、堆進長生位、堆進祿位、

堆進旺位、堆馬元。

例如 1：

　乙巳命人，造作為坐東（巳酉丑煞東）向西之房子。

「子」　，「丑」、犯煞，　「寅」三刑　，「卯」，

「辰」殺、　陽刃，　「巳」犯煞,「午」，　「未」，

「申」刑　，　「酉」犯煞　,「戌」飛刃，　「亥」六沖。

宜避開：

1. 亥日、時→六沖不用

2. 刑可不用理會，因可取六合、三合、貴人解化。

3. 辰日、時→巳酉丑命生人殺在辰，辰為犯三殺。

4. 辰戌→辰為羊刃和戌飛刃稱箭刃，如只有一字，不忌，辰戌全忌。

5. 煞方（以造作之坐為主）→年、月、日、時皆不能使用巳、酉、丑之地支。

可擇取：

1. 乙巳命人之貴人→乙、己天干生人貴人在鼠猴鄉，所以子（鼠）、申（猴）日可取用。

2. 卯為祿位，寅為帝旺位，然寅、巳刑，但可用。

3. 巳酉丑之馬元在亥，但亦不能使用，乃因巳、亥六沖之故。

可選吉課：

如擇選壬申日癸卯時 →申（猴）為天乙貴人（堆貴），卯為乙命生人的堆祿位。卯為本命堆祿，而且是所擇壬日、癸時之進貴為巳命生人。如擇選壬申日丙午時 →申對壬為自坐長生位，午時也為乙命生人的堆長生位，為丙自坐帝旺位。

例如 2：

丙子命生人，擇取乙卯日，此日課刑剋到本命，子卯刑必須所擇的時辰或與原命有三合或六合來化解，如擇癸未時，卯未合化解子卯刑，又乙卯日，天干有乙，乙之天乙貴人在本命的子，本命丙子「子」遇乙為進貴。

擇癸未時，癸見子命生人為進祿，但丙子命人遇未為三殺，用丙子遁五虎遁，丙、辛起庚寅、辛卯、壬辰、癸巳、甲午、到未為乙未，為非真三殺，可用本命之天乙貴人化解，擇取乙卯日，乙為子年生的進貴，故可化解非真三殺之凶。

例如 3：

擇取甲午日 →煞北，擇辛未時 →煞西，課中午未為合，且甲對未為堆貴，辛對午為進貴，此日課不錯，午日煞北方，未時煞西方，只要西、北方不坐、不動氣、不引動，即為可使用的吉課。

十五. 箭刃：

陽刃稱刃、飛刃稱箭，兩者稱箭刃，忌兩字雙全，但單字不忌。

◎陽天干在十二長生訣中之帝旺位稱 為陽刃，陽刃之
　對沖宮為飛刃。

◎陰天干在十二長生訣中之冠帶位稱 為飛刃，飛刃之
　對沖宮為陽刃。

◎甲、庚天干之箭刃在卯、酉，要雙全為忌。

◎壬、丙、戊天干之箭刃在子、午，要雙全為忌。

◎乙、辛天干遇辰、戌雙全為箭刃，為忌不可使用。

◎丁、己、癸之天干遇丑、未雙全為箭刃，為忌不可
　用。

◎犯箭刃雙全，會產生血光之問題或有囉嗦之事情發
　生，須有三合、六合或是天乙貴人才可化解箭刃之
　凶災。

例如：

　　庚寅命生人擇日課為 ：辰年　　卯月　　未日　　酉時
擇選卯酉雙全為庚命生人之箭刃，犯箭刃須庚寅命地支與
日課有合或日課本身有合，如未日，則與月亥卯未三合，
又未日為庚寅命生人之堆貴，是可以使用的吉課，最好之
擇日是本命地支與所擇之日、時有合或課中擇取本命天乙
貴人為佳。如本造庚寅命擇丑（三殺宜注意）或未日、時為
天乙貴人，為堆貴，但要注意丑為寅命之三殺，用本命之

庚遁五虎遁，從戊寅到丑為己丑，要知道是否為己丑日、時。

如課中本身就犯箭刃（六沖），最好另擇吉日，如課中本命為本命之箭刃，對本命有所損傷時，最好擇 有三合、六合及天乙貴人來化解，方可以使用。

十六. 日課須避開：

日課須避開六沖、三刑、房子方位的煞方、本命之三殺、箭刃、回頭貢殺。

例如：

主事（男主人）丙午命生人 →今年辛卯年四十六歲，坐東向西之房子。 巳酉丑為煞。

主饋（女主人）丁未命生人 →今年辛卯年四十五歲，坐東向西之房子。巳酉丑為煞。

分析：子「主事的六沖」。

丑「房子的煞方、主事三殺、主饋的六沖」。

寅。 卯。 辰。

巳「房子的煞方」。 午 。 未。 申。

酉「房子的煞方」。

戌「主饋的三殺」。 亥。

1. 坐東向西之房子，巳月、酉月、丑月不能搬家、入厝，如非搬不可，只好偷偷的搬，不要見紅，不要熱鬧、不放鞭炮、不能拜紅圓（湯圓），要拜清圓或水果就可以了，寅、卯、辰、午、未、申、亥月無煞之月就可以搬。

2. 次看通書中之入宅安香便覽課（紅課）它已經將好日子已列入紅課當中，要看坐東向西入宅安香吉課之便覽課。

如今年辛卯年農曆六月份要搬家者可選：

六月初十日丙寅日寅、卯、午時，→此日密日，即為星期天。

◎六月十一日丁卯日子、辰、午時清吉 →此日辰、午時可用，子時六沖不用。

◎六月十九日乙亥日子、卯、辰時 → 但子時和主事六沖不用。

◎六月二十二日戊寅日寅、卯、辰時 → 此日清吉可用。

◎七月初五日辛卯日寅、卯、午、時 → 此日清吉可用。

以上為紅課中所例出來的吉課，如選擇在六月初十日

丙寅日卯時，者日課為：

◎日課： 年辛卯 → 煞西

　　　　月乙未 → 煞西

　　　　日丙寅 → 煞北

　　　　時辛卯 → 煞西

2. 以此良時吉日作為入宅或安香的儀式，如不作入宅或安香的儀式時可在此時間開瓦斯爐火，燒煮甜菜、煮飯菜，拜地祇主，開火的時間為所謂的動氣、進氣。開瓦斯爐煮甜菜之時，最主要是取其能量磁場產生生氣。

3. 如沒安神位要先搬進時，要先把房子清淨，沒有畫符咒時，可用清米湯(也就是洗米之第二次水)將房子洒一洒，因為若此房子以前曾有人住過，但也不知以前曾做什麼行業，不知乾不乾淨，或有什麼陰氣，如果有學符祿之人，可用清淨符化陰陽水去淨宅厝場，再搬進去。

在丙寅日搬進時，床位先別推進去正位，也先別開爐火，等到辛卯時一到，再開爐火煮甜菜、煮飯菜，及來將床往定位推，到下午三時後再來拜地祇主，這是指沒安神位而言。

5.要動工或動氣，可從日課之活門方動起，本日課活門方為東方或南方，凡事以此方位著手。

十七. 通書之紅課是已經過篩檢過之吉日，萬一

紅課中找不到想要的好日子，可找黑課(稱日腳)，但黑課當中必帶有一些凶神惡煞，要再找制改凶神惡煞之法即可。可查閱本人著作的「重編剋擇講議註解全書」。

◎開市、開工、買車

擇日：

1. 查紅皮通書紅課

2. 往亡（煞星名）通書內有寫，凶日腳。

   往亡日：有往而不返之象。

3. 壬癸時勿用（有亡之意，五鼠遁遁之）。

4. 周堂局，○代表可用、●代表不可用。

5. 閉日勿用（黃曆、農民曆有記載）閉為倒，平收勿用（此
為建除十二神）

◎ 買車選清吉課及三合、六合、貴人之日，車輛過火，
　 選良日吉時，放四堆壽金燒（一堆一百就好），大約四
　 輪以內之方位，然後再將車輛駛過。

　 買車當日，從吉利方向駛去再回家。

　　 如以上例（16）387頁：主事丙午；主饋丁未命擇之日課
煞西、北方，可由東方和南方向行駛回家。

◎開市、開工、買車，除拜地祇主以外，要再拜：

1. 五路財神：大福金、福金、壽金、四方金、財神寶衣、及四果(勿用番石榴、釋迦、蕃茄、百香果)鮮花、紅圓(三碗)、發糕(三碗)。

2. 土地公：福金、四方金。

3. 地祇主：福金、四方金，下午三點以後申時，以廚房之門向著大門拜，以二次香，第二次香以二分之一香燒完就可以燒紙錢。以雞腿、菜、飯、湯、筷子、蘋果。

各種行事擇日宜忌

一. 入宅安香口訣：

1. 入宅安香紅課（要詳問坐山）。

2. 寅日不祭祀，安香也不用。

3. 截路空亡（壬癸時）入宅安香大忌。

4. 周堂局欠請，若無顯曲傅星宜用朱砂書「三皇符」
   書寫「顯傅曲星到此」貼堂照。

5. 白虎、虎中、朱雀、雀中若犯宜制（用麒麟到此，紅
   紙紅字）制。

6. 入宅最好用卯時為佳，取漸見光時，光明在路上，亦
   不會遇不淨之事物，未到晚上不可以上床睡覺。

7. 查「歸火」宜忌，例：舊宅謂移徙，而太歲年欠請時，
   所有儀式不可張揚、不可放炮竹等。

8. 神位移徙，查日課「出火」日待良日吉時，再安神
   位。忌 三殺、歲殺歿、沖山、月破、往亡、天火、歸
   忌、真滅 歿、受死、子午頭殺。

日課忌例橫天朱雀日：

初一不安神、初七不安灶、初九不上樑。

十五不行嫁、十七安葬、二十五不移居。

二. 入宅吉課

1. 搬家、開市、安神、祭煞、開光點眼、安八卦鏡符（避邪）皆取用陽時。

	子	00:00__01:00		午	12:00__13:00
	丑	01:00__03:00		未	13:00__15:00
陽	寅	03:00__05:00	陰	申	15:00__17:00
時	卯	05:00__07:00	時	酉	17:00__19:00
	辰	07:00__09:00		戌	19:00__21:00
	巳	09:00__11:00		亥	21:00__23:00
	午	11:00__12:00		子	23:00__24:00

2. 一般搬新家，要先安神位再入曆；安神位時先安神，再安祖先。

3. 先查主家神位坐山方位，以擇取吉日課，避開沖、刑、殺、箭刃、回頭貢殺。

4. 查明主事和主饋生年干支，以避開沖、刑、殺。

5. 要查紅課，（坐○向○，大利移徒，入宅、安香、吉課表）所以要詳問坐山。

6. 寅日不祭祀，安香不用橫天朱雀日，初一不安神，二十
　　五移居人財傷。

4. 截路空亡時(壬、癸干時)大忌：入宅、安香、祈福、
　　開光。

8. 周堂諸家之注意事項，白虎、虎中、朱雀、雀中若犯宜
　　制，書(麒麟到此)制。

9. 紅課中有◎顯曲、傅星、皆為大吉、清吉；無(制吉)
　　者均宜書「三皇符」，故有入宅，安香宜三皇符制或周
　　堂局欠請若無顯曲傅星日，宜用朱砂書寫「三皇符」(顯
　　曲傅星到此)貼堂照。

10. 入宅、安香最好用卯時為佳(取漸漸見光時，光明在路
　　上亦不會遇不淨之事物)未到晚上不可以睡覺。

11. 查「歸火」宜忌例：新屋謂入宅、舊宅謂移徒，而
　　太歲年月欠請(所有儀式不可張揚，放炮竹等)，宜
　　肅靜而入其香火、神主，暫寄在利方，俟年月大
　　利擇吉歸堂。

12. 神位移徒，查日課「出火」日，待良日吉時，再安神
　　位(忌三殺、歲殺、沖山、月破、往亡、天火、歸忌、
　　真滅歿、受死、子午頭殺)。公媽出火以不見天為原則。

13. 公寓以落地窗氣口的陽台為向，不以出去之門為主。

14. 查明主家神桌供奉之備品是否齊全。

15. 入宅：

（1）由娘家準備十二樣東西，先擺外面，而後再跟法
　　　師進去。

　　　十二樣東西為廚房之用品「茶、鹽、油、米、醬、
醋、柴、一對公母雞（用人造之），電鍋、筷子、掃把、
畚斗或碗用紅色紙繞起來」。

（2）法師先唸咒語，前面法師，後面一家人拿著十二
　　　樣東西。法師用鉛銅裝些米和錢（銅錢），未踏入
　　　門先洒下「唸：人未到、錢、銀、財寶先到」，「伏
　　　以今天是某年某月某日，楊公救貧入宅大吉日，
　　　九天玄散金，押煞去，入宅入呼正，子孫處事得
　　　人疼，入　宅入呼對，子孫萬年富貴」。
　　　（十二樣東西擺神桌下面放十二天）。

（3）另外準備紅彩一條（紅布）八仙彩（掛神明廳）樓下
　　　也有掛紅布、菜頭兩頭（吊在門口）用紅紙繞上。
　　　烘爐和茶壺各一個→在神明桌下煮水，或用新水
　　　桶裝水並放十二個錢幣，稱為錢水，由主饋提到
　　　神桌下，並以二個鳳梨拜神明。

（4）神明、公媽：神明要拜四方金（勿用銀紙）三牲、
　　酒、水果、紅圓、發糕，公媽要拜四方金（可用
　　銀紙）、菜碗、發糕三個、紅圓。

　　香環十二天不能斷（最少要六天），神明爐內要擺
　　十二個錢，外面放紅圓、竹編圈（一家團圓）。

　　到申時下午三點以後再拜地祇主。

◎三皇符：長約二十公分、寬約四公分，書「奉請三皇
　到此」。

三. 安香火吉課：

　　所謂「安香」，就是安置神明或祖先之神位於桌上
供奉，一般安神以午時前為原則，且會搶時頭。公媽
出火以不見天為原則，要用謝籃裝公媽牌位及黑傘遮
天，乃神明為陽，公媽為陰。

四. 安神位吉課

如何安神位及應注意：

1. 如舊宅和新宅路途遙遠，無法在同一時辰完成「出
　火」「歸火」時，先行擇「出火」日、時，用謝籃
　擺著，再擇入宅安香儀式。

　如修建，香火神位暫借他處供奉。

2. 挑掉本命之五殺（沖、三殺、刑害、箭刃、回頭貢殺）
　　及屋之煞方。

3. 通書之紅課已經篩檢過吉日，萬一紅課找不到好日
　　子，再找黑課，黑課中必帶凶神，再找制改凶神之
　　法即可。但日腳須有「入宅安香」才可用。

4. 實例解：
　　主事：（男主人）庚子命（民國四十九年生）五三歲
　　主饋：（女主人）丙午命（民國五十五年生）四七歲
吉宅方位：坐西向東（亥、卯、未之年、月、日、時三煞不
可用）。

子（沖主饋）、丑（殺饋）、寅、卯（煞）、辰、巳、
午（沖主事）、未（殺主、煞）、申、酉、戌、亥（煞）。

◎ **選擇日期預定於壬辰年農曆九月間**
　　　　◎九月令大庚戌月管局
　　　　◎九月初二庚戌日2子丑巳時顯星
　　　　◎九月初十戊午日3寅辰巳入宅制（周堂值耗）
　　　　◎九月十二日庚申日5巳時明星曲星
　　　　◎九月十四日壬戌密日子丑巳午宅制。因周堂值
　　　　　離，所以先不考慮。

　　九月二十二日庚午日1丑辰巳入宅制。因堂值亡，所以
先不考慮，但沖主事子午沖，所以不用

◎擇：九月初二庚戌日2子丑巳時顯星

年：壬辰…煞南　(1)顯星拱照。堆長生。

午戌三合、進貴、堆祿。

月：庚戌…煞北　(2)此局座西向東，可由西方動氣。

日：庚戌…煞北　(3)日煞北方。

日沖甲辰（屬龍四十九歲），不合

之人暫避之。

時：辛巳…煞東　(4)時煞東方。

時沖乙亥（屬豬十八歲）。

◎擇：九月初十戊午日3寅辰巳入宅制（周堂值耗）→

戊午日與主事子午沖不用

◎九月十二日庚申日5巳時明星曲星

年：壬辰…煞南　(1)曲星拱照子申三合，辛為進長生、

申為堆祿、巳為堆長生。

主饋：辛為進貴、巳為堆祿、申為堆馬。

月：庚戌…煞北　(2)此局坐西向東，動氣可由西方動

起

日：庚申…煞南　(3)日煞：南方，日沖甲寅（屬虎三十

九歲）不合之人暫避。

時：辛巳…煞東　(4)時煞：東方，時沖乙亥（屬豬十八

歲）不合之人暫避。

（1）以九月初二庚戌日巳時或九月十二日庚申日巳時
　　作入宅或安香儀式，如不作入宅儀式，可在此時
　　間開瓦斯煮飯、菜，到申時再後拜地祇主；開火之
　　時為所謂動氣、進氣，開瓦斯爐之時，最主要是
　　取其能量產生生氣。　要動氣或動工，可從日課之
　　活門方動起，也就是由西方動起。

（2）假如沒安神位，要先搬進時，必須先把房子清
　　淨好，請老師畫清淨符，用芙蓉沾符水（用陰陽水）
　　進行清淨，如沒有請老師畫符時，可用清米湯（洗
　　米之第二次水），拿芙蓉枝沾清米湯將房子灑一灑
　　（因為此房子有人住過，也不知以前做過什麼行
　　業，乾不乾淨或有什麼陰氣）。如果有學符之人，
　　可用清淨符化陰陽水去淨厝場，再搬東西進去；可
　　在之前先搬進去，但床位先別推進去，先別開火（爐
　　火）。等到擇日的時辰再開火，煮飯菜，再將床位
　　推正，進行安床，這是指沒安神位而言。

（3）如果有安神位，以安神位完成再開始安床。

（4）以上例而言，為坐西向東的房子，亥、卯、未月乃年、
　　月、日、時不能搬家、入厝、安香，如非搬不可只好
　　偷偷的搬，不要見紅，不要熱鬧、放鞭炮。

安神位，不能正式安神位，要安浮爐（也就是爐下
墊銀紙或米盤或用謝籃吊著），等下個月再重新擇
日安爐或擇良辰吉日將銀紙米盤拿掉。安浮爐，暫時
將神位、公媽照屋向坐或查適合坐山的紅課安之。

如年犯煞，又非搬不可，仍照此訣。不能拜紅圓，要拜清
圓（沒有顏色的清圓）或水果就好。

◎出火（修建、香火、神位暫借他處供俸）

如果要將公媽在原舊地搬出，搬到新的地點「稱出火」，
　　則要注意：

（1）挑掉本命之四殺或五殺（沖、刑、煞、箭刃、回頭貢
　　　煞）。

（2）查坐山（借放）紅課，坐山（大利移徒、入宅、安香）
　　　紅課，兩者均有，才是最有利的方位。

（3）日腳要有出火者（可避日凶神、二往亡日、天火、
　　　火星、楊公忌、四廢絕）。

（4）白虎、朱雀（日、月家凶神）宜麒麟符（制白虎，
　　　用紅箋硃書）、鳳凰符（制朱雀，用黃箋黑書或紅
　　　箋黑書）制。

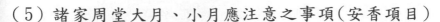

（5）諸家周堂大月、小月應注意之事項（安香項目）

（6）1.要放今年之大利方（通書首一頁），如今年壬辰
　　　年，則大利東方（艮兼寅、甲、乙）及坤兼申、庚
　　　之位，故可暫時放在此方位，但如在亥卯未月仍
　　　忌放西方申庚之位。

　　2.不可靠緊牆壁（有點距離，用文公尺量，桌面以
　　　紅字為吉）

　　3.拜拜用品之準備事項。

五. 神像開光、點眼日課：

　　一般神廟之神桌下，有人擺放五虎，青、紅、黃、
　　白、黑五隻虎，稱虎爺，擺虎爺者大都是使用法
　　術者。

五營旗之排列亦用五行相生，青、紅、黃、白、黑。黃虎
代表至尊之意，戊己土屬黃色，入中宮，表示至尊之虎。
黑虎代表北極玄天上帝。

◎一般開光點眼法師都使用：朱砂（稱寶）、雞血（稱 氣）。

1.挑掉本命之沖、殺、煞、回頭貢殺。箭刃、刑害（可
　解）。

2. 查紅課中「神佛開光點眼選吉便課」(已避日凶神)通書
   開光日凶神,可對照剋擇講議第十二期五七八、五七九、
   五八零頁,有詳細開光日凶神對照。

3. 壬癸干時為截路空亡勿用。

4. 開光之例又宜論食神煞,若住家宅居之神佛,逢食
   主大凶勿用。

5. 如社廟(社區之神廟),值食主和食鄉亦忌,勿用,
   若逢食外者吉,值食師者從權取用。

6. 諸家周堂(供參考)因無主題、項目。

食神殺日推演法:

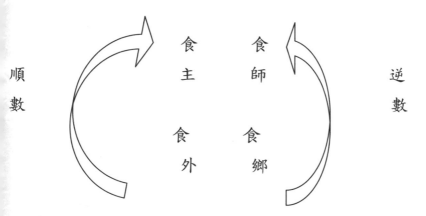

（1）月小由初一開始逆數起鄉,向師、主、外逆行起。
    月大由初一順時起向外、主、師、鄉順行。

（2）大月從外、主、師、鄉…順時數至當日如為七日，
　　者七日為食師日。

（3）小月從起初一、逆數至當日，由鄉、師、主、外，
　　如為十六日，者十六日當天為食外日。

（4）食外吉，食師可權用。

實例：解析

主事者：丙午年生。　　　主饋：乙巳年生

吉宅方向：坐東向西

子（沖主）、丑（殺主、煞）、寅、卯、辰（三殺饋）、
巳（煞）、　午、　未、申、酉（煞）、戌、亥（沖饋）。

◎預定時間：

　八月至九月十日。因八月己酉月犯煞，巳酉丑月煞東，
　所以以八月二十三日卯時後交寒露節氣戌月方可用。

◎九月庚戌月：八月二十四日癸卯日2卯辰巳時。

◎八月二十九戊申日密辰巳時明星制。此日食鄉，社
　廟斟酌。

◎九月初四壬子日4子、辰、巳時。此日食鄉，社廟
　斟酌。

　本日犯相沖，沖主事丙午年生忌用。

若擇：壬辰年八月二十四日癸卯日卯、辰、巳時

年：壬辰…煞南　　　1. 年月辰戌沖犯主饋箭刃全，課中
　　　　　　　　　　　　卯戌六合解化。

月：庚戌…煞北　　　2. 動氣由東方動起。
　　　　　　　　　　　進長生。進貴、堆祿。

日：癸卯…煞西　　　3. 日煞：西方，日沖丁酉。
　　　　　　　　　　　屬雞五十六歲。不合之人暫避。

時：乙卯…煞西　　　4. 時煞：北方，時沖己酉。
　　　　　　　　　　　屬雞四十四歲。不合之人暫避。

若擇：八月二十九日戊申日辰時或巳時雖然天賊有制，但犯主饋辰時三殺、巳時煞方不取。若為用辰時，則主饋犯三煞，不取。若為用巳時，則主饋犯六沖不取。

二. 購車交車擇日法：

1. 開市、開工、買車，無論擇任何日、遇時柱天干壬
　癸時皆不用（有亡之意）。

2. 查通書購車、交車便覽課。

3. 往亡、氣往亡（煞星名，通書日腳有寫）

4. 周堂，○可用、●不可用。

5. 閉（倒閉），平收（建除十二神）勿用

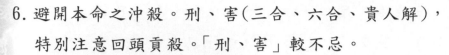

6. 避開本命之沖殺。刑、害(三合、六合、貴人解)，
   特別注意回頭貢殺。「刑、害」較不忌。

7. 日課本身年沖日者較不用，年沖時或月沖時可用，
   月日相沖(月破)不用，日時相沖日破不用年月相沖
   較不忌。

◎3.4.5 項 紅課中大都有挑掉，選擇黑課時方要注
   意。

日課：

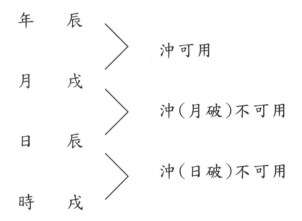

年　辰

月　戌　　　　沖可用

　　　　　　沖(月破)不可用

日　辰

　　　　　　沖(日破)不可用

時　戌

◎實例解：

　主事者：乾造民國五十五年生(丙午年)希望交車日、農
　　　　　曆二月初十至二月二十二之中。

紅課中：二月十二甲子日　　卯辰巳時

　　　　二月十五丁卯日　　辰巳午時

　　　　二月十九辛未日　　卯午進時

　　　　二月二十二甲戌日　卯巳午時

◎二月十二日甲子與出生年子午沖不用

　二月十五日丁卯日，　十二建除（建）

壬辰 → **煞南**　1.巳為本命堆祿，丁為本命進祿，
　　　　　　　　　　　乙為本命進長生。

癸卯 → **煞西**　2.日煞：西方，日沖：辛酉年（屬雞 32 歲）
　　　　　　　　　　　→　不合之人暫避。

丁卯 → **煞西**　3 時煞：東方，時沖：己亥年（屬豬五四歲）
　　　　　　　　　　　→　不之人暫避。

乙巳 → **煞東**　4.由北方先開一段路之後再返家。

◎二月十九日辛未日十二建除（定）

壬辰 → 煞南　1. 卯未三合、午未六合，辛為本命進
　　　　　　　　　貴，午為本命帝旺、堆貴、甲為日
　　　　　　　　　課進貴。

癸卯 → 煞西　2. 日煞：西方、日沖乙丑（屬牛）二八歲
　　　　　　　　　→　不合之人暫避。

辛未 → 煞西　3. 時煞：北方、時沖：戊子（屬鼠六
　　　　　　　　　五歲）→　不合之人暫避。

甲午 → 煞北　4. 由東先開一段路再開回家。

　購車交車沒方位之問題、故不論坐向（煞方）。

　拜五路財神：大福金、福金、壽金、四方金、財神寶衣、
四菓（水果）、鮮花、紅圓（三碗）、發糕（三碗）。

土地公：福金、四方金。

地祇主：福金、四方金、（下午三點以後）以廚房之大門
　　　　　向著大門拜，以二次香為主，第二次香以二分
　　　　　之一，就可以燒紙錢。拜：現有之菜飯。

　交車之後要從吉利無沖之方向先駛去，再回家。回家之
後，放四堆壽金（一堆一百就好）大約是四輪之內之方位
（可先作記號），燒完之後再將車輛駛過。

七. 開市吉課：

1. 開市、開工、營業、買車、無論擇日擇任何日，遇
   時柱天干「壬癸時」皆不用(有亡之意)。

2. 查通書開市營業開張吉日課。

3. 往亡、氣往亡(煞星名，通書日腳有寫)

4. 周堂，○ 可用 ●不用

5. 建除十二神：閉(倒閉)，平、收勿用
   《選擇宗鏡》曰：「建破平收，俗之所忌，惟破日最
   凶。建日吉多可用。」又曰：「月建為吉凶象神之
   主，疊吉擇吉，疊凶則凶，況月建本非凶日。」

平：為月建陰氣既盡之地，其凶僅次於月破，然與吉併則
   不忌。

6. 避開本命之沖、殺、刑、回頭貢殺、箭刃及煞方。
   刑、害可用三合、六合、貴人解。

7. 日課年日、日時相沖者不用，年月相沖不忌，月
   沖日稱月破凶不用，日沖時稱日破凶不用，年時
   相沖比較無妨。

實例解：吉宅方位：坐西向東

主事：乾造丙午年生

主饋：坤造壬子年生

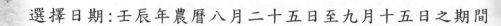

選擇日期：壬辰年農曆八月二十五日至九月十五日之期間

紅課：

八月二十七日丙午日卯午：此日丙午犯相沖主饋不吉、不用。

八月二十九日戊申日密辰巳時

九月十二庚申日巳時

九月十五日癸亥日卯、辰時→此日犯煞坐西不吉，不用。

子（箭刃全、相沖）、丑(三殺)、寅、卯(煞)、辰、巳午(相沖)、未(三殺、煞)、申、酉、戌、亥(煞)

◎八月二十九日戊申日密（星期日）辰、巳時→開市巳時會比辰時更旺。

壬辰…煞南　　1. 巳時為主事進旺、堆祿及進祿、堆馬。
　　　　　　　　申日為主饋三合、時為主饋堆貴、日為
　　　　　　　　主饋堆長生。

庚戌…煞北　　2. 日煞：南方。
　　　　　　　　日沖：壬寅年(屬虎五十一歲)

戊申…煞南　　3. 時煞：東方。
　　　　　　　　時沖：癸亥年(屬豬三十歲)

丁巳…煞東　　4. 不合之人宜暫避。

◎九月十二日庚申日巳時

壬辰…**煞南** 1. 巳時為主事進旺、堆祿、堆馬。

庚戌…**煞北** 2. 日煞：南方。申與主饋申子辰三合

　　　　　　　日沖：甲寅年（屬虎三十九歲）

庚申…**煞南** 3. 時煞：東方。

　　　　　　　時沖：乙亥年（屬豬十八歲）

辛巳…**煞東** 4. 不合之人宜暫避（日課年、月逢沖不忌）

◎年月為大環境，日課本身年、月逢沖不忌；和主事、
　主饋年命沖課中的日、時則不取。

◎日課中年、月、日、時要留活局稱之活門，不能選
　年、月、日、時全死門。

◎開市拜拜…四方金（陰陽倆用）

　土地公： 福金、四方金

　五路財神：大福金、福金、壽金、四方金、財神寶衣、
　　　　　　　　四菓（勿用番石榴、釋迦、蕃茄、百香果）、
　　　　　　　　鮮花、紅圓（三碗）、發糕三粒。

　地祇主： 福金、四方金（申時下午三點以後拜）以雞
　　　　　　　腿、菜、飯、湯、碗、筷子各二組。

八. 安門日課

1. 挑掉本命之沖、殺、刑、箭刃、回頭貢殺。

2. 日腳要有安門。門光星日（○ ◐ ●）→ 尅擇講義
   第七期三五三頁～三五四頁。白者為吉、黑者為凶、
   半白黑者從權可用。

3. 白虎、朱雀（查日、月家凶神），尅擇講義三五五
   ～三五八頁有些人己不忌。

4. 火星（月凶神）（除日家、天火可用水潑制煞，亥子
   丑月北方水制，另外一白水，壬癸水、水輪可制火）

5. 俗謂：春不作東門、夏不作南門、秋不作西門、
   冬不作北門（參考較不忌）。

6. 胎神忌（家中有未滿週歲之小孩或孕婦）

7. 門光星詩：

大月	1	2	3	4	5	6	7	8	9	10	11	12	13	14	15
	江	湖	深	萬	丈	東	海	浪	悠	悠	水	漲	波	濤	急
	○	○	○	◐	◐	◐	○	○	●	●	●	○	○	○	◐
小月	0	29	28	27	26	25	24	23	22	21	20	19	18	17	16

大月	16	17	18	19	20	21	22	23	24	25	26	27	28	29	30
	撐	船	泊	淺	洲	得	魚	便	沽	酒	一	醉	臥	江	流
	◐	◐	○	○	○	●	●	●	○	○	◐	◐	◐	○	○
小月	15	14	13	12	11	10	9	8	7	6	5	4	3	2	1

此詩:大月從上往下算,小月從下往上算,白吉、黑凶、白黑半吉(從權取用)。逢三點水字傍為清吉。

8. 新宅論坐、舊宅論向、查紅課:豎造、動土、日腳須有安門日。

9. 實例解:

　吉宅方位:坐西向東

主事者:丁亥年生

主饋者:庚寅年生

　找通書紅課坐西豎造、動土吉課,日腳須有安門日子 、丑(殺饋)、寅、卯(煞)、辰、巳(沖主)、午、未(煞)、申(沖主饋)、酉、戌(殺主)、亥(煞)

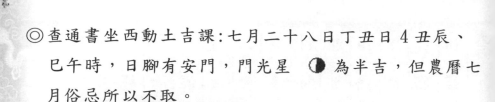

◎查通書坐西動土吉課：七月二十八日丁丑日４丑辰、巳午時，日腳有安門，門光星 ◑ 為半吉，但農曆七月俗忌所以不取。

◎查通書坐西動土吉課：於八月初一日庚辰日密子寅巳午時，日腳有安門。且為門光星，吉日可用。

吉課：

年：壬辰⋯煞南　1.月德。午為堆祿。寅午三合。

月：己酉⋯煞東　2.日煞：南方。
　　　　　　　　　日沖甲戌屬狗十九歲、七十九歲，
　　　　　　　　　不合人暫避之。

日：庚辰⋯煞南　3.時沖丙子屬鼠十七、七十七歲，不合人暫避。

時：壬午⋯煞北　4.日腳：胎神占碓磨栖外正西。（時辰於丑時，太早了；於辰時可用，但因課中辰支太多自刑不取，巳時主事犯沖，所以擇取午時）。

10.家如有受胎孕婦或未滿週歲之人孩，宜在碓磨栖外正西爐胎神占方貼符「奉請胎神到此罡」一千壽金，焚香默請胎神到屋內偏僻處暫居，再用清米湯，淨符淨之。

九. 作灶日課：

1. 挑掉主事、主饋本命之沖、殺、刑、箭刃、回頭貢殺、沖陽氣陰胎、沖天官、天嗣。查通書作灶吉課，初七日不安灶。

2. 有胎孕者，或未滿週歲者，子孫爻動、勿用（因有胎神），查胎神占方何處。

3. 白虎爻勿動（日課已挑出），白虎、朱雀若犯宜制。

4. 日腳須有「作灶」，子午頭殺日勿用，占灶忌修鼎、新不忌（宜太陰、月宿、母倉制）。

5. **主事忌**，日時沖陽氣，天官；偏沖審用，三合、六合解化。

   主饋忌，日時沖陰胎，天嗣；偏沖 審用，三合、六合解化。

6. 進火時，可先進壽金，點燃壽金。

7. 查赤眼圖名稱，神煞表，亦以赤眼為首、故名赤眼圖類似諸家周堂。

8. 實例解：

灶卦坐東向西

　　主事者：庚子年庚辰月生　→　陽氣辛未、天官丁亥（正
　　　　　　　沖陽　氣丁丑、正沖天官癸巳）

　　主饋者：辛丑年甲午月生　→　陰胎乙酉、天嗣癸巳（正沖
　　　　　　　胎辛卯、正沖天嗣己亥）

　　子、丑（沖陽氣、煞）、寅、卯（沖陰胎）、辰（殺饋）、
　　巳（沖天官、煞）、午（沖主）、未（殺主、沖饋）、申。
　　酉（煞）戌、亥（沖天嗣）。

9. 作灶陽年（申子辰、寅午戌）灶宜坐東向西。
　　陰年（巳酉丑、亥卯未）灶宜坐北向南。
　　（尅擇講義第七期三六八頁）

5. 今年壬辰年為陽年，作灶宜坐東向西，巳酉丑方犯
　　煞不取。

◎壬辰年八月二十四日癸卯日，沖陰胎，忌不取。

◎壬辰年九月初十日戊午日，沖主事忌不取。

◎壬辰年九月十一日己未日，三殺主事、沖主饋，為
　　忌不取。

◎壬辰年九月十二日庚申日，無殺清吉。

　庚申日，卯時沖陰胎不取，午時沖主事不取，未時三殺主事、沖主饋不取，申時可用，但赤眼圖招客雖權用，但亦不取。所以改擇十一月令壬子月（月不論沖主事），十一月初一日戊申日申時，此申日時赤眼圖為田蚕吉用。

年：壬辰…煞南　　1.日煞：南方，
　　　　　　　　　　　日沖：壬寅、屬虎五十一歲。
　　　　　　　　　　　時煞：南方，
　　　　　　　　　　　時沖：甲寅（屬虎三十九歲）不合之人
　　　　　　　　　　　　　　暫避。

月：壬子…煞南　　2.本日三合、母倉、天喜吉用。主事
　　　　　　　　　　　之三合、堆祿。
　　　　　　　　　　　主饋之進貴、帝旺。

日：戊申…煞南　　3.從東、北方動起吉

時：庚申…煞南

　　此日課吉、不犯六甲胎神（胎神占房床爐）

11.灶是以雙連為成格，長七尺九寸。下應九州（全國、
　　地）上應北斗（天），闊四尺應四時，高三尺應三才，
　　灶門闊　一尺二寸應十二時，安兩釜應日月，穴大
　　八寸應八風。

作灶：有二種之稱。（1）雙連為廚　（2）單連為灶（同樣
　　　是灶）（現時瓦斯爐非灶）

12. 作灶時，宜用豬肝一小塊煮熟，以水調合香末，並
　　合淨　土沙，安於灶基中，可卜合家和順。

13. 作灶時取土水，宜天月歲德方、亭部方、極富方、
　　三倉方、生氣方為吉。參考剋擇講議。

十. 動土起基日課：

1. 挑除本命之沖、殺、刑、箭刃、回頭貢殺。查紅課
　　中坐　○動土吉課。

2. 通書日腳有動土者吉。遇天賊日　可用明星吉時制
　　天火日（日腳或日殺表「申子辰水局可解」）可用
　　制、一白水或壬癸水制。
　　動土時辰忌地兵（日時沖煞表）為庚○時，大凶不
　　用。　過午時不用。

3. 四季節，土王用事，俗忌動土；辰戌丑未月四立之
　　前十八天又三時辰（十八二五日乘四共七十三天），土
　　用事後交節忌動土。

4. 家中有懷孕者或未滿週歲之小孩得注意胎神的位
　　置，避吉或符制。

5. 楊公忌：一月十三日、二月十一日、三月九日、
　　　　四月七日、五月五日、六月三日、七月一日、
　　　　七月二九日、八月二七日、九月二五日、
　　　　十月二三日、十一月二一日、十二月十九日，
　　　　　共十三天。

6. 日、月家凶神（白虎、朱雀方）現較不忌，可用符化
　之。

7. 烏兔太陽日可說不忌任何神煞，但仍須挑掉本命
　沖、殺、刑、箭刃、回頭貢殺。

8. 基地拜拜時，要呼請過往之神明及持咒大吉。

9. 耽心有犯煞沖之人，動土時可潑些水可制煞。

10. 實例解：
　　主事者：丙申年生　　　主饋者：辛丑年生
　吉宅：坐西向東。預計八月動土。
子、丑、寅（相沖主）、卯（煞）、辰（殺饋）、巳、午、
未（三殺主、沖饋、煞）、申、酉、戌、亥（煞）。
回頭貢殺 → 寅、午、戌全貢牛。
紅課中：坐西向東動土吉課：八月令己酉管局八月一日、八
月二日、八月七日、十日、十三日……。

拜五方神：牲禮（三牲：魚肉、雞肉、豬肉）、四菓（香蕉、李、梨、鳳梨）。 土地公、地祇主。

擇：八月初一日庚辰日密子寅巳午（查尅擇講議第六期三二三頁）動土平基忌例）

年：壬辰…煞南　1.日腳：月德拱照、六合、天貴。
　　　　　　　　　　三合申辰、庚進祿。巳酉丑三合、庚進貴。

月：己酉…煞東　2.由西或北方動起。

日：庚辰…煞南　3.日煞：南方，日沖：甲戌（十九歲、七十九歲屬狗）不合者宜暫避。

時：辛巳…煞東　4.時煞：東方，時沖：乙亥（十八、七十八歲屬豬）。不合者宜暫避。

◎動土時可先用芙蓉技沾靜符水淨灑，後再用鹽、米、摔打→ 由凶殺方灑起。

11.護身咒（動土可唸，不唸亦可）但陰宅破土一定要唸，防陰

咒曰：(1).打天門開（大利方，今年大利東西）
　　　(2).打雷霹靂。
　　　(3).打人長生。
　　　(4).打凶神惡煞盡回避（不能說滅亡）。

(5). 打百無禁忌，四季無災，神兵、神將火急如律，吾奉
太上老君勅令（左腳大力一蹬）。

12. 明星吉時可化：天賊、天地賊、天狗、下食時、六
戊時，如無明星時，可用丙日時或妻金狗亦可抵制
暗天賊，地賊免取明星。

13. 犯日、月家、白虎、朱雀（日腳亦有）之制法：
制白虎：用「麒麟到此勒令」 →紅紙朱字
制朱雀：用「鳳凰到此勒令」 →黃紙墨字

◎寫符時，用新筆墨，且一口氣寫完。一般符法是備而
不用（少用），要用時一小時前貼，若有供奉主神，
或太上老君，可用其官印加蓋上去。

◎地兵，忌動土、所以庚時不用，動土過午時也不取。

十一. 起基定磉日課

起基：興造陽宅填土等事。

定磉：固定柱下之石頭，俗稱定磉石。

1. 挑除宅主之沖、殺、刑、箭刃、回頭貢殺。

2. 查通書紅課：二十四山之單山大利豎造，安葬吉課；
宜忌與豎造同看。

二十四山之大利、小利，清吉之吉課；宜忌與豎造同看。

3. 通書日腳有起基定磉者。

4. 忌日：月建（土府日）、月破日、查尅擇講義起基定磉忌
　　例、四絕（立春、立夏、立秋、立冬之前一天）、四離、
　　（春分、夏至、秋分、冬至之前一日）、正四廢日、真
　　滅沒日、受死、羅天大退、地柱日（己巳、己亥日）。

5. 白虎、朱雀俗忌，現較不忌了，可用麒麟、鳳凰符
　　制之。

6. 實例解：

　宅主事：丙午年生　　宅主饋：己酉年生

　吉宅：寅山。預計在十月起基、定磉。

　紅課：豎造九月二八日丙子日（沖主事不取）

　　　　　　　十月初一日己卯日（沖主饋不取）

　　　　　　　十月初十日戊子日（沖主事不取）

　　　　　　　十月十二日庚寅日密清吉可取。

子（沖主）、丑（殺主、煞）、寅、卯（沖饋）、辰（殺饋）、
巳（煞）、午、未、申、酉（煞）、戌、亥。

擇： 壬辰年十月十二日庚寅日，時辰有子、寅、卯、辰、未、戌時。取子時太早又沖主事不取；取寅時太早，但清吉；卯時沖主饋：辰時主饋三殺不取；未時清吉故取未時。

年：壬辰：煞南　　1. 未時三奇貴人（壬癸辛），天德合、六合、時德、五富。主事寅午三合、午未六合。

月：辛亥：煞西　　2. 由東方動起手。

日：庚寅：煞北　　3. 日煞：北方，日沖：甲申屬猴九、六十九歲，不合之人暫避。

時：癸未：煞西　　4. 時煞：西方，時沖丁丑屬牛十六歲、七十六歲不合之人宜暫避。

十二. 竪柱上樑訣（竪立柱子、安屋頂中樑）

1. 挑除本命之沖、殺、刑、箭刃、回頭貢殺。
2. 查通書之紅課（1. 坐○動土吉課，稱二十四山綜合。
　　　　　　　　　　2. 二十四山，單山竪 造安葬吉課）
3. 日腳有上樑者（會主動挑除日、月凶神之煞）
4. 忌日（月破、受死、天火日、天賊（明星化）、獨火日及地火日（用水制）、天地凶敗、子午頭殺、天兵日、正四廢。

參考「尅擇講義」六期第十四頁到第十八頁。初九橫天朱雀不上樑。

5. 時家丙時天兵時勿用，大忌上樑，如是別事，丙時反為喜吉之神也。當有遇到天賊日時可用明星化之或（婁宿可解）。

6. 實例解：

　　宅主事：丙午年生　　　宅主饋：丁未年生

　　吉宅：申山　。預計八月中旬竪柱上樑。

子（沖主）、丑（殺主、沖饋）、寅（沖山）、卯（煞）、辰、巳午 、 未（煞）　申 、 酉、戌（殺）、　亥（煞）

紅課、竪造：

◎八月初一日庚辰日密，辰犯主饋三殺不取。

◎八月初二辛巳日子、丑、午時吉。此日沒竪柱上樑，所以不取。

◎八月初七丙戌日子、丑、巳午時。此日沒竪柱上樑日，所以不取。

◎八月初十日己丑日子、丑、巳、午、申、酉、戌。此日有竪柱上樑日，但此日犯三殺主及沖主饋，所以不取。

◎八月十三日壬辰日清吉可用；子時(地兵乃為庚子時)、丑時三殺、相沖不取，申時清吉，又有豎柱上樑之日腳，所以取本日的申時。

年：壬辰：煞南　1.歲德、四相、時德吉星拱照。

月：己酉：煞東　2.由北或西動起

日：壬辰：煞南　3.日煞：南方，

　　　　　　　　　日沖：丙戌屬狗七、六七歲)

時：戊申：煞南　4.時煞：南方，

　　　　　　　　　日沖：壬寅(屬虎五一歲)

7. 橫天朱雀日：初一不安神、初七不安灶、初九不上樑、十五不行嫁、十七不安葬、二五不移居。

8. 豎柱上樑時一般建設公司都會利用豎柱上樑完成後請客(橫的為樑，直的為柱)，代表一個階段完成，而另一個新階段的開始。

9. 拜拜祈福感謝：

　拜五路財神，要拜感謝一切平安(向外)。拜拜用品：四方金、四項水果(鳳梨)、牲禮、湯圓三碗、鮮花、此時也可同時拜地祇主(地祇主下午3點以後拜)。

※真太歲到中宮忌修宅、拆卸(加看真太歲到中宮)

　甲戌年戌月，庚辰年辰月，乙酉年酉月。

辛卯年卯月，丙申年申月，壬寅年寅月。

丁未年未月，壬子年壬子月，癸亥年亥月。

六十甲子流年碰到這九年固定月，不宜修宅、拆卸。

十三. 增建、修宅 (修方) 之例訣

1. 挑除本命支沖、刑、殺、箭刃、回頭貢殺稱之五煞。

2. 查坐山紅課(重坐山、分金不可沖到，兼之方位不可沖，必須分前後左右看，擇坐修坐，擇向修向，擇方修方，不像新基建造之容易，忌逢大月建和小月建、星不良大凶勿用。

3. 通書日腳要有修造者。紅課會主動挑除日、月凶神。
   造葬：造為陽宅，葬為陰宅

4. 日家火星日宜制(天燥火→陽宅，地燥火→陰宅)
   二十四山表宜一白水星或壬癸水德便可取用，於尅擇講義第七期十五～十八頁。

5. 九宮定殺方，大小月建(月凶神)。大月建宮位、小月建(又名小兒殺、犯之易傷小兒)忌修方、修宅、修墓，別事不忌。

6. 胎神宜忌，再加上竪柱上樑訣之宜忌法。

7. 諸家周堂(參考竪造)

8. **實例解：** 宅主事：戊午年生 宅主饋：庚申年生

吉宅：坐坤兼申山：增建、修宅宜三、五、九、十一月為吉。

子（沖主事）、丑（殺主）、寅（沖主饋、沖山）、卯（煞）、

辰、巳、午、未（殺饋、煞）、申、酉、戌、亥（煞）

九月庚戌月但無豎造故不取，改取十一月令壬子月。

擇：十月二十六日甲辰日密日巳、午、申、酉時。此日
　　有修造。擇巳時動氣。

年：壬辰：煞南　　1.三合、四相。主事堆祿、進祿。主

月：壬子：煞南　　　　饋申、辰三合、進貴、堆長生。

日：甲辰：煞南　　2.宜從北方或西方動氣。

時：己巳：煞東　　3.日煞南，日沖戊戌年生屬狗五十五

　　　　　　　　　　　歲，宜暫避之為吉。

4.時煞東，時沖癸亥年生屬豬三十歲，宜避之為吉。

　　　以上為擇日法基礎學與一般擇日吉課（介紹
於 353 頁）的擇日法，至此部分與第二本教材中
冊相同，於安神位、開光點眼、神主牌位書寫、
雙姓公媽安置之所有儀式，不是在於擇日學的部
份，而是在實質操作、應用、儀式篇，實質操作、
應用作法、儀式步驟之所有宜忌進行，是屬於專
門之應用操作課程，可在六小時內學成整套課程。
歡迎一對一報名參加每人 42000 元，團體報名另
有優待。

嫁娶吉課細解全書

婚姻禮儀全章：

古代婚嫁，尚媒妁之言，傳統禮俗稱婚嫁六禮。

六禮佳期：1.問名。　　2.訂盟。　　3.納采。　　4.納幣。

　　　　　5.請期。　6.親迎。即婚娶也。

1. **問名**：訪查名聲。問者訪也。名者名聲也。俗曰：求主月，媒人先將男子生辰甲庚，送與女家，後將女子生辰甲庚送與男家，俟三日內清吉，雙方各自訪查對方門風，即訪問家風，相當得妥，男家方用全帖並列男女生辰甲庚，送與女家，女家亦回金字，（若不滿意，則雙方行禮至此為止。）此謂六禮之一也。

 　　現代八字論命之法則，求取生辰八字，作為婚配用，如生肖合婚、東、西四命合婚、八字貴賤合婚、六神合婚、年是否能互進對方的日，用此作為合婚之依據。

擇日法：

 　男女命勿犯沖、刑、殺、箭刃、回頭貢殺。如犯刑則宜取三合、六合或貴人解化。勿犯箭刃全，如箭刃全取日課柱中三合或六合或貴人解化。宜合生旺祿貴人則吉。其日勿犯六禮忌例。餘則可用也。

2. 訂盟： 訂者議約，盟者結盟信也，俗名曰：文定，又曰：
小聘，俗曰：結指儀，禮曰：提釧儀。富貴家加
用綢緞、盒盤金花、表裡之類，通常惟用戒指
一對，聘金隨意，此為六禮之二也。

擇日法：

訂盟：（訂婚）

（1）.結婚日課須先擇好嫁娶日期（進房之日、時）再擇訂婚
及安床之日期。訂婚之後還有一段時間男女雙方要適應，
最好相隔一個月以上之時間，好讓他們有充分的時間去籌
備結婚事宜，而相隔勿太長、太久、免得夜長夢多。

　　訂婚以現代眼光看來，除了形式上的意義，仍有其必
要性。

現代禮常將訂盟、納采、納幣一併舉行。

（2）.訂婚之日課，只重日子（何日）時不忌，因一般訂婚儀
式大都在早上九點至十二點。

訂婚日課本身，日時不能逢沖，為日破。訂婚日期宜注意：
◎乾命父母稱翁姑；　乾命（新郎）
◎坤命父母稱父母；　坤命（新娘）

　　雙方主事要避開命支沖日、時，及日課中月、日或日
時、逢沖，地支三殺及回頭貢殺。

(3).新娘日課中訂盟、納采、納幣，要注意檳榔殺，因吃檳榔所吐出的汁液為紅色見紅，俗稱犯檳榔殺，所以日課中宜避開檳榔殺日，無法避開時，事先應作解制法。課中並取女命祿位、貴人制吉。

解檳榔殺法：

一般風俗，在女方家中，用七口檳榔在天中(太陽下)剖開，(刀口向天)然後裝入磁器中，用紅紙包好，叫人拿到水溝丟棄，讓水流走，爾後才能分發檳榔食用，此為破解檳榔殺之法。

(4).正檳榔殺日取法：

　　　以女命生年地支為主，三合頭起長生，用十二生旺法起到死、墓、絕為正檳榔殺日。

(5). 檳榔三殺日取法：

　　　以女命生年地支為主，三合頭起長生，用十二生旺法起至[養]為檳榔三殺日(**也就是正檳榔殺日和檳榔三殺日，合稱檳榔殺**)。

即是： 申子辰命忌用卯辰巳及未日；

巳酉丑命忌用子丑寅及辰日。

寅午戌命忌用酉戌亥及丑日；

亥卯未命忌用午未申及戌日。

(6). 在通書紅課中找訂盟、納采選便吉課中，擇出好日子，再避開檳榔殺日，無法避開時，以制解方式處理。

(7). 訂婚課：

通書中只寫「結婚姻」是訂盟，不可嫁娶，有「嫁娶日」才可以嫁娶，同日有納采、訂盟、嫁娶則皆可。**結婚日（嫁娶）不可以沖安床日、訂婚日。**

(8). 擇日：月、日沖，月破大忌勿用，日、時不可沖，為日破。

逢白虎日：用「麒麟到此」制之（紅紙朱字），用紅紙屬火，字「朱」也屬火，火剋白虎金。

逢朱雀日：用「鳳凰到此」制之（黃紙黑字）黃字屬土，土洩火，字「黑」字屬水，水剋火（也可用紅紙黑字，直接水剋火制之）。

也可用：「奉勒令麒麟鳳凰到此」（紅紙黑字）兩者合用。

(9). 日課忌例橫天朱雀日：

　　初一不安神，初七不安灶，初九不上樑，十五不行嫁，十七不安葬，二十五不移居。

(10). 亥日不行嫁(時不忌)，乃亥日為彭祖忌，又亥水會侵伐木之故。

3. 納采：虞書以五彩彰施於五色作服故也，亦曰：獻彩。

俗曰：大聘、完聘。

今俗男家用生麵、肉脯盒裝在長方形木盒，擔到女家，女家回其紗巾、糖茗(黑砂糖)、綢巾、花肚等物，此為六禮之三也。

完聘：男方迎娶前當日或數日前，準備禮品請媒人同行至女方家祭祖，告之當天或幾天後來迎娶，日名「完聘」。

擇日法：

男女命皆勿犯沖、刑、殺、箭刃、回頭貢殺、犯刑宜取三合或六合或貴人解之，犯箭刃全則就取柱中三合、　六合或　本命貴人解化。

4. **納幣**：幣者帛也。納幣之禮在於請期之先，俗曰：大送（送大定）。男方用「綢緞盒」裝頭釵、首飾盛儀，擔扛送至女家，為一盛儀。此條乃富貴人家行之，論家之有無，或有或無不一，須隨當時而行，此謂六禮之四也。擇日法：與納采同。

5. **請期**：即男家將所擇之嫁娶日課，並禮儀全帖送與女家，此為六禮之五也。

6. **親迎**：今日嫁娶也，因各地習俗而有所不同。此北方人及官場多用也。以閩之漳州亦有之。即女婿先至女家交拜，然後乘輿與妻齊到男家廟見或堂上交拜神祖，今之婚娶亦曰嫁婚。

擇日法：

須論坤造利月，按嫁娶神煞二百八十六條，男命配日僅七條，其餘均係女命，擇日法必辨乎「碎金賦」為准也，如是入贅填房。乃男嫁女，利月則論男命。

※一、五、七宮之求法：

一.命宮 一宮，女命年干推至臨官位（祿位）。

甲年在寅，乙年在卯，丙年在巳，丁年在午，戊年在

己年在午，庚年在申，辛年在酉，壬年在亥，癸年在子。

如丙年干祿在巳，以巳為宮為命宮（臨官位）逆佈地支

十二宮為： **巳1命** 辰2財、卯3兄弟、寅4田宅、丑

5男女、子6奴僕、亥7夫妻、戌8疾扼、酉9遷移、申

10官祿、未11福德、午12相貌。此祿為第一命宮，逆

推第五宮為男女宮（子、女宮）、第七宮為夫妻宮。

五男女宮 命之年干為主，以十二生旺法，

陽女到養位，陰女到死位。即以年干之祿位逆推地支，

到第五宮為男女宮。

甲年在戌、乙年在亥、丙年在丑、丁年在寅、戊年在丑、

己年在寅、庚年在辰、辛年在巳、壬年在未、癸年在申。

如丙年干祿在巳，以巳為宮為命宮（臨官位）逆佈地支十

二宮為：巳1命、辰2財、卯3兄弟、寅4田宅、

丑5男女 子6奴僕、亥7夫妻、戌8疾扼、酉9遷移、

申10官祿、 未11福德、午12相貌。 此祿為

第一命宮，逆推第五宮丑為男女宮（子、女宮）、第七宮亥為夫妻宮。

夫妻宮 夫妻宮以女命之年干推之，陰陽女皆推至絕位。甲年在申，乙年在酉，丙年在亥，丁年在子，戊年在亥，己年在子，庚年在寅，辛年在卯，壬年在巳，癸年在午。如丙年干祿在巳，以巳為宮為命宮（臨官位）逆佈地支十二宮為：巳1命、辰2財、卯3兄弟、寅4田宅、丑5男女、子6奴僕、 亥7夫妻 、戌8疾扼、酉9遷移、申10官祿、未11福德、午12相貌。

此祿為第一命宮，逆推第五宮為男女宮（子、女宮）、第七宮為夫妻宮。

胎元：以女命之年支三合的五行局陽天干求長生方式
（三合頭起長生訣），用十二生旺法，推至胎位，
即胎元。

寅午戌命，胎元為〔子〕。
申子辰命，胎元為〔午〕。
亥卯未命，胎元為〔酉〕。
巳酉丑命，胎元為〔卯〕。

胎元天干用女命生年干五虎遁求之的食神(天嗣)作為天干。

天官(子息) ：以男命之年干為主，取正官即天官，地支用五虎遁遁之。（可購買易林堂出版的史上最便宜、最精準、最豐富彩色精校萬年曆查對）

例：丙午男命，正官為癸水，以丙辛起庚寅推至天干癸，地支落在巳宮，故以「癸巳為天官」。

妻星 ：以男命年干為主，取正財為妻星，地支用五虎遁之。

例：壬子男命，正財為丁火，五虎遁丁壬起壬寅，推至丁落在未宮，所以丁未為妻星。

天嗣 ：以女命年干為主，取食神即為天嗣，地支用五虎遁之。

例：癸亥女命，乙木為食神，五虎遁戊癸起甲寅，推至乙落在卯位，故乙卯為天嗣。

| 夫星 | ：女命年干為主，取正官即為夫星，地支用五虎遁之。 |

例：戊午女命，正官為乙木、戊癸起甲寅，推算至天干乙、地支落卯，故乙卯為夫星。

1. 男命生年十天干所求得之天官與妻星

甲命： 辛未（天官）。　　己巳（妻星）。

乙命： 庚辰（天官）。　　戊寅（妻星）。

丙命： 癸巳（天官）。　　辛卯（妻星）。

丁命： 壬寅（天官）。　　庚戌（妻星）。

戊命： 乙卯（天官）。　　癸亥（妻星）。

己命： 甲戌（天官）。　　壬申（妻星）。

庚命： 丁亥（天官）。　　乙酉（妻星）。

辛命： 丙申（天官）。　　甲午（妻星）。

壬命： 己酉（天官）。　　丁未（妻星）。

癸命： 戊午（天官）。　　丙辰（妻星）　。

2. 女命年干所求得之天嗣與夫星：

甲命： 丙寅（天嗣）。　　辛未（夫星）。

乙命： 丁亥（天嗣）。　　庚辰（夫星）。

丙命： 戊戌（天嗣）。　　癸巳（夫星）。

丁命： 己酉（天嗣）。　　壬寅（夫星）。

戊命： 庚申（天嗣）。　　乙卯（夫星）。

己命： 辛未（天嗣）。　　甲戌（夫星）。

庚命： 壬午（天嗣）。　　丁亥（夫星）。

辛命： 癸巳（天嗣）。　　丙申（夫星）。

壬命： 甲辰（天嗣）。　　己酉（夫星）。

癸命： 乙卯（天嗣）。　　戊午（夫星）。

男命之天官、妻星與女命之天嗣、夫星，以生年之年干來求，以五虎遁先遁到者為優先。

※胎元天干 → 以女命之天嗣之天干作為天干。

◎男命論：一.天官（正官） → 由男命之生年干求得。

　　　　　二.妻星（正星） → 由男命之生年干求得。

三.陽氣 → 由男命八字之月柱天干進一位，地支進三位。（八字之先天胎元）

◎女命論：一.天嗣 （食神） 由女命之生年干求得

　　　　　二.夫星（正官）由女人之生年干求得

　　　　　三.陰胎 → 由女命之八字月柱天干進一位，地支進三位。（八字之先天胎元）

◎所擇之日不能正沖夫星、妻星，天干陽陽或陰陰相剋、地支六沖稱正沖不用。

◎天嗣遇日課正、偏沖皆不用，天干不是陽陽或陰陰相剋，而地支六沖稱偏沖。

※新娘日課龍格與鳳格:

男命(新郎)八字稱爲龍格；
女命(新娘)八字稱爲鳳格，
排列法皆取出生年、月、日、時爲用。

女命之十神(六神)

1. 以**女命年柱**之天干為主與所擇日課年、月、日、時天干生剋的比較。(查萬年曆十神表)

2. 課中忌用傷官、七殺、偏印或官殺重重,有制者吉,無制者凶。

3. 結婚日課不宜見女命的傷官、七殺、偏印,有出現者,宜制化,財星可化傷官,一字一制,二字雙制,亦不可官殺相混雜。

4. 安床日(結婚之用),除參照通書紅課外,還要避開傷官、七殺、偏印等;六神不能避要制化,子息星要明朗,忌剋夫(傷官),且夫星一位就好,勿見七殺,(食神可制七殺但傷官不能制七殺,可用傷官五合七殺,互相牽絆住)勿有礙胎息之事。

例:甲寅女命。擇壬辰年三月十三日午時

　　日課:年: 偏印壬辰

　　　　　月: 正印癸卯(大利月)

　　　　　日: 比肩甲午

　　　　　時: 七殺庚午

一. 二月嫁娶為大利月。

二. 壬為偏印有甲比肩化之，庚為七殺有癸正印化之。稱六神化清。

三. 午日、午時與坤命三合，化解自刑。

例: 甲戌女命　　日課: 年: 正官辛

　　　　　　　　　　　月: 傷官丁

　　　　　　　　　　　日: 正財己

　　　　　　　　　　　時: 七殺庚

◎ 丁傷官雖會剋辛正官，但有正財己土化傷官，有制不忌，但後面有庚金七殺無印制化，且官殺混雜會有再婚之意，所以此日課不行。

　註: 一字一制、二字雙制、不可官殺混雜。

傷官論:一名剋夫,有制為傷官,無制為剋夫。

「傷官不可例言凶,有制還須衣祿豐,課若逢財多稱羨,正印遇者壽如松。」

◎四柱中如犯傷官,宜就柱中取正財,或偏財以脫之,或取正印以制之則可。

◎甲、丙、戊、庚、壬年生的陽女宜偏印合化之。

例: 甲女:傷官為丁、偏印為壬,丁壬合化之。
　　丙女:傷官為己、偏印為甲,甲己合化之。
　　戊女:傷官為辛、偏印為丙,丙辛合化之。
　　庚女:傷官為癸、偏印為戊、戊癸合化之。
　　壬女:傷官為乙、偏印為庚、乙庚合化之。

例:甲子女命 → 遇丁火為傷官星
　　(1)須有戊己土財星來化。
　　(2)癸水正印來制,壬水(偏印)來合丁火傷官亦可。

例：丙寅年女命：

日課：

      七殺　壬辰

      正財　辛亥

      食神　戊寅

      劫財　丁巳

1. 年柱七殺有戊食傷制可用。時柱丁劫財亦可合七殺。

2. 須一字一制，不能兩字一制。

3. 食神可制七殺，但須一字一制、二字二制。

4. 丁劫財可化偏印及合化七殺。

◎ 本日課年柱壬七殺有制，食神有氣，日子清吉可用。

  例：丁火女命　→　遇戊土傷官星

    1. 須有庚辛金正偏財來化。

    2. 或以甲木正印星來制。

    3. 以癸水七殺星來合，戊癸合，讓七殺、傷官雙合
       化，故此日課可

偏印論：一名剋子　（有制為偏印，無制為梟印。）

「偏印號為剋子星，多生少養遭傷悲。

　　　格中若得財和比，何愁兒女不相宜。」

例：丁卯女命

　乙木為偏印星　，者須庚、辛金正、偏財來制，或丙
　丁火比劫來化。

例：**戊辰女命**，丙火為偏印星，者須壬、癸水正、偏財
　來制，或戊己、土比劫來化。

七殺論：一名偏官(有制為偏官，無制為七殺)

「偏官有制化為權，一仁解厄意氣全。

　食神恭透玄中妙，劫而逢傷合化完。」

※ 偏官即七殺，課中雖獨殺，宜取正印解稱(一仁解厄，
　仁者即印也)，或食神制之，若陰女(乙、丁、己、辛、
　癸年生)傷官合化，陽女(甲、丙、戊、庚、壬年生)
　劫財合化，如兩殺齊見，宜取雙制或雙化則吉。

例：戊辰女命：七殺為甲木，正印　為丁火。

　甲木為七殺，須有丁火正印來化，或庚金食神來制或己
　土劫財來合甲木。

例:丁卯女命: 傷官為戊,七殺為癸水

戊癸合,雖兩失其用,日課可用。但最好再取正印或印
星為佳,畢竟兩字皆屬凶星。

◎官殺兩見一名官殺混雜:

「正官獨現性情純,如雜七殺課便混。

法取制殺當留官,官如重露去一群。」

※課中喜一點官星透露甚妙,如七殺兼見,謂之官殺
混雜,理宜制殺留官,不宜制官留殺,如逢官星雙
露,則合化一重或脫泄一重。

※四柱中如二柱逢五合,則此二柱自己合化,雖凶亦
不忌,雖吉亦不能制他凶,謂之不論,如四柱中均
逢五合,則四柱均不拘吉凶可用矣。

女命利月(以天干出生年為主,陽女順推,陰女逆推)

1. **大利月**:大吉

2. **小利月**:次吉

3. **翁姑月**: 新娘入門時,翁姑暫避,在竈爐邊暫避,三朝後登堂拜見翁姑。

4. **父母月**: 父母不相送,所丟下之扇子由兄弟撿。

5. **妨夫月**: 此二月不用,不嫁娶,會影響夫妻感情。

6. **妨婦六沖月**: 此二月不用,不嫁娶,會影響夫妻感情。

例:甲子女命(甲陽女作順推)

　　　大利月: 丑、未　　(十二月、六月)

　　　小利月: 寅、申　　(正月、七月)

　　　翁姑月: 卯、酉　　(二月、八月)

　　　父母月: 辰、戌　　(三月、九月)

　　　妨夫月:巳、亥　(四月、十月)

　　　妨婦六沖月: 午、子　(五月、十一月)

例：丁卯女命（丁陰女作逆推）

　　大利月：　寅、申　　　　（正月　、七月）

　　小利月：　丑、未　　　　（十二月、六月）

　　翁姑月：　子、午　　　　（十一月、五月）

　　父母月：　亥、巳　　　　（十月、四月）

　　妨夫月：　戌、辰　　　　（九月、三月）

　　妨婦六月沖：酉、卯　　（八月、二月）

妨婦月	妨夫月	父母月	翁姑月	小利月	大利月	吉凶月 / 月份 / 生年支
子午	巳亥	辰戌	卯酉	寅申	丑未	子
丑未	寅申	卯酉	辰戌	巳亥	子午	丑
寅申	丑未	子午	巳亥	辰戌	卯酉	寅
卯酉	辰戌	巳亥	子午	丑未	寅申	卯
辰戌	卯酉	寅申	丑未	子午	巳亥	辰
巳亥	子午	丑未	寅申	卯酉	辰戌	巳
子午	巳亥	辰戌	卯酉	寅申	丑未	午
丑未	寅申	卯酉	辰戌	巳亥	子午	未
寅申	丑未	子午	巳亥	辰戌	卯酉	申
卯酉	辰戌	巳亥	子午	丑未	寅申	酉
辰戌	卯酉	寅申	丑未	子午	巳亥	戌
巳亥	子午	丑未	寅申	卯酉	辰戌	亥

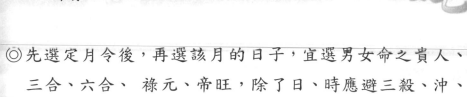

◎先選定月令後，再選該月的日子，宜選男女命之貴人、
三合、六合、 祿元、帝旺，除了日、時應避三殺、沖、
刑、箭刃、外，尚應注意男女命的陽氣、陰胎、天官、
天嗣，正偏沖均不用。

◎嫁娶神煞有二百八十六條，男命只有七條，故結婚日
課是以女命為主。

◎男命神煞 ：沖、刑、殺箭刃、陽氣、天官、妻星、
回頭貢殺，共七條神煞。

◎結婚日課，以女命年干為主，與日課年月日時天干
生剋的比較，配上十神（以女命生年干定位十神），課
忌見傷官、七殺、偏印或官殺重疊有制者吉，無制
凶，不可用。

◎結婚日課表格中之根、苗、花、果，是進房之用，
禮席椅位是新郎、新娘進房後宜坐某方、向某方等妥
後，媒婆再進佳言。

◎新娘娶進門，未到進房之時辰，宜先安頓坐其它客房
或先照相等，等到進房時辰到，再進行進房儀式。

安床擇日:

1. **安床分為:** (1)新婚安床 (2)多年不孕再安床
   (3)移居安床

2. **安床日課:** 可參照安床紅課，安床日課之日時，勿沖
   陽氣或陰胎地支，及天官、天嗣之地支，
   若是沖支定缺兒大忌。

3. **安床之法:**

(1) 日課以男女並重，男重官星，女重食神，忌課中偏
   印透藏，七殺、傷官宜避開，同時勿與結婚嫁娶日相
   沖。

   忌安在白虎、天狗、喪門、病符、三殺方，主有疾病、
   墮胎之患。

> 安床:宜取本命長生、帝旺、祿位、馬元、貴人
> 或堆拱得胎養生旺之日，夫星、食神通根生旺
> 有氣，仍能旺夫益子，又要日子健旺，無沖陽
> 氣與陰胎為吉。

(2)宜天月德日、或天月德合日、併合母倉、天喜、益後、
續世、生氣、三合、五合、六合、天喜、金匱、青龍、
黃道、要安吉慶、活曜、福生、成日、開日、危日(通
書日腳有記載,危宜安床)。

(3)忌月破、受死、正四廢、真滅沒、四離四絕、臥尸、
申日、火星、平、收、閉、劫殺、月殺、月刑、厭日、
月蝕日、陰錯陽差、埋兒宿日、埋兒時、滅子胎以上
都為凶日。俗忌與嫁娶日相沖為凶。

4. 安床日期與嫁娶日期最好三天至一個星期內的時間。

安床之後床舖一定不能空,也就是不能空房,可以叫童
男童或女進去睡,直到結婚日。或擺新娘、新郎各一套
衣服在床舖上即可。

5. 埋兒凶時:

子午卯酉命逢丑時。

寅申巳亥命逢申時。

辰戌丑未命逢卯時。

以上為埋兒時。

埋兒時忌進房和安床。

埋兒宿：乃二十八星宿中之八宿為造床凶宿：

心、昂、箕、婁、奎、尾、參、危宿。

造床安床忌例埋兒凶宿歌訣：

心昂箕婁奎尾參，危宿逢之總不安。

造床若犯此星宿，十個孩兒九個亡。

◎造床若犯此十個孩兒，九個亡、勿犯滅子胎即沖五男女宮。

安床年支	子	丑	寅	卯	辰	巳	午	未	申	酉	戌	亥
喪門凶方	寅	卯	辰	巳	午	未	申	酉	戌	亥	子	丑
白虎凶方	申	酉	戌	亥	子	丑	寅	卯	辰	巳	午	未
天狗凶方	戌	亥	子	丑	寅	卯	辰	巳	午	未	申	酉
病符凶方	亥	子	丑	寅	卯	辰	巳	午	未	申	酉	戌

6. 忌年之凶方，喪門方、白虎方、天狗方、病符方、宜坐天月德方為吉（上圖表可查對）。

7. 安床除注意以上之喜忌外，也要注意基本的六沖、三殺、三刑、箭刃或沖陽氣、陰胎、天官、天嗣及正沖夫妻星或回頭貢殺，該制則制、無制大凶，勿用。

◎ 搬家時如女主饋有孕在身，或家中有受胎孕婦，遇移居搬床時，必須要注意六甲胎神在何方，並畫安胎符。

安胎法：宜用黃紙硃書「奉請胎神到此」，一千壽金，焚香默請胎神到屋內偏僻處暫居，再用清米湯，淨符水淨之，然後移動床位拆遷，待事後再化燒壽金，符令，請胎神歸原位。同時書寫保胎符一張，以陰陽水化食。

8. 十二個月胎神所佔之位：

正月佔房床，二月佔窗戶，三月佔門堂，

四月佔廚灶，五月佔身床，六月佔床倉，

七月佔碓磨， 八月佔廁戶， 九月佔門房，

十月占房床，十一月佔爐灶，十二月佔房床。

9. 安床取坐天、月德方吉（旺令所終）

月德方： 亥卯未月坐東方，　　寅午戌月坐南方，

巳酉丑月坐西方，　　申子辰月坐北方。

例如： 八月酉月安床 → 巳酉丑月，月德方為庚，故西方。所以宜坐西向東，床頭在西，床尾在東。

五月午月安床 → 寅午戌月，月德方為丙，故南方。所以本應坐南向北，但今年壬辰年，申子辰煞南，故不能安坐南向北，宜取其他方向，同時用「麒麟符」貼制化。

◎今年壬辰年，喪門在午，白虎在子，天狗在寅，病符在卯，有此方必須用麒麟符制之為吉。

天德方：

正月丁方，　　二月坤方（申），　三月壬方。

四月辛方，五月乾方（亥），六月甲方。

七月癸方，　八月艮方（寅），九月丙方 。

十月乙方，　　十一月巽方（巳），　十二月庚方。

10. 安床日訣：（參考第 539 頁嫁娶日課制化速見表）

(1) 日腳須有安床吉日。

(2) 乾坤二造犯沖、三殺、回頭貢殺大凶勿用。

(3) 乾造犯沖陽氣、天官大凶勿用，偏沖亦忌。犯正沖妻星勿用，偏沖權用不忌。

(4) 坤造犯沖陰胎或天嗣大凶勿用，偏沖亦忌。正沖夫星勿用，偏沖權用不忌。

(5) 乾坤兩造犯三刑、箭刃雖忌，但有柱中三合、六合、貴人到日課中則可解化。

(6) 安床日課中如逢偏印透干（謂之剋子星），稱梟印奪食（比劫洩、用財制），宜課中有制化或脫洩均可化解。

(7) 安床日不可和嫁娶日相沖為忌。

(8) 查女命埋兒殺時（剋擇講義第一期三十頁）

(9) 核對安床忌例。（剋擇講議第一期二十八頁～三十二頁）

(10) 查安床凶方。（剋擇講議第一期三十一頁）

(11)安床忌月破日、受死日、真滅沒日、正四廢日、臥
　　尸日、四離四絕日、陰錯陽差日、火星日、天賊日、
　　埋兒宿、埋兒時、滅子胎日、魯班刀砧日、木馬殺
　　日；除埋兒宿、埋兒時、滅子胎日，另述外，餘通
　　書日腳均有記載。

◎無懷孕吉時嫁娶以八卦米篩置於轎車上來掩蓋住,有身
　孕者不能放八卦米篩,而綁肉是給天狗吃,讓天狗勿吃
　胎兒。

◎有人不喜七月娶妻,有如娶鬼新娘,其實這與七月無
　關緊要,完全是依照其命去擇取,但一般人有禁忌,
　只好避開。

訂婚宜忌：(參考第 539 頁嫁娶日課制化速見表)

1. 男女命六沖、三殺、三刑日(忌日不忌時)。

2. 男女父母六沖、三殺、三刑日(忌日不忌時)。

3. 男女命箭刃。

4. 不可沖陽氣、陰胎。

5. 訂婚日不可和嫁娶日相沖。

6. 有送(請)吃檳榔,要擇開檳榔殺(或制化)。

7. 有過山嶺,要擇開盤隔山殺日。

8. 要對納采的周堂。日腳要有結婚日(即訂婚日)。

玉歷碎金賦：

嫁娶之法說與知。　先將女命定利期。
次用男命配選日。　女命為主要吉利。
月利期兮帝后備。　不將季分三合宜。
五合六合七合用。　細查年月與日時。
周堂值夫並值婦。　此日切莫會佳期。

橫天朱雀四離絕。　受死往亡歸忌避。
月厭無翁日可用。　厭對無姑反利期。
自縊無絞全然吉。　人隔無弓正合宜。
二至二分四立忌。　反目無全休遲疑。
正四廢日真滅沒。　亥不行嫁箭刃悲。
伏斷空亡妙玉皇。　二德開花最合宜。

朱雀坤宮天德解。　白虎行嫁麟符移。
真夫星兮併天嗣。　日辰切莫沖干支。
男陽氣兮女陰胎。　若是沖支定缺兒。
嫁年若犯厄與產。　本命羅紋貴無忌。
絕房殺月真缺子。　食神有氣反多兒。
出門入門時要吉。　進房大忌埋兒時。

河上翁殺忌會全。若是兩字不怕伊。
流霞無刃本不忌。紅艷推來是論時。
夫星天嗣死墓絕。三字無全用最奇。
父滅子胎虎吞胎。三奇二德太陽宜。
沖胎胎元日非正。選擇課中勿忌伊。
沖母腹日切須忌。天狗麟陽莫持疑。

三殺非真貴人解。夫星透顯會咸池。
驛馬有欄堪取用。孤寡無全用為奇。
殺翁天德能解化。月德不怕殺姑期。
殺夫殺婦用何救。天帝天后勿為遲。
有人會得三奇貴。破夫殺婦俱無忌。

嫁年天狗與白虎。忌占一五七宮支。
天盤麒麟看月將。貴人登天吉時移。
若得太陽同照臨。多生貴子與貴兒。
女命帶祿喜司支。夫榮子貴慶齊眉。
紅鸞天喜音剋制。破碎刑命祿貴醫。
天狗首尾神忌坐。太白凶方莫向之。
二德三奇與貴人。諸殺逢之能解移。
神煞紛紜避難盡。善在制化是真機。

解玉歷碎金賦，72賦逐一詳解：

一. 嫁娶之法說與知，先將女命定利期。

選取結婚吉課，必先明瞭女命利月而取用，定出女命最佳之婚期。

> ### 女命利月(以生年天干爲主，陽女順推，陰女逆推)

1. 大利月：大吉
2. 小利月：次吉
3. 翁姑月： 新娘入門時，翁姑暫避，在竈爐邊暫避，三朝後登堂拜見翁姑。
4. 父母月： 父母不相送，所丟下之扇子由兄弟撿。
5. 妨夫月： 此二月不用，不嫁娶，會影響夫妻感情。
6. 妨婦六沖月： 此二月不用，不嫁娶，會影響夫妻感情。

例：甲子女命(甲陽女作順推)

　　　　　大利月：丑、未(十二月)

　　　　　小利月：寅、申(正月、七月)

　　　　　翁姑月：卯、酉(二月、八月)

　　　　　父母月：辰、戌(三月、九月)

　　　　　妨夫月：巳、亥 (四、十月)

　　　　　妨婦六沖月：午、子(五月、十一月)

例：丁卯女命（丁陰女作逆推）

　　大利月：寅、申（正月 、七月）

　　小利月：丑、未（十二月、六月）

　　翁姑月：子、午（十一月、五月）

　　父母月：亥、巳 （十月、四月）

　　妨夫月：戌、辰 （九月、三月）

　　妨婦六月沖：酉、卯（八月、二月）

二．次用男命配選日，女命爲主要吉利。

選定大小利月之後，即可選擇日期，然擇日之法，比擇月更複雜。選定之後，再以男命來配日，男命凶神煞僅七條，其中三條可制化（刑、箭刃、妻星），凶者只有四條而已，女命則有二百七十九條，共二百八十六條。

按嫁娶神煞二百八十六條。嫁娶擇日諸多係以女命，故以女命為主。

男命神煞 ： 沖、刑（本命貴人解）、煞、箭刃（本命貴人或柱中三、六合解化）、陽氣、天官、妻星（忌日沖，天剋地沖，偏沖可用）、回頭貢煞。

三‧月利期兮帝后備，不將季分三合妙

◎賦云：月利期兮帝后備。

帝后為天帝、天后。擇取日課用天帝日（天帝為中氣的建日，如正月雨水後寅日、二月春分卯日、三月穀雨後辰日…以此仿推）及天后（即為月德日，以節為主）。第514頁有帝、后表。

（1）.「將」者凶神之名也。將分陽將與陰將，嫁娶以將神無犯陽將、陰將，故擇日選不將為宜。書云：「陽將日則男死，陰將日則女亡。陰陽俱將，則男女俱傷，陰陽不將，男女吉昌」。

《協紀辨方》云：「凡聚娶宜不將為佳，倘無不將，如逢天月德、天德合、月德合、母倉、黃道、上吉、次吉、月恩、益後、續世、人民合或日辰合吉亦可用，但卻不必拘執也」。

◎將神分為：　①陰將　②陽將　③不將　④陰陽俱將
　　　　　　　⑤月厭　⑥厭對

神煞	月厭	厭對	不將	陰陽俱將	陽將	陰將
吉凶詳解	若無翁方可用。	若無姑方可用。	為嫁娶之上吉之神。	大凶，嫁娶忌用。男女俱傷。	凶日，嫁娶忌用。陽將男死。	凶日，嫁娶忌用。陰將女亡。

(2)歲德、天德、月德和歲、天、月德合表。

流年	甲	乙	丙	丁	戊	己	庚	辛	壬	癸		
流日	甲	庚	丙	壬	戊	甲	庚	丙	壬	戊	歲德 歲德合	陽神
	己	乙	辛	丁	癸	己	乙	辛	丁	癸		陰神

例：流年癸巳年→遇癸為歲德合日，

遇戊為歲德日。

如：今年壬辰年遇壬為歲德日，遇丁為歲德合日

月支 日干	寅	卯	辰	巳	午	未	申	酉	戌	亥	子	丑
天德日	丁		壬	辛		甲	癸		丙	乙		庚
天德合日	壬		丁	丙		己	戊		辛	庚		乙
月德日	丙	甲	壬	庚	丙	甲	壬	庚	丙	甲	壬	庚
月德合日	辛	己	丁	乙	辛	己	丁	乙	辛	己	丁	乙

天月德日與天月德合日（以月支對照日干）

註：子、午、卯、酉月天德居四方，不用天德日，用天德
　　方。

◎嫁娶不將吉日，取支干比和名為不將

正月	丙寅	丁卯	丙子	己卯	辛亥	庚寅	辛卯	丁丑	丁亥	己丑	己亥	庚子	辛丑
二月	乙丑	丙子	丁丑	丙戌	丙寅	己丑	戊戌	庚子	庚戌	乙亥	丁亥	庚寅	己亥
三月	乙丑	丁丑	乙酉	己丑	己酉	丁酉	甲子	甲戌	乙亥	丙子	丙戌	丁亥	己亥
四月	甲子	甲戌	丙子	甲申	乙酉	丙戌	戊子	丙申	丁酉	戊戌	乙亥	丁亥	戊申
五月	癸酉	甲戌	癸未	甲申	乙酉	丙戌	乙未	丙戌	戊戌	乙亥	戊申	癸亥	
六月	壬申	癸酉	甲戌	壬午	癸未	甲申	乙酉	甲午	乙未	戊戌	戊申	壬戌	戊午
七月	壬申	癸酉	壬午	癸未	甲申	乙酉	甲午	乙未	癸巳	乙巳	戊午	戊申	
八月	戊辰	辛未	辛巳	壬午	癸未	甲申	壬辰	癸巳	甲辰	壬申	戊申		
九月	戊辰	庚午	辛未	庚辰	辛巳	壬午	癸未	癸巳	戊午	辛卯	壬辰		
十月	己巳	庚午	辛巳	己卯	庚辰	壬午	庚寅	辛卯	壬辰	壬寅	癸卯	癸巳	
十一月	丁卯	己丑	己巳	丁丑	己卯	庚辰	辛巳	壬辰	辛丑	丁巳	庚寅	辛卯	壬寅
十二月	丙寅	丁卯	丙子	丁丑	己卯	庚寅	辛卯	庚子	辛丑	丙辰	己丑		

◎逐月季分吉日：

和不將一樣皆為上吉之神（尅擇講義第三期十一頁）

正月	壬午	戊子	丙午	壬子	辛未	己未	乙卯	癸卯
二月	戊子	乙未	癸丑					
三月	戊寅	壬寅	甲寅	丁卯	己卯	庚午		
四月	乙卯	己卯	丁卯	辛卯	癸卯			
五月	乙丑	丁丑	己丑	辛丑	癸丑			
六月	己卯	戊寅	庚辰	己未				
七月	丙子	壬子	丙辰	己未				
八月	乙丑	丁丑	己丑	癸丑	己巳			
九月	己卯	己巳	丙午	己未				
十月	丁卯	辛未	戊辰	丁未	乙卯			
十一月	戊辰	甲辰	丙辰					
十二月	戊寅	壬寅	甲寅	戊辰	己巳	癸巳	乙卯	

四. 五合六合七合宜，細查年月與日時。

(1). 三合：為日課地支三合吉課。三合者，一居白虎之位，
　　　　一居官符之宮，　且易犯回頭貢殺，所以人們
　　　　總以三合為吉，但未必全吉。

　　三合：寅午戌三合。申子辰三合。

　　　　巳酉丑三合。亥卯未三合。

(2). 五合日者：各有司職。惟戊寅、己卯為人民合，最宜
　　　　婚姻之事。

　　此五合與一般天干五合不同，一般五合指甲己、乙庚、
丙辛、丁壬、戊癸合；此五合日乃指寅日、卯日，共有十
日，如下：

1. 戊寅、己卯日：人民合（宜婚姻），最宜結婚之事。

　　其餘二、三、四、五項不干結婚之事。

2. 甲寅、乙卯日：天地合（宜祈福）

3. 丙寅、丁卯日：日月合（宜開光）

4. 庚寅、辛卯日：金石合（宜鑄器）

5. 壬寅、癸卯卯日：江河合（宜行船）

　　五合日宜宴會、結婚姻。而納采、問名、嫁娶擇較不取。

(3). 六合日：地支六合。男女生年與擇日課日支六合最為
　　　上妙之合，乃天帝左旋而合天，太陽右轉而
　　　合地，天地合德，運氣相孚，陰陽相交，故
　　　為上吉，其吉勝過三合。

(4). 七合日：乃乾坤二命與日期逢合、併天嗣再合，謂之
　　　七合亦上吉。為嫁娶課中最妙上吉之合。

例：庚午女命，天嗣為壬午，乾造寅命，擇日取戌日，則
　　乾坤二命與日子三合，且日子又與天嗣三合，此稱
　　為七合。在六十甲子男女命中，也只有三十對男女年
　　命能適用七合吉日而以。

◎擇日不可逢七合日就認定是吉日可用，還要考慮到有無
　沖胎元、陽氣、陰胎…等等之事宜。

◎**賦云：細查年月與日時。**

用五合、六合、七合對照本命之生年的干支，或日課年、
月、日、時有合者為佳。日課四柱中合本命力量最大，日
課四柱自合者利量較小。

五. 周堂值夫並值婦，此日切其會佳期。

1. 周堂：周偏也，堂者，祖先香火堂也。即謂周集親眷
   於堂中行禮，故謂之周堂。

2. 周堂殺局在嫁娶、納婿、移柩、除靈四局特別重周堂
   定局，尤其嫁娶周堂最靈驗，憲書特別重視。

3. 在諸家周堂定局中：

   結婚日課僅看嫁娶和白虎即可。周堂定局飛值只論
   月份而不論節氣。

   如今年壬辰年潤 4 月，只論是二十九日或三十日，稱
大月、小月，而非立夏或論芒種。

大月：初一、初九、十七、二五日為值夫（小月為值婦）

大月：初七、十五、二三為值婦（小月為值夫）

◎**每月此七日為大忌、值夫和值婦不行嫁。**

4. 每月之初二、初十、十八、二十六；大月值姑，小月值
   灶。

   值姑 → 新娘剛入門之時，婆婆（丈夫之母）暫避。

   值灶 → 結婚當天，勿讓新娘看見爐灶，最好用「麒麟
   符」制，將廚房之門關著，或用報紙蓋上勿讓新娘
   見到爐灶為吉。

5. 每月之初三、十一、十九、二十七日；大月值堂，小月
   值第。

   值堂 → 廳堂，祠堂，也就是結婚時，新娘勿去廳堂
   拜，等三天之後再拜祖先。

   值第 → 官府、府衙，大官員所在之屋或翹屋角之屋
   （尖角），結婚時勿經過，非經過時，可用
   「麒麟符」貼在前右側車窗前。

6. 每月初四、十二、二十、二十八日 → 大月、小月皆為
   值翁（新娘入門時公公暫避）。

7. 每月初五、十三、二十一、二十九日 → 大月值第，小
   月值堂。

值堂 → 廳堂，祠堂，也就是結婚時，新娘勿去廳堂拜祖
   先，等三天之後再拜祖先。

值第 → 官府、府衙，大官員所在之屋或翹屋角之屋（尖
   角），結婚時勿經過，非經過時，可用「麒麟符」
   貼在前右側車窗前。

8. 每月初六、十四、二十二、三十日 → 大月值灶，小月
   值姑。

值姑 → 新娘剛入門之時，婆婆（丈夫之母）暫避。

值灶　→　結婚當天，勿讓新娘看見爐灶，最好用「麒麟符」
　　　　　　制，將廚房之門關著，或用報紙蓋上勿讓新娘
　　　　　　見到爐灶為吉。

8. 每月初八、十六、二十四日　→大小月皆值廚。將廚房
　　之門關上或用「麒麟符」制化。

10. 除值夫、值婦日不用之外。如值翁、值姑，則新婚入
　　門時，翁姑暫避。若值第則嫁娶之時，勿經過官衙府第即
　　可（大官之第）。

11. 若行嫁白虎，周堂值路、門、廚、堂，則宜書「麒麟
　　符」制化，如逢麒麟宿日，可制白虎，免用麒麟符貼制。

☆閱讀完本書，如有任何的問題，歡迎預約時間
諮詢、解答，針對您的問題做答覆解析，節省時
間又節省金錢，學習效果佳，每 3 小時為一個單
位 21000 元。

☆學習本書安神位、入宅、開市、買車、擇日篇；
結婚、嫁娶細批全章吉課篇，有基礎者 15 小時可
學習完成，歡迎一對一預約時間。每人學費 78000
元。團體報名另有優待。

解讀使用農民曆及紅皮通書的第一本教材

嫁娶周堂值位吉凶表（大月例）

大月周堂	初一 初九 十七 二十五	初二 初十 十八 二十六	初三 十一 十九 二十七	初四 十二 二十 二十八	初五 十三 二十一 二十九	初六 十四 二十二 三十	初七 十五 二十三	初八 十六 二十四
值位周堂	值夫	值姑	值堂	值翁	值第	值灶	值婦	值廚
吉凶與避化之法	此日大凶最忌不用，不行嫁。	翁姑暫避，候新娘入房即可。	新娘勿去廳堂拜，三天後登堂吉。	新娘入門時，公公暫避即可。	官府、屋宅、行政大官之屋，勿經過吉。	新娘進門，著勿見吉。廚房關	此日大凶最忌不用，不行嫁。	新娘進門，關著勿見吉。廚房門
行嫁白虎	值灶	值堂	值床	值死	值睡	值門	值路	值廚
制化方法	麟符貼灶	麟符貼堂	麟符貼床	免用麟符	麟符貼床忌放炮竹	麟符貼門	麟符貼轎	麟符貼灶

嫁娶周堂值位吉凶表（小月例）

小月周堂	初一 初九 十七 二十五	初二 初十 十八 二十六	初三 十一 十九 二十七	初四 十二 二十 二十八	初五 十三 二十一 二十九	初六 十四 二十二	初七 十五 二十三	初八 十六 二十四
值周位堂	值婦	值灶	值第	值翁	值堂	值姑	值夫	值廚
吉凶與避化之法	此日大凶最忌不用，不行嫁。	著新娘進門，廚房關新娘見吉。	官府、宅、行政大官之屋宅，勿經過吉。	暫避即可。新娘入門時，公公	三天後登堂拜，新娘勿去廳堂吉。	翁姑入房即暫避可。候新娘	此日大凶最忌不用，不行嫁。	著新娘進門，廚房門關新娘見吉。
行嫁白虎	值廚	值路	值門	值睡	值死	值床	值堂	值灶
制化方法	麟符貼灶	麟符貼轎	麟符貼門	忌放炮竹床麟符	免用麟符	麟符貼床	麟符貼堂	麟符貼灶

12. 值廚、值灶，沒辦法蓋住或避開時，用一張麒麟符貼上，值路貼在車前擋風玻璃制殺。

13. 麒麟符：專制白虎、天狗制殺之用。

14. 諸家周堂定局中：結婚日課僅參照嫁娶和白虎飛值就好。所值白虎之各樣皆以「麒麟符」制之，白虎專門咬胎兒，而造成新娘婚後墮胎流產的現象。

例：(1)初二、初十、十八、二十六日：大月白虎值堂，把符貼堂上；小月值路，把符貼於車前擋風玻璃即可。

(2)初三、十一、十九、二十七日：大月白虎值床，把麒麟符貼在床頭上；小月白虎值門，把麒麟符貼上床頭、門上。貼不用全貼緊，貼上頭、下面飄盪，有如千軍萬馬班之氣勢。

(3)初四、十二、二十、二十八日 ： 大月值死，不用貼，小月值睡，把麒麟符貼在床頭。

(4)白虎看值在何處，就貼在那兒，值廚貼廚，值床貼床，值堂貼堂門，只要看的到，就能制。

(5)等婚後三天就可以將它撕起，連同一百之壽金、在廳化掉，請周堂歸原位。

(6)制白虎法：論白虎占中宮，忌中宮鼓樂，先斬腥血(雞血)於中宮禳吉，如宅前一日用紅箋硃書(黃紙硃砂字

或黑字較明顯)麒麟到此粘中宮上吉，更合麒麟日最妙。

(7). 制朱雀法：論朱雀占中宮日忌入宅歸火，先在前一日宜用黃箋黑書「鳳凰到此」粘於用事處禳吉，或用鳳凰日、壬癸水或納音水日冬令化解吉。

六. 橫天朱雀日四離絕，受死往亡歸忌避。

(1). 橫天朱雀每個月有四日 ： 初一行嫁主再嫁，初九上樑回祿殃，十七埋葬起瘟病，二十五移居人財傷。

◎初一、忌嫁娶，其餘則不干嫁娶事。橫天朱雀日大凶，勿用，亦非「鳳凰符」所能制也。

(2). 四離、四絕：四季八節的前一日及本日，共十六天不宜嫁娶。

　　四離 ：春分、夏至、秋分、冬至的前一日。

　　四絕 ：立春、立夏、立秋、立冬的前一日。

◎此八日之前一日，為二氣五行分判之日，陰陽交替之時，大忌嫁娶。

(3). 受死日、往亡日、歸忌日，通書日腳有記載，為嫁娶之凶神，少用。

月日	正	二	三	四	五	六	七	八	九	十	十一	十二
受死日	戌	辰	亥	巳	子	午	丑	未	寅	申	卯	酉
往亡日	寅	巳	申	亥	卯	午	酉	子	辰	未	戌	丑
歸忌日	丑	寅	子	丑	寅	子	丑	寅	子	丑	寅	子

七. 月厭無翁日可用，厭對無姑反利期

(1). 月厭、厭對乃厭魅之神，暗昧私邪，通書日腳有記載。

(2). **月厭日**：須無翁有姑者可用，(屬於忌男的)。

厭對日：須無姑有翁者可用，(屬於忌女的)。

(3). 月厭日有翁逢天德可解，厭對有姑逢月德可解。

(4). 另有一說犯月厭日、厭對日以三德解(歲德、天德、月德)

月支	寅	卯	辰	巳	午	未	申	酉	戌	亥	子	丑
犯月厭日	戌日	酉日	申日	未日	午日	巳日	辰日	卯日	寅日	丑日	子日	亥日
犯厭對日	辰日	卯日	寅日	丑日	子日	亥日	戌日	酉日	申日	未日	午日	巳日

◎翁姑在若無制化、無三德男方父母雖避之，亦不可取用，大忌。

八. 二至二分併四立，反目無全休遲疑。

（1）.**二至**：即夏至、冬至，二至為陰陽相爭日，忌嫁娶。

二分：即即春分、秋分，二分厭建對。

四立者：乃立春、立夏、立秋、立冬，乃為四時相剋之際。

「**二至二分四立**」：名曰八節日，忌嫁娶；乃節氣相交雜氣之時，其氣未清未純，故忌之。八節日及八節日前一天皆忌嫁娶。

（2）.**反目日**：乃是無根據之謬論。

求反目法：以女命年支前三位和後三位地支為反目。

◎例子午女，忌四柱中卯酉全。

◎丑未女，忌四柱中辰戌全。

◎寅申女忌四柱中巳亥全。

◎卯酉女，忌子午全。

◎辰戌女忌丑未全。

◎巳亥女忌寅申全。

如有三合、六合或貴人、均可制化反目也。返目忌雙全，無全不忌，犯者如有本命三合或六合或貴人均可改化。

九. 自縊無絞全然吉，人隔無弓正合宜

(1). 自縊殺與勾絞為凶神，兩個凶神在同日則大凶，如犯自縊無同日犯勾絞，或如犯勾絞無同日犯自縊則不忌。勾絞有天罡、有河魁，忌與自縊同日，俗忌嫁娶、協憲不忌。

掌訣：從亥上起正月，逆行至用事之月再起初一日，順行至巳宮，即為自縊殺，每順行數到巳宮即為自縊殺日也。

如：嫁娶擇四月，從亥宮逆起正月、二月為戌宮、三月為酉宮、四月為申宮，再從申宮順起初一，順數至巳宮為初十，再數到巳宮為二十日，所以四月初十、二十日為自縊殺。

(2). 求勾絞之法以節令為主：陽月（子寅辰午申戌月）平日為天罡勾絞，收日為河魁勾絞。陰月（丑卯巳未酉亥）收日為天罡勾絞，平日為河魁勾絞。

掌訣：月支順進三宮支也，陽月為天罡、陰月為河魁。
　　　月支逆數三宮，陽月為河魁、陰月為天罡。

(3). 人隔乃箭也勿與翻弓同，翻弓乃弓也；弓隔全者便傷人，故人隔（論節氣）與翻弓（不論節氣）同日凶，俗忌嫁娶、協憲不忌。

◎**求翻弓之法**：以每月之月建（不論節氣），所值之宮為
起初一，逆行十二宮，凡遇寅午戌宮位之日為翻弓
日。

正月：人隔日（忌同翻弓）→ 酉日。

　　　翻弓日（忌同人隔）初一、初五、初九、十三、
　　　十七、二一、二五、二九日。

二月：人隔日（忌同翻弓）→ 未日。

　　　翻弓日（忌同人隔）初二、初六、、初十、十四、
　　　十八、二二、二十六、三十日。

三月：人隔日（忌同翻弓）→ 巳日。

　　　翻弓日（忌同人隔）初三、初七、十一、十五、
　　　十九、二三、二七日。

四月：人隔日（忌同翻弓）→卯日。

　　　翻弓日（忌同人隔）初四、初八、十二、十六、
　　　二十、二四、二十八日。

五月：人隔日（忌同翻弓）→丑日。

　　　翻弓日（忌同人隔）初一、初五、初九、十三、
　　　十七、二一、二五、二九日。

六月：人隔日（忌同翻弓）→亥日。

　　　翻弓日（忌同人隔）初二、初六、初十、十四、
　　　十八、二二、二六、三十日。

七月:人隔日（忌同翻弓）→酉日。

翻弓日（忌同人隔）初三、初七、十一、十五、

十九、二三、二七日。

八月:人隔日（忌同翻弓）→未日。

翻弓日（忌同人隔）初四、初八、十二、十六、

二十、二四、二八日。

九月:人隔日（忌同翻弓）→巳日。

翻弓日（忌同人隔）初一、初五、初九、十三、

十七、二一、二五、二九日。

十月:人隔日（忌同翻弓）→卯日。

翻弓日（忌同人隔）初二、初六、初十、十四、

十八、二二、二六、三十日。

十一月:人隔日（忌同翻弓）→丑日。

翻弓日（忌同人隔）初三、初七、十一、十五、

十九、二三、二七　日。

十二月:人隔日（忌同翻弓）→亥日。

翻弓日（忌同人隔）初四、初八、十二、十六、

二十、二四、二八日。

◎求勾絞之法以節令為主。

月	正	二	三	四	五	六	七	八	九	十	十一	十二
天罡勾絞	巳日	子日	未日	寅日	酉日	辰日	亥日	午日	丑日	申日	卯日	戌日
河魁勾絞	亥日	午日	丑日	申日	卯日	戌日	巳日	子日	未日	寅日	酉日	辰日
自縊日	初七、十九	初八、二十	初九、二十一	初十、二十二	十一、二十三	十二、二十四	初一、十三、二十五	初二、十四、二十六	初三、十五、二十七	初四、十六、二十八	初五、十七、二十九	初六、十八、三十

十. 正四廢日真滅沒，亥不行嫁箭刃悲

嫁娶擇日忌用：正四廢日。真滅沒日。

亥日。箭刃全之日。

1. 正四廢日，真滅沒日，乃四時居休囚、廢絕之地，百
   事俱忌，嫁娶亦忌，惟安喪不忌。

2. 正四廢日詩云：

   春季庚申、辛酉值；夏季壬子、癸亥備；

   秋逢甲寅並乙卯；冬臨丙午、丁巳忌。

3. 真滅沒日，通書日腳有記載，一年內只有二、三天凶
   勿用。

真滅沒日詩云：

   弦日逢虛晦遇婁。朔日遇角望亢求。

   虛鬼盈牛為滅沒。百事逢之定是休。

解：初一日逢角宿（朔日）。十五日逢牛宿（盈日）。上下
   兩弦逢虛宿（上弦為初八、初九日。下弦為二十二
   日、二十三日）。

註解：朔日乃每月初一日。盈日為每月之十五日。
   晦日乃每月終之日。虛與晦則大同小異。

上弦乃初八、初九日，是月盈及一半，朔日後漸盈。

下弦乃二十二、二十三日，是月虛及一半，望日（十五、十六、十七日）後漸虛，虛日乃盡月尾之日，晦日乃每月之月終日。

十五、十六、十七日逢亢宿（望日）。

虛日月尾月小二十九日逢婁宿，月大三十日逢鬼宿。

晦日月尾月小二十九日逢鬼宿，月大三十日逢婁宿。

註：若是月大逢二十九日為鬼宿或婁宿，不是真滅沒，要特別留意。

4. 亥日為彭祖忌，不嫁娶，吉也難制，不用，亥日不嫁娶，亥時可進房，忌日不忌時。

5. 嫁娶日課忌男女命箭刃雙全，單字不忌，若遇箭刃雙全，宜取三合、六合、貴人解化。

◎箭刃之求算法：

生年命支祿前一位為旺位（羊刃），如丙年生，祿在巳，巳前一位為午，所以午為羊刃。

羊刃之沖為箭，丙年生，羊刃在午對沖為子，所以子為箭。因此女命丙午命擇日課子、午兩字全稱犯箭刃全。

箭刃：

甲逢卯酉全，　乙逢辰戌全，　丙逢子午全，

丁逢丑未全，　戊逢子午全，　己逢丑未全，

庚逢卯酉全，　辛逢辰戌全，　壬逢子午全，

癸逢丑未全。

◎五陽干之羊刃（旺位）居子、午、卯、酉四正之地。

◎五陰乾之羊刃（旺位）居辰、戌、丑、未四庫之地。

十一. 伏斷空亡妙玉皇，二德開花最合宜

（今已更為上句「正四　廢日真滅沒」較踏切）

1. 伏斷和空亡乃為凶神。伏斷凶日以二十八星宿為主。
   虛宿逢子日。斗宿逢丑日。室宿逢寅日。女宿逢卯日。
   箕宿逢辰日。房宿逢巳日。角宿逢午日。張宿逢未日。
   鬼宿逢申日。觜宿逢酉日。胃宿逢戌日。壁宿逢亥日。

2. 伏斷日與本命空亡的日子，宜避之，若吉日欲用，最
   好是擇二德，即為天德日、天德合日、月德日、月德合
   日或日課裡日子之旬空亡，而時辰剛好碰上其納音為
   火、金時不怕空。乃納音：「金空必響，火空必炎，木
   空必折土，空必陷，水空必斷。」

◎如辛酉女命，空亡在子、丑，今年壬辰年，擇二月十二日甲子日，二十八星宿虛宿逢子日，為伏斷日，與辛酉命空亡同日，為忌，但甲子日納陰為金，金空亡必響，故此日可用。

3. 天德吉日訣法：由月建地支寅、申、巳、亥及子、午、卯、酉月起月見順行二十四山之第十位日干為天德日。由月建地支辰、戌、丑、未月，起月建逆行。二十四山第十位為天德日干。與天德日干合之干稱天德合。四偶位坤巽合、艮乾合。

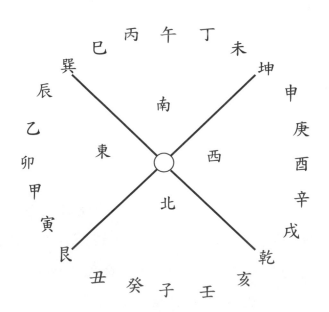

月德合速見表：

月份	月德	月德合	天干五合化氣
寅午戌月	丙日	辛日	丙辛合化水氣
申子辰月	壬日	丁日	丁壬合化木氣
巳酉丑月	庚日	乙日	乙庚合化金氣
亥卯未月	甲日	己日	甲己合化土氣

十二. 朱雀坤宮天德解，白虎行嫁麟符移

1. 九宮俱有朱雀，從震宮起甲子，順行九宮或排山掌一日一宮，至坤位，稱雀坤。

   朱雀坤宮日為每個月的**壬申、辛巳、庚寅、己亥、戊申、丁巳日**等六天，犯者損翁人，若無翁不忌，或有翁者取天德貴人可解化。

   ◎或宜用黃紙書黑字寫「奉請鳳凰到此鎮罡」貼於堂內坤方為吉。

   ◎白虎中、朱雀中、雀坤、雀乾：從震宮起甲子，順行九宮或排山掌一日一宮，至中宮位，稱朱雀中；至乾宮為雀乾；至兌宮為白虎中。

2. 鳳凰符專制朱雀用（用黃紙黑書「鳳凰到此」）。
   麒麟符專制白虎（用紅紙硃書「麒麟到此」）。
   所以朱雀坤須鳳凰符來鎮貼西南坤方。朱雀坤若無制，除損翁人外，主夫妻失和、口舌、官非。

3. 麒麟符貼大邊（我們面向門之右手方）紅紙硃書。

　鳳凰符貼小邊（我們面向門之左手方），黃紙黑書 。

☆朱雀坤即朱雀、白虎之例，均載於尅擇講義第三期。

4. 以紅課通書所遇到之白虎、天狗、朱雀,之機會較少，
　 因為都已擇開了；以黑課遇到的會比較多。

5. 安神位時，日吉，但犯白虎，先用麒麟符來鎮，再安
　 神位。以神明之坐為主時，神明之左邊為大邊。（我
　 們面向神明時，是我們的右手方）。

6. 白虎或六陽辰又黑道白虎， 或十二建星中的成日白
　 虎，或行嫁日為女命支第九位白虎，或攔路虎（通書
　 日腳有記載的白虎，犯之以麒麟符貼之即可）。

7. 十二建星 → 建除十二神：建、除、滿、平、定、執、
　 破、危、成、收、開、閉。

(1) 十二建星其要領是為日支與月支相同之日為「建」，
　 其餘依順序而定。

(2) 每月節的交接日，則以當日之值神調節到當月的地
　 支重複一次，以便合乎建日在當月的月支之原則。

月令	正	二	三	四	五	六	七	八	九	十	十一	十二
白虎日	午	申	戌	子	寅	辰	午	申	戌	子	寅	辰

麒麟宿日或麟符貼正門中，床頭、車右前方。

建星白虎日	戌	亥	子	丑	寅	卯	辰	巳	午	未	申	酉

麒麟宿日或麟符貼正門中，床頭、車右前

朱雀日	卯	巳	未	酉	亥	丑	卯	巳	未	酉	亥	丑

鳳宿日或鳳符貼正門、床頭、車右前方或一白日、納音水日、冬令制。

雀坤日	壬申、辛巳、庚寅、己亥、戊申、丁巳

忌嫁娶損翁人，有翁取三德、鳳凰日解化或以鳳符貼於堂內西南坤方照吉。

白虎中	戊辰、丁丑、丙戌、乙未、甲辰、癸丑、壬戌

麟宿日或麟符制，先一日貼廳堂神後，臉向外面的左方制化。

朱雀中	丙寅、乙亥、甲申、癸巳、壬寅、庚申

鳳宿日或鳳符制，先一日貼中堂右方或壬癸水德年到中宮或一白星在日，納音水日，冬令制化。

8. 行嫁白虎日又稱建星虎:行嫁日遇女命三合九位之白
虎,若犯宜取麟符貼於門中制化。

年 日	子	丑	寅	卯	辰	巳	午	未	申	酉	戌	亥
行嫁 白虎 日	申	酉	戌	亥	子	丑	寅	卯	辰	巳	午	未

9. 攔路虎日:若犯宜取麒麟宿日、麒麟符紅紙硃書貼車內
右前方制化。

月	正	二	三	四	五	六	七	八	九	十	十 一	十 二
攔 路 虎 日	初 四	初 五	初 六	初 七	初 八	初 九	初 十	十 一	十 二	初 一	初 二	初 三
	十 六	十 七	十 八	十 九	二 十	二 一	二 二	二 三	二 四	十 三	十 四	十 五
	二 八	二 九	三 十							二 五	二 六	二 七

例:二月嫁娶用初五、十七、二十九日犯攔路虎,若犯宜
取麒麟宿日,「麒麟符」紅紙硃書貼車右前方或綁腥肉,
皆可制化。用青竹或甘蔗(取意有頭有尾)掛八卦篩可制雜
煞。

十三. 真夫星兮並天嗣，日辰切其沖干支

1. **真夫星**：即女命之正官。女命生年天干用五虎遁，遁至正官之位，屬何地支，即是夫星。

2. **真天嗣**：即女命之食神。女命生年天干用五虎遁，遁至食神之位，屬何地支，即是天嗣。

3. 嫁娶日大忌沖夫星，偏沖可用（正沖為天剋地沖，偏沖為地支沖）。

   嫁娶日大忌沖天嗣，無論正偏沖忌大忌。惟寅申巳亥之偏沖，則從權使用。

4. 天官、天嗣、陽氣、陰胎（正、偏沖皆不取）

5. 夫星、妻星、胎元：正沖不取、偏沖較無所謂。

   夫星、妻星忌日不忌時正沖。

   例：丁卯女命

   夫星 →壬寅；正沖為戊申＝安床、結婚日時勿擇此正沖日、時。（天嗣地支沖亦不取，偏沖不用）

   丁女：丁壬起壬寅。丁女正官為壬，丁壬起壬寅，壬寅為夫星。

   天嗣 →己酉；正沖為乙卯＝安床、結婚日時勿擇此正沖日、時。 （天嗣地支沖亦不取，偏沖不用）

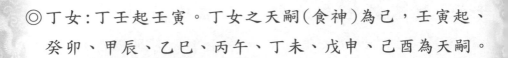

◎丁女：丁壬起壬寅。丁女之天嗣（食神）為己，壬寅起、
　癸卯、甲辰、乙巳、丙午、丁未、戊申、己酉為天嗣。

十四：男陽氣兮女陰胎，若是沖支定缺兒

1. 陽氣：男命生月取，天干進一，地支進三（先天八字之
   先天胎元）。

例如：男命生月為丙申，以丙天干進一為丁，地支申進三
　　　為亥，所以丙申月陽氣為丁亥。

陰胎：女命生月取，天干進一，地支進三（先天八字之先
天胎元）。

例如：女命生月為庚辰，以庚天干進一為辛，地支進三為
　　　未，所以庚辰月陰胎為辛未。

2. 所擇取日課之日時不選沖陽氣、陰胎，正偏沖皆不取，
   有損胎兒（天嗣亦同）。

十五. 嫁年若犯厄與產，本命羅紋貴無忌

1. 厄為男厄，產是女產。男厄忌男婚之年，女產忌女嫁
   之年。

2. 乾造犯男厄年，坤造犯女產年：宜取男女命天乙貴人、
   羅紋交貴日，貴人登天時、三德（即天德、月德、歲
   德日）、三奇解化，女產無制與生產有關要注意。

男女年支	子	丑	寅	卯	辰	巳	午	未	申	酉	戌	亥
男厄年	未	申	酉	戌	亥	子	丑	寅	卯	辰	巳	午
女產年	卯	寅	丑	子	亥	戌	酉	申	未	午	巳	辰
天喜日解	酉	申	未	午	巳	辰	卯	寅	丑	子	亥	戌

例：女丁卯命，子年嫁娶犯女產年，取女命天乙貴人，羅
　　紋交貴日或取貴人登天時解化。或取天喜日「午」日
解化（天喜日沖男厄女產年無妨害可用）。

本命天乙貴人：宜取壬、癸日進貴及亥、酉日堆貴人解化。

本命羅紋交貴日：宜取癸亥、癸酉日解化（如戊午取辛丑日
　　　　　　　　　　貴及戊之貴人在丑、未，所以命遇辛丑、
　　　　　　　　　　辛未日為羅紋交貴日）。

貴人登天時：如果丁卯女命在小滿後夏至前取乙日亥、未
　　　　　　　　時即為貴人登天時，可制男厄年、女產年。

十六. 絕房殺月真缺子，食神有氣反多兒

1. 絕房殺此忌月提，不忌日也。如逢有利月則不忌，或食神有氣更妙。食神即天嗣也。食神須有根氣，也就是食神之生、旺、祿、馬、貴人也。

2. 絕房殺月：犯之多流產缺子嗣受損難興，如逢女命之大小利月則不忌。若逢妨翁姑月或妨父母月，宜取天嗣（食神）有氣明現更妙，逢天嗣長生、帝旺、祿元、天乙貴人、吊化吉用。

3. 絕房殺月是以嫁娶月提而論不忌日：
   求絕妨殺月之法（在月為絕房殺月，在時為埋兒時）
   子午卯酉命忌「丑」月。
   辰戌丑未命忌「卯」月。
   寅申巳亥命忌「申」月。

4. 食神有氣例：丁卯女命，天嗣（食神）己酉，取子、申為堆貴，取酉日為堆長生，取巳日為堆旺，取午為堆祿，取亥日為堆馬，均為食神有氣。

十七. 出門入門時要吉，進房大忌埋兒時

1. 出門、入門事關重大，不可忽略潦草，要擇吉時進出
   為佳。進房大忌埋兒時。

2. 埋兒時：

   子午卯酉命逢「丑時」。

   辰戌丑未命逢「卯時」。

   寅申巳亥命逢「申時」。

3. 埋兒時在時稱埋兒時；絕房殺月代表在月，在時稱埋
   兒時、在月稱絕房殺月。

4. 埋兒時：忌嫁娶日課中之進房、安床、犯埋兒時，無
   法可制，主有多生少養之患，雖逢食神有氣，亦不可
   用，犯者常有墮胎之事或缺子息。

5. 擇安床日課，尤其要特別注意埋兒時及絕房殺月，一
   般通書結婚安床日課並未特別列出絕房殺月，在一般
   通書紅課中都會抽取註明，而埋兒時，在紅課中並未
   抽取註明，所以要特別注意。

6. 出門入門不忌埋兒時，進房和安床大忌埋兒時，才須
   特別注意；雖食神明現有氣，亦不可用大凶。

十八. 河上翁殺忌會全，若是兩字不怕伊

1. 河上翁殺即是回頭貢殺也。乾坤二造犯之大凶，吉不
   能抵制。辰戌丑未命，切宜防之，四柱中如無全，惟
   兩字者不忌。

求回頭貢殺之法：

辰命：忌課中巳酉丑全。

未命：忌課中申子辰全。

丑命：忌課中寅午戌全。

戌命：忌課中亥卯未全。

註：只有辰戌丑未命者才會犯河上翁殺（回頭貢殺）。

十九. 流霞無刃本不忌，紅艷推來是論時

1. **流霞**非大凶，紅艷無大忌，乃與桃花相同之神，其性主
   淫蕩春意。

◎流霞忌日，柱中逢刃即凶主流產。

◎紅艷忌進房之時主桃花，課中如有正官或正印逢一可制
   化則無妨。

例：丁女命嫁娶申日，犯流霞，年月時中又逢未刃即凶，
   無刃則不忌。

註:流霞乃忌分娩之時,恐有危險之忌。

女命 日干	甲	乙	丙	丁	戊	己	庚	辛	壬	癸
流霞日	酉	戌	未	申	巳	午	辰	卯	亥	寅
年月時 見刃	卯	辰	午	未	午	未	酉	戌	子	丑
紅豔時	午	申	寅	未	辰	辰	戌	酉	子	申

2.紅艷時:

　　甲女命 →午時,乙女命 →申時。

　　丙女命 →寅時,丁女命 →未時;

　　戊女命 →辰時,己女命 →辰時;

　　庚女命 →戌時,辛女命 →酉時;

　　壬女命 →子時,癸女命 →申時。

註:逢日課中正官夫星或正印明現者,可解紅艷。

例:丁女命擇

　　壬○日 →未時雖為紅艷,但壬日為丁女之正官日,

　　　　　　可解此日課之紅豔。

例：辛女命擇

戊午日 →酉時為犯紅艷，但戊日為辛命之女正印可解。
　　　　　此日課也可用午日為辛之堆貴。

辛酉時 →酉時為犯紅艷， 但戊日為辛女命之正印可解，
　　　　　此日課可用午日為辛之堆貴。

3. 紅艷就是桃花之意，進房和安床之時辰勿犯之。

二十. 夫星天嗣死墓絕，三字無全用最奇

1. 進房和安床須注意。夫星、天嗣死墓絕，課中三字全
　　大忌，吉不能抵制，大凶不可犯之。

2. 乃以**女命夫星或天嗣之天干**遁至十二生旺之「死、
　　墓、絕」課中三字不可全見，缺一可用。

3. 例夫星為丁 →丁長生在酉，逆推十二長生訣遇「寅、
　　丑、子」為死、墓，絕不可三字全，缺一可用。

天嗣為己酉 →己長生在酉，逆推十二長生訣遇「寅、丑、
子」為死、墓，絕不可三字全，缺一可用。

女命年干	甲	乙	丙	丁	戊	己	庚	辛	壬	癸
夫星		辛未	庚辰	癸巳	壬寅	乙卯	甲戌	丁亥	丙申	己酉	戊午
夫星	絕日	卯	寅	午	己	酉	申	子	亥	子	亥
	墓日	辰	丑	未	辰	戌	未	丑	戌	丑	戌
	死日	巳	子	申	卯	亥	午	寅	酉	寅	酉
天嗣		丙寅	丁亥	戊戌	己酉	庚申	辛未	壬午	癸巳	甲辰	乙卯
天嗣	絕日	亥	子	亥	子	寅	卯	巳	午	申	酉
	墓日	戌	丑	戌	丑	丑	辰	辰	未	未	戌
	死日	酉	寅	酉	寅	子	巳	卯	申	午	亥

二十一. 父滅子胎虎吞胎，三奇二德太陽宜

1. 滅子胎即行嫁日沖五男女宮。有父滅子胎為乾命沖坤命五男女宮，又有坤命自沖五男女宮，有嫁娶日沖五男女宮。

　　此三條其中以**嫁娶日沖五男女宮最凶**，為滅子胎日，大凶不用。至於乾坤二命沖五男女宮乃天數，婚姻天緣配定，無法更改，宜取嫁娶日期三合女命男命；六合、

天乙貴人，天德、月德貴人或三奇貴人(天上三奇:甲戊
庚。人中三奇:壬癸辛。地下三奇:乙丙丁)。
或太陽到宮填實解化。

2. 一宮 →命宮，以女命年干推之推至臨官位，即是。
　　例:甲女命宮在寅、乙女命宮在卯、
　　　　丙女命宮在巳、丁女命宮在午、
　　　　戊女命宮在巳、己女命宮在午、
　　　　庚女命宮在申、辛女命宮在酉、
　　　　壬女命宮在亥、癸女命宮在子。
　　五宮 →五男女宮(子息宮)，以女命命宮(年干之臨官
　　　　　位)為主為第一宮，逆數到第五宮，即為五男
　　　　　女宮(子息宮)。

例如:甲女命，命宮(祿位)在寅，寅為第一宮，逆數至第
　　　五宮為戌。
　　　乙女命，命宮(祿位)在卯，逆數至第五宮為亥，
　　　為五男女宮。
　　七宮 →夫妻宮，由女命干之祿位(命宮)，逆數至第
　　　　　七宮(六沖之宮位)，為夫妻宮。

例：甲○命，夫妻宮在申；乙○命，命宮在卯，卯的對沖
　　為酉，酉為夫妻宮，即一宮（命宮）與七宮（夫妻宮）
　　為六沖、對沖之宮位。

胎元：女年命以三合局頭（寅、申、巳、亥）方式，用十二
　　　生旺法推至胎位，即胎元。

　亥卯未命胎元在酉。

　寅午戌命胎元在子。

　巳酉丑命胎元在卯。

　申子辰命胎元在午。

嫁娶日課不宜沖五男女宮，大凶無法解。

嫁娶十二宮神：從女命之祿元逆算十二支起一命宮，五男
女宮，七夫妻宮。

3. 白虎吞胎：即女命三合頭起長生，順推至胎位（胎元），
再以十二歲君法，以嫁年起太歲順行第九位為白虎宮，若
胎元與白虎同宮，則稱為白虎吞胎。

4. 十二歲君法：

　　(1)太歲　(2)太陽　(3)喪門　(4)太陰

　　(5)五鬼 (6)死符　　(7)歲破　(8)龍德

　　(9)白虎　(10)福德　(11)天狗　(12)病符。

宮名 生年	命宮	財帛	兄弟	田宅	男女	奴僕	夫妻	疾厄	遷移	官祿	福德	相貌
甲命	寅	丑	子	亥	戌	酉	申	未	午	巳	辰	卯
乙命	卯	寅	丑	子	亥	戌	酉	申	未	午	巳	辰
丙命	巳	辰	卯	寅	丑	子	亥	戌	酉	申	未	午
丁命	午	巳	辰	卯	寅	丑	子	亥	戌	酉	申	未
戊命	巳	辰	卯	寅	丑	子	亥	戌	酉	申	未	午
己命	午	巳	辰	卯	寅	丑	子	亥	戌	酉	申	未
庚命	申	未	午	巳	辰	卯	寅	丑	子	亥	戌	酉
辛命	酉	申	未	午	巳	辰	卯	寅	丑	子	亥	戌
壬命	亥	戌	酉	申	未	午	巳	辰	卯	寅	丑	子
癸命	子	亥	戌	酉	申	未	午	巳	辰	卯	寅	丑

例：己巳女命在未年行嫁（巳酉丑女命，胎元為「卯」）

◎如在未年行嫁，則從未起(1)太歲，順數至白虎位，所以申為(2)太陽，酉為(3)喪門，戌為(4)太陰，亥為(5)五鬼，子為(6)死符，丑為(7)歲破，寅為(8)龍德，

卯為(9)白虎；胎元卯與(9)白虎同宮，所以未年行嫁為白虎吞胎。

◎白虎吞胎宜太陽麒麟星到宮制化，或貴人登天時制化。

太陽麒麟星到宮定局制化法：

(1).查太陽麒麟星到宮，以二十四節氣為主。

(2).犯到之地支，用太陽麒麟到宮支三方、四正、六合化之。到位者可制白虎，天狗吞胎或佔一五七宮，未到者不可用，必須調整時辰。

(3).如上例己巳女命未年行嫁犯白虎吞胎，清明後三月嫁娶，擇未時，麒麟星到亥宮，亥宮之三方、四正為卯、未、亥、巳、六合寅，故可制白虎吞胎。

5.白虎和天狗占一、五、七宮：

(1)以命宮逆推到第九位為白虎占命宮→五男女宮和夫妻宮同理推　　以命宮逆推至第十一位為天狗占 命宮(嫁年)→五男女宮和夫妻宮同理推。

例:丁卯女命 →命宮在午，逆推至第九位為白虎在戌，故戌年行嫁白虎占午命宮。逆推至十一位為天狗在申，故申年行嫁天狗申命宮。

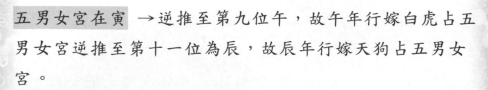

五男女宮在寅 → 逆推至第九位午，故午年行嫁白虎占五
男女宮逆推至第十一位為辰，故辰年行嫁天狗占五男女
宮。

七夫妻宮在子，逆推到第九位為辰，故辰年行嫁，白虎占
夫妻宮。

(2)宜取麒麟星、太陽到宮或貴人登天時制化。

註1：父滅子胎(即沖五男女宮)，乾造命沖五男女宮，此
乃婚姻天緣配定不能更易。必須以嫁娶日期解化，若犯宜
取嫁娶日期逢三合或六合，女命五男女宮吊化或三德、三
奇、太陽填實或貴人吉用。無制雖可權用，但憑選擇家存
心積善制用耳。

例：乙女命其男女宮在亥宮，父為巳年生，父巳年生沖
　　五男女宮亥，為父滅子胎，取娶嫁日卯、未日，三合
　　亥五男女宮，或寅日六合亥五男女宮吉用可化解。

女命干 乾年支	甲	乙	丙	丁	戊	己	庚	辛	壬	癸
父生年 滅子胎	辰	巳	未	申	未	申	戌	亥	丑	寅
男女宮	戌	亥	丑	寅	丑	寅	辰	巳	未	申
嫁娶日三 合、六合 日吊化	寅午卯	卯未寅	巳酉子	午戌亥	巳酉子	午戌亥	申子酉	酉丑申	亥卯午	子辰巳

註2:如坤造沖男女宮:此乃婚姻天緣配定不能更易,必須
　　以嫁娶日期 解化,若犯宜取課中日柱逢三合或六合
　　女命五男女宮,吊化或三德、三奇、太陽填實或貴人
　　吉用。

註3:犯母滅子胎(即女命沖五男女宮):

　　　六十甲子命只有**甲辰、乙巳、庚戌、辛亥**四位女命。

例:乙巳女命其男女宮在亥宮,女地支為巳年生,母巳年
自沖五男女宮亥,為滅子胎。取嫁娶卯、未日三合女命男
女宮亥,或取嫁娶日寅六合女命五男女宮亥吉用。

女命支女命干	甲	乙	庚	辛
母滅子胎	辰	巳	戌	亥
男女宮	戌	亥	辰	巳
嫁娶日	寅午卯	卯未寅	申子酉	酉丑申

二十二. 沖胎胎元日非正，選擇課中勿忌伊

1. 胎元：以女命年支三合頭（寅、申、巳、亥），用十二生
   旺法，一律順推到胎位即胎元

◎巳酉丑生年由巳起長生胎元在「卯」。

◎寅午戌生年寅起長生命胎元在「子」。

◎申子辰生年由申起長生胎元在「午」。

◎亥卯未生年由亥起長生胎元在「酉」。

2. **胎元之天干是以天嗣之天干為天干**。與胎元支相沖謂
   之胎沖。

3. 嫁娶日與胎元地支、天干，干支皆相同時為**真胎元**，餘
   非真。

4. 嫁娶日與胎元天干相同、地支相沖(天比地沖)謂真**沖胎元**。

5. 嫁娶日天干、地支來沖剋胎元天干、地支(天剋地沖)謂**正沖胎元**。

例如：

　　丁卯年生女命，胎元在酉，丁之天嗣在己，所以己為胎元之天干，因此己酉為真胎元。

　　與己酉天比地沖為己卯為真沖胎元。

　　與己酉天剋地沖為乙卯，謂正沖胎元。

6. 無論正沖胎元、真沖胎元皆全不用，嫁娶日皆不取。真胎元亦不用，非真胎元取柱中三合、六合吊化。

7. 犯真沖胎元、正沖胎元，只忌日， 不忌時。

二十三. 沖母腹日切須忌，天狗麟陽莫持疑

註1：沖母腹日，即嫁娶日沖女命支。大凶，不用，時亦忌。

例：卯年生女命，擇取用酉日即沖母腹日，大凶。辰年生女命，擇取用戌日，即沖母腹日。餘仿之。

2. 天狗日有二種：一是坤命天狗日，二是月令天狗日。

（一）．本命天狗日雖取麟星或太陽到宮或三合照會或六合照會、拱照、貴人登天制化，現亦是少用。

（二）．每月逢滿日亦為天狗，惟七月戌日，十一月寅日，為正天狗勿用，其餘月之滿日天狗，擇取麒麟星，或太陽到宮或三合照會或六合照會、拱照、貴人登天制化，亦可制之俱吉。

3. 女命天狗日，無法可制大凶。

例：卯年女命嫁娶日取用丑日犯坤命天狗，大凶勿用。

4. 天狗者是以十二歲君法，以女命支順行第十一位為天狗，凶勿用。

女命支位起十二歲君法：

(1)太歲 (2)太陽 (3)喪門 (4)太陰
(5)五鬼 (6)死符 (7)歲破 (8)龍德
(9)白虎 (10)福德 (11)天狗 (12)病符

☆ 女命天狗日：無法可制大凶

女命年支	子	丑	寅	卯	辰	巳	午	未	申	酉	戌	亥
坤命天狗日	戌日	亥日	子日	丑日	寅日	卯日	辰日	巳日	午日	未日	申日	酉日

5. 月令天狗日（即滿日天狗）：唯七月戌，十一月寅日正天
　狗日，雖制化亦大忌不用。

☆ 註：餘月之滿日天狗：

　　則取太陽或麒麟星到宮方、三合照會、六合照、臨照、
拱照，有制故妙，無制亦可權用在洪氏錦囊有註
　明權用。

月 日	正	二	三	四	五	六	七	八	九	十	十一	十二
滿日天狗日	辰日	巳日	午日	未日	申日	酉日	戌日	亥日	子日	丑日	寅日	卯日

二十四. 三殺非真貴人解，夫星透顯會咸池。

註 1：三殺即災殺、劫殺、墓庫殺，總名曰三殺。

　　劫煞居寅申巳亥、災殺居子午卯酉，雖犯不忌，惟辰、戌、丑、未，居四庫之地，為墓庫殺，為三殺。有犯必須以本命貴人解化權用。

犯三殺必須以五虎遁，遁至殺支之位，看屬何天干，即為真三殺日或真三殺時，大凶勿用，無化解。

◎ 真三殺只忌日、時，大凶勿用，非真三殺逢貴人解化可從權用，但究亦勿用。

　　書云：「行險僥倖，未必得福，故少取為妙。」

例：戊午命，丑犯三殺，用五虎遁戊癸起甲寅、乙卯、丙辰…乙丑求天干得乙，即知乙丑為真三殺，餘非真三殺，但不管真三殺或非真三殺都要避開勿用。

註 2：咸池者，桃花也，主淫亂春心，犯之不吉。

　　咸池宜就四柱中取正官明現以制之或以正印透露亦可制，或取四柱中長生亦可抵制。

咸池在日、時皆是，在日、時，四柱天干者要有正印或正官制化之。

咸池即為桃花之地：

申子辰命桃花在「酉」。

亥卯未命桃花在「子」。

寅午戌命桃花在「卯」。

巳酉丑命桃花在「午」。

命支\忌日時	申子辰	巳酉丑	寅午戌	亥卯未	三殺和非真三殺，只忌日、時，大凶勿用。
劫殺	巳	寅	亥	申	三殺和非真三殺，只忌日、時，大凶勿用。
災殺	午	卯	子	酉	三殺和非真三殺，只忌日、時，大凶勿用。
三殺	未	辰	丑	戌	三殺和非真三殺，只忌日、時，大凶勿用。

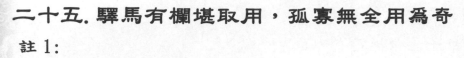

二十五. 驛馬有欄堪取用，孤寡無全用為奇

註1:

　　驛馬有奔動之意。驛馬即為馬元，女命三合頭位起長生，尋至病位，故曰:病馬，亦曰:驛馬，即馬元也。

　　馬前一位為欄，馬後一位為鞭，不可快馬加鞭。就四柱中取夫星明現制之尤妙。故曰:夫星騎馬，或馬前一位欄之，正官、正印制之。

註2:驛馬以日遇之為主。

　　日課中，日有驛馬，時有欄(欄住驛馬之野性)可取用，無欄者，要夫星(正官)明現制之或正印制亦可。

(1)**寅午戌女命驛馬在申**，馬前一位「酉」為欄，馬後一位為「未」為鞭。

　　巳酉丑女命驛馬在亥，馬前一位「子」為欄，馬後一位為「戌」為鞭。

　　申子辰女命驛馬在寅，馬前一位「卯」為欄，馬後一位為「丑」為鞭。

　　亥卯未女命驛馬在巳，馬前一位「午」為欄，馬後一位為「辰」為鞭。

(2)例：寅午戌女命，申日為驛馬，取酉時欄之，

名曰回頭馬可用。

申子辰女命，寅日為驛馬，取卯時欄之，

名曰回頭馬可用。

巳酉丑女命，亥日為驛馬，取子時欄之，

名曰回頭馬可用。

亥卯未女命，巳日為驛馬，取午時欄之，

名曰回頭馬可用。

(3)女命寅、申、巳、亥命自沖馬元，故不用。切記驛馬

只可欄，不可鞭；快馬加鞭，發狂起腳奔馳，代表婚

後一直想往外跑，欄不住也。

例：戊辰命，遇所擇取之日為寅日，稱為馬元，若遇卯時 欄

可制或取四柱課中年月日時逢乙正官明現制化，為夫

星騎馬甚妙，或丁正印解化，可取其中一條解化吉即

可。

例：壬申命，遇所擇取之日為寅日，稱為自沖馬元大凶，
　　若遇卯時為欄可制，或取四柱課中年月日時逢己正官
　　辛正印解化，雖逢其中一條可解化馬元，但亦忌勿用。
　　因逢申寅沖也，沖母腹日凶忌用之。

註3：孤寡即孤辰、寡宿，四柱中有全者大凶，任何吉神
不能抵制，單則不忌。

求法：以女命年支三會方取之，為前孤、後寡。

(1). 亥子丑女命嫁娶課遇「寅」為孤辰，遇「戌」為寡宿；
　　忌寅戌全，課中年月日時皆要看，忌孤寡全，一字不忌。

(2). 寅卯辰女命嫁娶課遇「巳」為孤辰，遇「丑」為寡宿；
　　忌巳丑全，課中年月日時皆要看，忌孤寡全，一字不忌。

(3). 巳午未女命嫁娶課遇「申」為孤辰，遇「辰」為寡宿；
　　忌申辰全，課中年月日時皆要看，忌孤寡全，一字不忌。

(4). 申酉戌女命嫁娶課遇「亥」為孤辰，遇「未」為寡宿；
　　忌亥未全，課中年月日時皆要看，忌孤寡全，一字不忌。

二十六. 殺翁天德能解化，月德不怕殺姑期

註：所謂「殺翁」，乃女命前一位為殺翁，女命前一位對沖為殺姑，如卯年命之女命「辰」日為殺翁，「戌」日則為殺姑。

　　若逢天德、天德合、月德、月德合或歲德、歲德合均可抵制，化殺為吉，方能擇用。

　　若無六德神解化於新娘進門時，犯殺翁日則，翁避在外。犯殺姑日則，姑避在外即可。

女命支	子	丑	寅	卯	辰	巳	午	未	申	酉	戌	亥
殺翁日	丑	寅	卯	辰	巳	午	未	申	酉	戌	亥	子
殺姑日	未	申	酉	戌	亥	子	丑	寅	卯	辰	巳	午

二十七. 殺夫殺婦用何救，天帝天后勿為遲。

註：殺夫殺婦即所擇之結婚日沖第七宮夫妻宮，主損男女當事人壽元。宜取天帝或天后拱照（對宮）或三合、六合，填實（到宮）來制化。

天帝為月建，天帝論氣後。天后為月德，天后論節後。
正月天帝寅，二月天帝卯，三月天帝辰，四月天帝巳；
正月天后丙，二月天后甲，三月天后壬，四月天后庚；

五月天帝午，六月天帝未，七月天帝申，八月天帝酉；
五月天后丙，六月天后甲，七月天后壬，八月天后庚；

九月天帝戌，十月天帝亥，十一月天帝子，十二月天帝丑。
九月天后丙，十月天后甲，十一月天后壬，十二月天后庚。

◎ **天帝即月建，乃旺氣所鐘之日，故天帝者夫也。此天帝乃先天之卦，帝出乎震，謂太陽為帝，太陰為后。**

1. 天帝、天后：正月天帝氣後取寅日（月建），天后節後取丙日，逢一可制殺夫、殺婦，二月天帝氣候取卯日，天后節後取甲日，逢一可制殺夫、殺婦餘仿之。

2. 命宮：只忌日沖命宮，若犯宜取柱中年月時與命宮成三合、六合解化，均可用。（有制故妙，無制亦可權用）。

例：戌月嫁娶，其月德方在丙為南方。

(1)禮席椅坐位，最好擇月德方坐南方坐，但須注意煞方
　　不可坐。如癸巳年，巳酉丑煞東，者東方不可坐為吉。

(2)安床犯病符、喪門、天狗、白虎之凶星，只要坐月德
　　方沒事。

　如今年壬辰年，申子辰煞南，不可用在　南方安床。

(3)只要月德方不是煞方就安全。

二十八. 有人會得三奇貴，破夫殺婦俱無忌

註：非謂破夫、殺婦俱不忌之理。即是在選擇嫁娶吉課必
　　先避凶而後再趨吉，即於課格成三奇、貴人，二德包
　　拱又與夫婦配合為妙也，依俗制用之。

1.破夫、殺婦又名破碎殺。即男女命相差六歲，即相沖
　也，逢男女命其中一人解化為吉。

2.取天德日、天德合日、月德日、月德合日，如無逢此
　二德，取嫁娶日課之三奇、貴人解化吉。（天上三奇甲
　戊庚，人中三奇壬癸辛，地下三奇乙丙丁）

二十九. 嫁年天狗與白虎，忌占一五七宮支

註：所謂嫁年天狗與白虎，即從嫁年起一太歲，順推至第
　　九位是白虎，第十一位是天狗。

再從女命之祿位起命宮，為一宮（命宮），一宮：命宮為女
命之臨官位（天干推之）
五宮：五男女宮（由女命命宮逆推至第五宮為男女宮）。
七宮：夫妻宮（由命宮逆推至第七宮，為夫妻宮）。

◎此三宮（命、男女、夫妻）忌嫁年與天狗和白虎同宮，若
　占宮無制者，在夫妻宮有損夫妻壽命，在五男女宮有損
　子息，主難受胎孕，或生兒難育之事；惟在命宮較輕，
　有制則妙為吉，無制均可，無關緊要。

　求嫁年白虎、天狗佔一、五、七宮法：

1.用嫁年之年支起一太歲：十二歲君法：
　（1）太歲　（2）太陽　（3）喪門　（4）太陰
　（5）五鬼　（6）死符　（7）歲破　（8）龍德
　（9）白虎　（10）福德　（11）天狗　（12）病符。

如今年壬辰年：

(1)太歲辰、巳(2)太陽、午(3)喪門、未(4)太陰、申(5)五鬼、酉(6)死符、戌(7)歲破、亥(8)龍德、子(9)白虎、丑(10)福德、寅(11)天狗、卯(12)病符。

2.再用女命之生年干起祿位。

例如：丁卯年，祿在午，以午起命宮，逆行十二宮，一命為午、五男女宮為寅，七為夫妻宮為子，看十二歲君的九白虎子宮與十一天狗在寅宮有無重疊；本命丁卯女今年壬辰年白虎佔夫妻宮，天狗佔五男女宮，宜制化為吉。

　例：丁卯女命＝命宮在午，五男女宮在寅，夫妻宮在子，以午寅子為中心點，逆算用十二歲君法求。

1.命宮在午，逆推九宮為戌，遇戌年為白虎占宮，即戌年嫁即娶即白虎占命宮，逆推十一宮為申，遇申年為天狗占命宮。

2.五男女宮在寅，逆推十一宮，遇辰年嫁娶天狗占五男女宮，逆推九宮，遇午年白虎占五男女宮。

3. 夫妻宮在子，逆推十一宮，遇寅年嫁娶天狗占夫妻宮，
   逆推九宮，遇辰年嫁娶，白虎占夫妻宮。

制化天狗、白虎：

一、五、七宮若犯天狗、白虎，惟取太陽、麒麟星到宮或
貴人登天時可解化，三者都在時辰內，不是在日期內。若
犯宜取月將，即太陽可制天狗、白虎雙犯占宮、太陽、麟
星方，麟星占宮三

合照或六合照或對照（拱照）或到宮（守照）或貴人登天時，
均可制化吉。

◎嫁娶年天狗、白虎佔宮：雙犯占宮，取太陽在月到宮制
   雙宮如：丁卯年女命，辰年嫁娶白虎占子宮，同夫妻宮，
   天狗占寅宮同男女宮，為白虎、天狗雙犯占宮。

嫁娶年	子	丑	寅	卯	辰	巳	午	未	申	酉	戌	亥
嫁娶年白虎佔	申	酉	戌	亥	子	丑	寅	卯	辰	巳	午	未
嫁娶年天狗佔	戌	亥	子	丑	寅	卯	辰	巳	午	未	申	酉

三十. 天盤麒麟看月將，貴人登天吉時移

註：天盤即十二支掌。

月將即太陽躔度。如雨水、驚蟄、躔亥。

春分、清明躔戌。麒麟方以節為主(此為月麒麟星)。

麒麟星到宮解化天狗、白虎、白虎吞胎，占命宮、夫妻宮及五男女宮、麒麟星到宮、照宮、合化宮三合及六合。

例：日課看小暑後(六月)未時，時麒麟星占申宮 →可制
申、子、寅、辰、巳。

（1）辰年嫁娶，白虎占子、天狗占寅，而一、五、七宮中有逢白虎占夫妻宮、天狗占男女宮，可擇六月之未時麒麟星到申宮即可解化白虎占子宮、天狗占寅宮。

（2）如擇小暑後之午時，麟星占未宮，則不能制，須擇巳時麟星到午宮，則可制化白虎占子、天狗占寅。

如庚午女命，命宮在申，子年嫁娶白虎占申，大利月在巳，擇巳月嫁娶，擇巳時麟星在子宮，則可制化白虎占申。

例：丁卯女命

五男女宮在寅，辰年嫁娶天狗占寅，也就是占五男女宮。現擇父母月亥月嫁娶因天狗在寅，可取麟星在亥午戌寅申宮皆可，通書中如查出十月十二庚寅密日有子寅辰亥時，子時、寅時太早不用，亥時太晚其餘亦要看新婚是否有沖到，擇辰時麟星佔午，可化天狗佔寅之忌。

☆**貴人登天時遁法：**

1. 先查知月將之位，以氣為主，月將即太陽躔度。

　　雨水＿＿驚蟄在亥。　春分＿＿清明在戌。

　　穀雨＿＿立夏在酉。　小滿＿＿芒種在申。

　　夏至＿＿小暑在未。　大暑＿＿立秋在午。

　　處暑＿＿白露在巳。　秋分＿＿寒露在辰。

　　霜降＿＿立冬在卯。　小雪＿＿大雪在寅。

　　冬至＿＿小寒在丑。　大寒＿＿立春在子。

2. 天乙貴人和貴人登天時相同時，為吉上加吉。由天乙
   貴人所推算而來，所以叫貴人登天時，日子以天乙貴人
   位呼月將之名，呼到**天門亥**，所以叫貴人登天時。

3. 也可直接參看通書貴人登天時查詢。

例1：二月春分後，太陽月將在戌，如擇甲日，甲之貴人（天
   乙貴人）在丑、未，所以從丑起月將名戌，然後推至亥
   宮為申、申時為陰貴，另一從未起月將戌，然後推至
   為寅，寅時為陽貴。

例1：

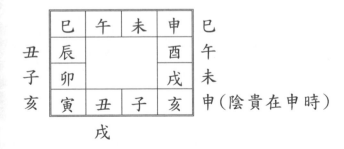

例 1.

戌

巳	午	未	申	亥
辰			酉	子
卯			戌	丑
寅	丑	子	亥	寅（陽貴在寅時）

例 2：

巳	午	未	申	
辰			酉	巳
卯			戌	午
寅	丑	子	亥	未（陰貴在未時）

巳 　（陽貴在巳時）

例 2：七月處暑後，擇丁日，太陽在巳，丁之天乙貴人在
亥、酉，所以從亥起呼月將之名巳，天門亦在此，
所以登天時在巳。另一從酉處呼月將之名巳，推至
亥宮，為未，所以未為貴人登天時。

（貴人登天時丁日在巳、未時）

三十一. 若得太陽同照臨，多生貴子與貴兒

註：太陽就是月將（論氣後）

註：若擇貴人登天時，或麒麟星到宮與太陽同宮時，則能
多生貴子與貴兒。

例 1：雨水後，春分前太陽在亥，選丙日亥時，則太陽與
貴人登天時同宮，喜上加喜，吉上加吉。

例 2：立春後，雨水前太陽在子宮，若選寅時，則麒麟星
亦到子宮，謂太陽麒麟星同照臨，吉也。

例 3：秋分後，寒露前太陽在辰，若選申時，則麒麟星亦
到辰，謂太陽麒麟星同照臨。

三十二. 女命在祿喜司支，夫榮子貴慶齊眉

註1：良時吉課，宜趨吉而避凶。祿、馬、貴人乃相逢而
　　司支然嫁娶以女為主，男命為輔，若能選四柱生旺
　　拱照，吉星雲集，則有自妙夫榮子貴之美。

　2.嫁娶以女命為主，若能選女命的祿元、馬元、貴人
　　者吉，再加天德、月德或三奇貴人則更妙。

三十三. 紅鸞天喜音剋制，破碎刑命祿貴醫

註1：紅鸞日，即女產年也。而天喜為紅鸞之對宮。如子
　　年女命天喜在酉，紅鸞在卯，宜取天喜納音制紅鸞
　　納音。如難制，取三德、三奇、貴人解化亦可。

年命支	子	丑	寅	卯	辰	巳	午	未	申	酉	戌	亥
紅鸞日	卯	寅	丑	子	亥	戌	酉	申	未	午	巳	辰
天喜日	酉	申	未	午	巳	辰	卯	寅	丑	子	亥	戌

　2.紅鸞非吉曜之物，天喜乃血光之神。天喜逢吉擇吉，逢
　　凶擇凶，女命逢之不吉，宜取天喜納音制紅鸞納音或貴
　　人解化。

3. 破碎日：乃嫁日犯女命。子午卯酉命逢「巳」日。
   辰戌丑未命逢「丑」日。　寅申巳亥命逢「酉」日。

4. 逢刑、破碎 → 宜須課中有三合、六合、貴人、命祿制
   化才可取用。

5. 女命犯破碎殺：乃女命男命支互沖，須課取天帝、天后
   全備、三奇、貴人解化。

三十四. 天狗首尾神忌坐，太白凶方莫向之

註：天狗有首、尾、口、腹、背、足、後足等處。忌新人
　　進門踏頭、口、尾，然其例虛謬，不足為憑，現今擇日
　　大都不忌。

1. 天狗、太白、鶴神均為凶，均忌彩轎來往，併房內合婚
   禮席坐向，莫坐莫向。。有犯者，宜休開生三吉方，併
   天月德方，太陽方為吉

2.轎車宜向天德、月德方，自然能解化惡煞吉也。

此表為天狗頭、天狗尾嫁娶之凶方

天狗頭	春酉方	夏午方	秋卯方	冬子方	小姑無子
天狗尾	春卯方	夏子方	秋酉方	冬午方	妨夫主

☆如結婚時在春天，天狗頭在西方，天狗尾在卯方，不宜坐東向西，或坐西向東。

公婆椅（禮席椅）不宜擇此方，（東、西方坐）。

新娘如有孕，切勿動至天狗頭尾或天狗遊方。

　☆　鶴神遊方，太白遊方……太多難避盡，宜坐二德方或休開生三吉，自然能避開。

3.天狗頭：戌酉申日（月厭正月從戌起，戌為狗，二月為酉、三月為申）為春季之月厭，酉居二月為中，故取西方為月厭正法，名天狗頭，餘仿推。犯之則小姑無子。

4. 天狗尾：天狗為天狗相反之未，月厭之相反厭對，犯之
   主妨夫主。

註：太白遊方：一日震、二日巽、三日離、四日坤、
　　　　　　　五日兌、六日乾、七日坎、八日艮、
　　　　　　　九日中宮、十日在天。

☆　若安床選午日與結婚選子日這是不可以的，因安床日
　　與結婚日不能沖；又如在午日安神位，另擇子日開市
　　也不行，會沖到神明坐不穩。

嫁娶凶方：甲乙日午方　　丙丁日申方
　　　　　　戊己日戌方　　庚辛日子方　　壬癸日寅方

鶴神遊方：
己酉、庚戌、辛亥、壬子、癸丑、甲寅日，在艮方。
乙卯、丙辰、丁巳、戊午、己未日，在震方。
庚申、辛酉、壬戌、癸亥、甲子、乙丑日，在巽方。
丙寅、丁卯、戊辰、己巳、庚午日，在離方。
辛未、壬申、癸酉、甲戌、乙亥、丙子日，在坤方。
丁丑、戊寅、己卯、庚辰、辛巳日，在兌方。
壬午、癸未、甲申、乙酉、丙戌、丁亥日，在乾方。
戊子、己丑、庚寅、辛卯、壬辰日，在坎方。

癸巳、甲午、乙未、丙申、丁酉、戊戌、己亥、庚子日在天宮，大吉。

辛丑、壬寅、癸卯、甲辰、乙巳、丙午、丁未、戊申日在天宮，大吉。

嫁娶凶方，天狗遊方、鶴神遊方忌彩轎(車)往來。房中禮席桌(主桌)亦忌位於天狗、太白遊方、鶴神遊方主凶。

天狗遊方：

　立春在艮方，春分在震方，立夏在巽方，夏至在離方。

　立秋在坤方，秋分在兌方，立冬在乾方，冬至在坎方。

三十五. 二德三奇與貴人，諸殺逢之能解移

　二德乃天德與月德。貴人為天乙貴人(堆貴、進貴、貴人登天)、三奇貴人(天上三奇甲戊庚、地下三奇乙丁、人中三奇壬癸辛)等為嫁娶日課之吉神。小殺逢之能解化。

三十六. 神煞紛紜避難盡，善在制化是真機

　神煞眾多，男命有七神煞，女命則有二百七十九條神之多，可知嫁娶實難避盡，但取用之精在於制化得宜，宜審慎為之。

☆嫁娶日課要訣：

1. 乾坤兩造之命均忌沖、殺、刑、刃、回頭貢殺。

2. 兩方主婚父母之禁忌沖、殺日（只忌這兩項）。

3. 嫁娶日無忌過午時，陰陽時都可用；亥日不行嫁（彭祖忌）但亥時可嫁娶。

4. 男陽氣，女陰胎，男天官（正官），女天嗣（食神）忌正沖及偏沖，皆勿用。

5. 男妻星（正財），女夫星（正官）日忌正沖，但偏沖可用。

6. 真胎元，真沖胎元、正沖胎月，此三項忌日不忌時，勿用，而偏沖無忌。

7. 白虎吞胎，宜太陽麒麟星到宮制，貴人登天時亦可解。

8. 六神要清吉，如女命（七殺、偏卯、傷官）犯嫁日可取天干合化或剋洩制化為吉。

9. 女命忌埋兒殺時（嫁日忌出門、進房忌時）。

10. 查嫁娶日之周堂局，如值夫、值婦勿用，其餘可用，但翁姑宜暫避。

11. 犯白虎、天狗宜用紅紙硃字書「麒麟到此」制化，一貼門堂、房內（三朝後取下化掉），連同一百壽金化掉。

12. 犯朱雀宜用黃紙墨書或紅紙書墨書「鳳凰到此」制化為吉。

13 避開：月破、月殺、四絕、四窮、四廢、四離、平日、
　　收日、閉日。

14. 補解化吉神：

　　天月德、天月德合、天赦日、歲德、歲德合、天願、
　　天恩、天喜、月恩、天倉、母倉、黃道、四相、時德、
　　看護、大明，要安、陽德、生氣、聖心、上吉、次吉、
　　吉期、不將、季分、益後、續世、三合、五合、六合、
　　三德貴人、天月德合日、三奇吉日、三奇貴人、太陽
　　合照、太陽拱照，麒麟星到本宮，合照、貴人登天時。
　　天福、天瑞，季分吉日，不將吉日、三合吉日(時)、
　　金匱、大吉利月、吉利月，正官明顯，正印明顯、食
　　神有氣。以上為補解之吉神。

☆擇嫁娶課之步驟:

1. 首先查萬年曆(可購易林堂出版的精校萬年曆,精準又好用)起龍鳳局之八字。

2. 查速查表之乾坤龍鳳兩造之各宮星。

3. 先查訂盟、納采完聘吉日,再查尅擇講義之六十女的清吉日。

4. 擇納采不過午時,查六禮忌例。

5. 算出陽氣、陰胎、天干進一、地支進三。

6. 查合婚卦:體卦、用卦。

7. 查通書紅課女命之嫁娶課(含黑課有嫁娶)。

8. 查女命之大利月,次查吉小利月。

9. 若用翁姑月、父母月,須三德可解,無德要暫避。

(月厭無翁不忌,厭對無姑反為奇,全者德可解)。

10. 查對嫁娶寶鑑乾坤兩合取。(可購買易林堂出版的尅擇講議註解)

11. 查不將神名目,不清吉者要有化。

12. 六神若犯有七殺、偏印、傷官要制化。(查對萬年曆)。

13. 查尅擇講義嫁娶忌例。(周堂局及天德、月德)。

14. 查通書黑課填吉神。

15 查通書安床,勿與嫁娶日相沖,查安床忌

以下表格為擇結婚、嫁娶、婚課速查表

女命年支利月	小利月	大利月	妨翁姑父母（有二德解化亦可用）翁姑	父母	妨女身夫主（德奇貴並臨解／俗深忌）女身	夫主	男女命支凶年	男厄 三德三奇貴人年	女產 解化
子午	六、十二	正、七	二、八	三、九	四、十	五、十一	子 / 丑	未 / 申	卯 / 寅
丑未	五、十一	四、十	三、九	二、八	正、七	六、十二	寅 / 卯	酉 / 戌	丑 / 子
寅申	二、八	三、九	四、十	五、十一	六、十二	正、七	辰 / 巳	亥 / 子	亥 / 戌
卯酉	正、七	六、十二	五、十一	四、十	三、九	二、八	午 / 未	丑 / 寅	酉 / 申
辰戌	四、十	五、十一	六、十二	正、七	二、八	三、九	申 / 酉	卯 / 辰	未 / 午
巳亥	三、九	二、八	正、七	六、十二	五、十一	四、十	戌 / 亥	巳 / 午	巳 / 辰

河魁 不忌憲則	天罡 鈎絞 同鎰凶自	人隔同翻弓凶	披蔴 合不將 制化用	厭對有姑 月德解	月厭有翁 天德解	歸忌 書不重	往亡 與氣往 亡俱忌 俗忌憲	受死 俗深忌 憲不論	嫁娶凶日
亥	巳	酉	子	辰	戌	丑	寅	戌	正
午	子	未	酉	卯	酉	寅	巳	辰	二
丑	未	巳	午	寅	申	子	申	亥	三
申	寅	卯	卯	丑	未	丑	亥	巳	四
卯	酉	丑	子	子	午	寅	卯	子	五
戌	辰	亥	酉	亥	巳	子	午	午	六
巳	亥	酉	午	戌	辰	丑	酉	丑	七
子	午	未	卯	酉	卯	寅	子	未	八
未	丑	巳	子	申	寅	子	辰	寅	九
寅	申	卯	酉	未	丑	丑	未	申	十
酉	卯	丑	午	午	子	寅	戌	卯	十一
辰	戌	亥	卯	巳	亥	子	丑	酉	十二

以上月令以節氣為主。翻弓參考478頁

天嗣 死全凶 墓二字 絕亦用	夫星 死並忌 墓三字 絕全局	正沖天嗣大忌	正沖夫星大忌	真天嗣	真夫星 虎遁五 從	箭刃全 三六合	○女命天干 貴人化	正沖天官大忌	正沖妻官星大忌 虎遁五 從	真天官	真妻星	箭刃全 三六合 貴人化	○男命天干
亥戌酉	卯辰巳	壬申	丁丑	丙寅	辛未	卯酉	甲	丁丑	乙亥	辛未	己巳	卯酉	甲
子丑寅	寅丑子	癸巳	丙戌	丁亥	庚辰	辰戌	乙	丙戌	甲申	庚辰	戊寅	辰戌	乙
亥戌酉	午未申	甲辰	己亥	戊戌	癸巳	午子	丙	己亥	丁酉	癸巳	辛卯	午子	丙
子丑寅	巳辰卯	乙卯	戊申	己酉	壬寅	未丑	丁	戊申	丙辰	壬寅	庚戌	未丑	丁
寅丑子	酉戌亥	丙寅	辛酉	庚申	乙卯	午子	戊	辛酉	己巳	乙卯	癸亥	午子	戊
卯辰巳	申未午	丁丑	庚辰	辛未	甲戌	未丑	己	庚辰	戊寅	甲申	壬戌	未丑	己
巳辰卯	子丑寅	戊子	癸巳	壬午	丁亥	酉卯	庚	癸巳	辛卯	丁亥	乙酉	酉卯	庚
午未申	亥戌酉	己亥	壬寅	癸巳	丙申	戌辰	辛	壬寅	庚子	丙申	甲午	戌辰	辛
申未午	子丑寅	庚戌	乙卯	甲辰	己酉	子午	壬	乙卯	癸丑	己酉	丁未	子午	壬
酉戌亥	亥戌酉	辛酉	甲子	乙卯	戊午	丑未	癸	甲子	壬戌	戊午	丙辰	丑未	癸

白虎日	反目 忌雙全凶宜 三六合貴化	孤辰日 忌雙全	寡宿日 無全用	殺姑日 天德月解化	殺翁日 月德	驛馬 宜欄之吉或正官印制	咸池 宜夫星或正印或長生吉	紅鸞日 即女產宜德奇貴化	天狗日 宜太陽麒麟貴人制	埋兒時 忌進房安床	沖胎日 干正沖凶	胎元日 忌同食神	正三殺凶 非真貴人解化	沖母腹 日時大忌	絕房殺月 合利月有氣則吉	天喜可解厄產	女命年支吉凶
申	酉	寅	戌	寅	未	寅	酉	卯	戌	丑	子	午	未	午	丑	酉	子
酉	戌	寅	戌	寅	申	亥	午	寅	亥	卯	酉	卯	辰	未	卯	申	丑
戌	亥	巳	丑	巳	酉	申	卯	丑	子	申	午	子	丑	申	申	未	寅
亥	午	巳	丑	辰	戌	巳	子	子	丑	戌	卯	酉	戌	酉	午	午	卯
子	未	巳	丑	巳	亥	寅	酉	亥	寅	卯	丑	未	未	戌	卯	巳	辰
丑	申	申	辰	寅	辰	亥	午	戌	卯	申	戌	辰	辰	亥	申	辰	巳
寅	酉	申	辰	寅	辰	申	卯	酉	辰	巳	戌	辰	丑	子	酉	卯	午
卯	戌	申	辰	卯	亥	巳	子	申	巳	午	酉	卯	戌	丑	寅	寅	未
辰	亥	亥	未	卯	酉	寅	酉	未	午	未	寅	申	未	寅	寅	丑	申
巳	午	亥	未	辰	戌	亥	午	午	未	午	酉	卯	辰	卯	卯	子	酉
午	未	亥	未	巳	亥	申	卯	巳	申	巳	戌	辰	丑	辰	亥	亥	戌
未	申	寅	戌	寅	戌	巳	子	辰	酉	子	卯	酉	戌	巳	巳	戌	亥

女命天干	滅子胎 二德三奇 貴人包拱	流霞日 逢刃則忌	紅艷時 夫星印綬化	沖生殺 宜三六合貴包拱	沖命宮 合三就帝	沖夫宮 化六護后
甲	辰	酉	午	巳	申	寅
乙	巳	戌	申	子	酉	卯
丙	未	未	寅	申	亥	巳
丁	申	申	未	卯	子	午
戊	未	巳	辰	申	亥	巳
己	申	午	辰	卯	子	午
庚	戌	辰	戌	亥	寅	申
辛	亥	卯	酉	午	卯	酉
壬	丑	亥	子	寅	巳	亥
癸	寅	寅	申	酉	午	子

女命支凶神	三刑日 命六化合 貴人六化合	破碎日 貴人三六制合	六害日 吉多用	芒神日 吉多用	河上翁煞 字凶字忌 用二全三
子	卯	巳	未	亥	○○○
丑	戌	丑	午	申	戌午寅
寅	巳	酉	巳	巳	○○○
卯	子	巳	辰	寅	○○○
辰	辰	丑	卯	亥	丑酉巳
巳	寅	酉	寅	申	○○○
午	午	巳	丑	巳	○○○
未	戌	丑	子	寅	辰子申
申	巳	酉	亥	亥	○○○
酉	酉	巳	戌	申	○○○
戌	丑	丑	酉	巳	未卯亥
亥	亥	酉	申	寅	○○○

女命生年天干	命宮一	男女宮五	夫妻宮七	女命胎元和虎狗吞胎年（速見表）	女命生年支	胎元	白虎吞胎年	天狗吞胎年	太歲流年白虎、天狗佔一、五、七宮（速見表）	太歲流年支	白虎佔宮	天狗佔宮
					子	午	戌	申		子	申	戌
					丑	卯	未	巳		丑	酉	亥
甲	寅	戌	申		寅	子	辰	寅		寅	戌	子
乙	卯	亥	酉		卯	酉	丑	亥		卯	亥	丑
丙	巳	丑	亥		辰	午	戌	申		辰	子	寅
丁	午	寅	子		巳	卯	未	巳		巳	丑	卯
戊	巳	丑	亥		午	子	辰	寅		午	寅	辰
己	午	寅	子		未	酉	丑	亥		未	卯	巳
庚	申	辰	寅		申	午	戌	申		申	辰	午
辛	酉	巳	卯		酉	卯	未	巳		酉	巳	未
壬	亥	未	巳		戌	子	辰	寅		戌	午	申
癸	子	申	午		亥	酉	丑	亥		亥	未	酉

嫁娶日課制化（速見表）

項目	忌	制化
1. 沖乾、沖坤、沖父母	忌日、時	偏沖三合、六合制化用。正沖大凶勿用。
2. 殺乾、殺坤、殺父母	忌日、時	假三殺貴人制化用。真三殺大凶勿用。
3. 沖陽氣、沖陰胎	忌日、時	女命食神有氣制化用。（正沖食神有氣可用）
4. 沖天官、沖天嗣	忌日、時	逢寅申巳亥日時的偏沖。三合、六合制化用。
5. 沖夫星、沖妻星	忌日	單忌正沖（天剋地沖）。偏沖不忌。
6. 沖胎元	忌日	忌正沖和天同地沖勿用。偏沖三合、六合用。
7. 男女命三刑日	忌日	三合、六合、貴人制化用。
8. 沖命宮（一）	忌日	三合、六合制化。
9. 沖夫妻宮（七）	忌日	三合、六合或天帝日、月德日制化用。

19. 白虎、天狗吞胎年	18. 天狗日	17. 白虎日	16. 殺姑日	15. 殺翁日	14. 男女命回頭貢殺	13. 夫星、天嗣死墓絕	12. 孤辰、寡宿	11. 箭刃、反目	10. 沖男女宮（五）
忌年	忌日	忌日	忌日	忌日	忌三字全	忌三字全	忌兩字全	忌兩字全	忌日
由胎元找三方四正（太陽麒麟星到宮） 貴人登天時或太陽麒麟星到宮用。	貴人登天時或太陽麒麟星制化用。	麒麟日或麒麟符制化用。	歲德、月德 月德合日 制化（或無姑可用） 歲德合日	歲德、天德 天德合日 制化（或無翁可用） 歲德合日	大凶勿用。（又名：河上翁煞）。	大凶勿用。（二字可用）。	大凶勿用。（一字可用）。	三合、六合、本命日貴可制化。	歲德、天德、月德日、三奇貴人 歲德合、天德合、月德合日 制化吉。

29. 咸池（桃花）日	28. 驛馬日	27. 流霞日	26. 紅鸞日	25. 傷官、偏官、偏印	24. 紅艷時	23. 埋兒時	22. 絕房殺月	21. 男厄年、女產年	20. 太歲白虎、天狗佔一五七宮
忌年	忌日	忌日	忌日	日課四柱忌天干有	忌時	忌時	忌月	忌年	忌一五七宮
正官、正印或長生日制化用。	正官、正印或欄時制化用。如申日用酉時欄之。	四柱無沖不忌。	天德、月德、歲德、天乙貴人日時、三奇貴人貴人登天時。制化。	取日課四柱天干制。剋一對一。化（洩）一對三。天干五合亦可制化。	正官、正印制化用。	大凶勿用。（忌進房）。	大利月、吉利月、食神有氣月、日制化用。	天德、月德、天月德合日、天乙貴人日時貴人登天時、三奇貴人到日課天干解化。	貴人登天時或太陽麒麟星到宮、三六合、照制化用

30. 女命沖生殺	31. 女命破碎日	32. 朱雀佔坤宮	33. 嫁娶周堂	34. 嫁娶白虎	35. 翁姑月	36. 父母月	37. 月厭凶日	38. 厭對凶日	39. 日時白虎、朱雀
忌日、時	忌日	忌日			忌月	忌月	忌日	忌日	忌日、時
三六合、貴人日、時制化。（沖長生位：如甲長生亥見巳）	三合、六合、貴人日、時制化。	無翁不忌。有翁天德解化或鳳凰符貼坤宮化。	顯、曲、傅星到日或三皇符貼堂制化吉。	麒麟日或用麒麟符制化吉。	天德、月德、歲德制。或翁姑勿接新人吉。	天德、月德、歲德制。或女方父母新人出門勿送吉。	天德、月德、歲德合日　制化用（或無翁可用）。	歲德、歲德合日　制化用（或無姑可用）。	日、時白虎，麒麟或麒麟符制化用。日、時朱雀，鳳凰或鳳凰符制化用。

解讀使用農民曆依紅皮通書的第一本觀材

日犯日解、時犯時解；又日犯食神有氣可解時犯，但時不可解日。　如甲年命陰胎為庚申，擇甲寅日，者甲為進祿，寅堆長生。**沖陽氣，還是以女命年干找食神有氣。**

坤造食神（天嗣）有氣定局

年干	甲	乙	丙	丁	戊	己	庚	辛	壬	癸
天嗣	丙寅	丁亥	戊戌	己酉	庚申	辛未	壬午	癸巳	甲辰	乙卯
干同旺	丙	丁	戊	己	庚	辛	壬	癸	甲	乙
進貴	辛	丁丙		丙丁	乙己	甲戊庚	辛	壬癸		壬癸
進祿		甲	壬	辛	庚		丁	丙戊		乙
進馬		申子辰	巳酉丑			寅午戌		亥卯未		
進長生	丙戊	甲		丁己	壬		乙	庚		癸
進旺	乙	癸		庚	辛		丙戊	丁己		甲
堆貴	亥酉	亥酉	丑未	子申	丑未	午寅	卯巳	卯巳	丑未	子申
堆祿	巳	午	巳	午	申	酉	亥	子	寅	卯
堆馬	申	巳	申	亥	寅	巳	申	亥	寅	巳
堆長生	寅	酉	寅	酉	巳	子	申	卯	亥	午
堆旺	午	巳	午	巳	酉	申	子	亥	卯	寅

安床宜忌請參考第 450 頁

訂婚宜忌請參考第 456 頁

☆閱讀完本書，如有任何的問題，歡迎預約時間諮詢、解答，針對您的問題做答覆解析，節省時間又節省金錢，學習效果佳，每 3 小時為一個單位 21000 元。

☆如要學習本書安神位、入宅、開市之買車及擇日篇；結婚、嫁娶細批全章吉課篇，有基礎者 15 小時可學習完成，歡迎一對一報名預約時間。學費每人 78000 元，團體另有優待。

☆於安神位、開光點眼、神主牌位書寫、雙姓公媽處理之實質操作、應用作法、儀式步驟、專屬之應用操作課程，可在六小時內學成整套課程，歡迎一對一報名參加，每人學費 42000 元，團體另有優待。

擇日用事術語註解

祭祀：指祠堂之祭祀，即拜祭祖先和拜神明或寺廟的
　　　祭拜等儀式之事宜。

祈福：酬神祈求神佛降福或設醮還願、謝神恩之事。

求嗣：指向神明祈求後嗣（子孫）之意。

開光：神佛像塑成後，要開光點眼、供奉上位之事。

塑繪：寺廟之繪畫或雕刻神像、畫雕人像等。

設醮：設醮建立道場祈拜、求平安等事。

齋醮：指設法會超渡功果之事。

納采：結婚姻，締結婚姻的儀式，受授聘金。

裁衣：裁製新娘衣服或製作老人壽衣。

合帳：製作蚊帳之事。

嫁娶：男娶、女嫁男女舉行結婚大典的吉日。

冠笄：「冠」指男；「笄」指女。舉行男女成人的儀式，
　　　稱之為冠笄，與冠帶同。

納婿：指男方入贅於女方為婿之意。同嫁娶。

進人口：指收養「養子女」而言，或徵聘人員、助手。

沐浴：清洗身體。指沐浴齋戒而言。

剃頭：初生嬰兒剃除胎毛或削髮為僧尼。

整手足甲：指初生嬰兒第一次剪修手足甲。

解除：指沖洗清掃宅舍，解除災厄之事。

出火：指移動神位，「火」指「香火」到別處安置而言。

出行：指外出旅遊、出國觀光遊覽。

修造：指陽宅房屋、寺廟、倉庫之修理。

動土：陽宅建築時，第一次動起鋤頭挖土。

定磉：固定柱下之石頭，謂之定磉。

起基：起基建房屋，為基礎工事。

伐木做樑：破伐樹木，製作屋頂樑木等事。

豎柱：豎立建築物的柱子。

上樑：安裝上建築物屋頂的橫樑木。

開柱眼：指作柱木之事。

安屏扇架：製作門扇、摒樟等工作或隔間裝璜等。

架馬：指建築架台等事。

蓋屋合脊：裝蓋房屋的屋頂等工作。

求醫療病：僅指求醫治療慢性痼疾或動手術。

拆卸：拆掉建築物或拆除圍牆之事。

安門：房屋裝設門戶等工事。

安床：指安置睡床、臥舖之意。指一般床。

新婚床：新婚床與一般床不同，安新婚新人睡的床，因
　　　　為要生育，所以不可犯埋兒宿及埋兒凶時、陽
　　　　氣陰胎、天官天嗣沖忌、四柱逢梟印需制、夫
　　　　星妻星正沖亦　忌。

入宅：新居落成，遷入新宅之儀式。指新完工建築。

安香：堂上供奉神明之神位或祖先之香爐供奉等事。

移徒：搬家遷移住所之意。

分居：指大家庭分家，各自另起爐灶之意。

豎旗掛匾：豎立旗柱和懸掛招牌或各種匾額。

開市：公司商店行號開張做生意或開幕之意。或新年
　　　「年初」首日營業或工廠開工等事。

納財：購置產業、進貨、收賬、收租、貨款、討債、
　　　五穀入倉等。

立券交易：訂立各種契約書互相買賣交易之事。

醞釀：指釀酒、造作醬料菜等事。

補捉：撲滅農作物害蟲或生物之事。

畋獵：打獵或補捉禽獸等工作事宜。

納畜：買入家畜飼養之事如雞、鴨、鵝等。

教牛馬：謂訓練牛馬之工作。

栽種：種植物或種田禾或接果之事。

破屋壞垣：指拆除舊房屋或圍牆之事。

開井開池：開鑿水井、挖掘池塘。

作陂放水：建築蓄水池、將水灌入入蓄水池。

開渠穿井：開築下水道、水溝及開鑿水井等事。

修築穿井：修建河堤邊的護欄，蓄積水利灌溉田禾之事宜。

開廁：建造廁所。

造倉庫：建築倉庫或修理倉庫，建儲藏室之事。

補垣：補修牆壁之事。

塞穴：指堵塞洞穴或蟻穴，及其他洞穴等。

平治道塗：指舖平道路等工程之事。

修墓：修理墓墳或陰宅整修等事。

啟攢：指「洗骨」之事。撿死人的骨骸，俗稱之為「拾金」。

開生墳：開造墳墓，指人未死亡先作墳墓，俗謂長生
　　　　墳。

合壽木：製作棺材之意。

入殮：將屍體放進棺木之意。

成服：穿上喪服。

除服：脫下除去喪服。

移柩：舉行葬禮時，將棺木移出屋外之事。

破土：僅指陰宅建造前第一次動起鋤頭挖土稱之「破
　　　　土」。

　　非陽宅建築房屋的「動土」，現今社會上多已濫用。

　　擇日時，須辨別之，勿搞錯。

謝土：建築物完工後，所舉行的祭祀、祭典。

安葬:舉行埋葬等儀式，或進金等。

擇日學與八字時空洩天機的應用

「八字時空洩天機-雷、風兩集」發行至今未滿一年，卻已造成八字學上的瘋狂，諸多的讀者為「續集」及「八字十神洩天機」紛紛打電話詢問何時出書，因為這次擇日課的教學，所以先整理了「教您使用農民曆及紅皮通書的第一本教材」，目前已完成上冊及中冊，在此向您說生抱歉；此套書籍出版後，會繼續篇著「八字時空洩天機及十神洩天機」系類書籍。

此套擇日叢書與「八字時空洩天機系類」同屬無中生有的課程，也就是利用大自然之氣來擇日選時，「八字時空洩天機系類」是利用當下時間來作解盤分析，而擇日是利用「時空洩天機」解讀之理論，反推製造好的時間契機、時空，來引動事業、金錢、感情、婚姻…等等之旺氣，這也就是天、地、人、合為一的應用方式，「教您使用農民曆及紅皮通書的教材、上冊、中冊」都是在強調傳統擇日學的應用，應用在選時、趨吉避凶，而下冊(第三本教材)是結合大自然之氣的運用，製造一切的吉利人、事、地、物。比方說：我們本身八字印星不足，那麼我要用五行印星的氣及物質來補足，或是用什麼方式、擇日、選日、

選方位製造貴人、桃花、事業、金錢；以下是利用出生八字的日主，配合印星吉印章與材質來增加印星之氣，以及「八字時空洩天機」的時空論斷，應用案例解析。

日主五行屬性與印章材質應用方式

日主屬火可用木，印章用木的材質，來加強印星之氣。

日主屬土可用火，印章用象牙的材質，來加強印星之氣。

『牙齒取象辛金、巳火（庚金長生在巳），巳火受傷牙齒排列不整齊』。

日主屬金可用土，印章用牛角（丑）的材質，來加強印星之氣。

日主屬水可用金，印章用大理石、水晶、玉的材質，來加強印星之氣。

日主屬木可用水，印章用黑色、牛角的材質，丑中結冰暗藏水份（財官相生）來加強印星之氣。

此方法就是利用外在的物質或氣來補足欠缺不足之處。

八字時空洩天機案例解析

（以下案例為鄭忠山老師與吳淑琴老師筆錄提供）

時間：民國九十八年國曆十月二十日晚上九點三十五分

　　在台南市救國團上課

正	正	日	偏	劫
官	財	主	官	財
乙	**癸**	**戊**	**甲**	**己**
卯	**亥**	**戌**	**戌**	**丑**
正	偏	比	比	劫
官	財	肩	肩	財

問題：此次義賣飲料活動成果及天氣如何？

師答：此次的義賣活動是賣「冬瓜茶」，而且在未煮之時，有些已開始生水融化。當天會有短暫性的下雨，而且不會因下雨而影響人潮，地上的雨馬上被排放，所以人潮、人氣旺，業績豐收。

解析：1、先由左而論，以「乙卯」攀爬的乙木加上「卯」的果實取象為「冬瓜」，「戌」為烘乾後的結晶體，「亥」中藏「壬、甲」，來源為乙木後的甲為大之象，「戌」中藏「丁」，由此可推論為冬瓜露煮成「冬瓜茶」之象。（經當場應証為正確）

2、以「乙卯」為來源，由左往右而論「亥」之後的「戌」
為結晶濃縮體，再由右往左來論「戌」之後的「亥」水
為融化之象，表冬瓜露還沒開始烹煮就已融化。實際為
忘了放入冰箱造成。

3、「癸亥」為雨水之象，「甲戌」：「甲」為大的樹木或撐開
的傘，「戌」為一固定物或結晶體之象，故可論為因下
雨而撐著傘的象。但人氣不會因下雨而減少，因為「戊
戌」為乾燥的土地，所以是短暫的下雨；若是「未土」，
則為泥濘不堪的爛土，有可能是下大雨或場地排水不
佳，則會影響人潮。（後來經應証為正確）

4、因「甲木」化進神為「乙卯」，可論斷為人氣旺，業績
頗佳！

案例二：

時間：民國九十八年國曆十月八日晚上七點三十五分

在台南市救國團上課，學生提問。

正　食　日　偏　傷

印　神　主　官　官

乙　戊　丙　甲　己

卯　戌　戌　戌　丑

正　食　食　食　傷

印　神　神　神　官

問題：要賣的土地事宜？

老師：一. 這塊土地有 300 坪，土地方正。

　　　二. 這塊土地的旁邊有農地，種植蔬菜，但不是給人

　　　　　食用的，而是當種子用途。

　　　三. 此塊地是建地，而旁邊的土地是農地。

　　當下同學大為驚奇，完全不用任何資料，卻能如此精準的

論斷？

解析：

一. 原本以「乙卯」用三八為朋木，所以取象為「3」，

　　故推論土地 300 坪，當事者也認同，後經老師思索細論

　　應為 299 坪，取象：1「卯戌合」皆為 2 之象，2、「戌」

可取「5、10、11、9」用 9 之象，因 299 最接近 300，

故可將論斷更為細膩精準以貼近事實，經求證確實為

299 坪！當事者真是驚訝！

二. 此地旁有農地栽種植物不是給人食用，而是要當成種子

用途。

取象：「乙」為攀爬性植物，「卯」為結果之象，遇旁有

「戌」為烘乾結晶體，「卯戌合」夫征不復、婦孕不育，

取為不正常的結果，不正常的採收，故論為種子。

三. 此為建地，旁有農地。

取象：乙卯為人多熱鬧之象，故取為建地。戊戌、丙戌就

為農地乃沒有木（人），甲己合化土取象另有別墅

之象。

取象：「戊戌」為農地之象，而「丙戌」來源為「甲己合」

之土，「己」為熱鬧的平原或平地，故取日柱「丙戌」

為建地之土

案例三：

時間：民國九十九年國曆七月十六日晚上九點零五分

在台南市大學路救國團上課，學生提問。

<table>
<tr><td>傷</td><td>偏</td><td>日</td><td>偏</td><td>正</td></tr>
<tr><td>官</td><td>財</td><td>主</td><td>官</td><td>財</td></tr>
<tr><td>**戊**</td><td>**辛**</td><td>**丁**</td><td>**癸**</td><td>**庚**</td></tr>
<tr><td>**子**</td><td>**亥**</td><td>**卯**</td><td>**未**</td><td>**寅**</td></tr>
<tr><td>偏</td><td>正</td><td>偏</td><td>食</td><td>正</td></tr>
<tr><td>官</td><td>官</td><td>印</td><td>神</td><td>印</td></tr>
</table>

同學：老師我想問問題，是否可用現在的時間，看出我買房子的狀況？及我裝潢的費用會花多少錢？

老師：當然可以，我們把丁卯定位為此房子，此房子為24坪，亥卯未三合為東北向、東北納氣，庚寅年柱的庚為丁之正財，寅為丁之正印，用此柱定位為總價，金額為３７５萬（寅中藏甲丙戊），庚金生癸水，寅木剋未土，必可殺價成功為３２０萬，我們也可直接用庚寅柱及癸未柱來論斷裝潢及搬入新家所產生的費用，裝潢１７萬、家俱２０萬，總共花費３７萬，亥卯未三合木，木為印星，此房子買賣也與長輩有關。

同學：老師推論的很準，沒有錯，１７萬是我裝潢的預算，家
　　　俱的預算也是２０萬，當然總花費約３７萬，而且這
　　　房子是我父母出錢買的。

案例四：

劫	日	偏	正
財	主	印	印
癸	**壬**	**庚**	**辛**
卯	**午**	**寅**	**亥**
傷	正	食	比
官	財	神	肩

　我們在論斷六親時通常以月、日柱為定位論六親，因年
柱為祖上宮位，當時年紀還太小，較記不清楚 寅亥合，年
輕時感情易被困、屯住之象，可能是愛情長跑或不被長輩
認可，至壬午柱，午火讓寅木脫離亥水困住之象；早年辛苦
（月柱金剋木，勞其體膚），娶妻後脫困想藉宗教或玄學（午
火）了解之前為何被困、屯住；走到庚遇壬、癸，為將軍作
戰成功，事業開口就好、開口就成功，以此論為公司主管；
壬午柱為丁壬合化木，化在寅和卯，先寅，從小兵做起，至
卯為化進神，事業更佳；丁壬合木為食傷，事業成功後易有

桃花之象,寅變卯也為桃花,庚壬變為庚癸,作戰成功,越來越輕鬆。在戌年時易被招投資,會失財星,或老婆身體不好;亥透干壬,為不能掌控之事,傷寅木和卯木,風水有問題;壬水祿在亥,得先天財,此八字與祖先有感應,應處理祖先問題,之後可成就一方,一帆風順。

「八字時空洩天機」取象論述要點:

1、　取象以先論干支合、衝之象:有合則論合之象、有衝則論衝之象,兩者皆存在,同時論斷。酉與亥或子水雖不合或衝之象,但水會入酉(兌為澤),易有情性不穩定之象。

2、　了解問題:充份了解問題所在,取象或取用神才會正確,問題不同,切入點就不同。

3、　要有互動:在互動之中所取得的訊息可旁敲出更多的象,也才能了解切入點是否正確,取象是否正確。

4、　多給鼓勵:凡人沒有所謂的「天機」,只有因為求準確度而做出令人恐懼的論述才會造口業,這是 95% 以上的命理師的通病!因此只要多多給求問者心理上的鼓勵、肯定、信心,這無非是功德一件的大好事項!

　　以上一、二、三案例，雖然沒有出生的八字，卻比八字論斷還精準，所以用擇日選時倒推之理論，擇取好的日課，製造良辰吉時，這是此套擇日學與眾不同的地方，別人不能，太乙著作系類能讓您製造好的磁場，最後感謝您再次的支持，是作者及易林堂的動力。

恭祝：開卷閱讀

　　　　　　順心　　如意

附　錄　太乙文化事業

揭開八字神秘的面紗

(時空卦象高級班面授課程表)

課程內容:

1. 五行及十天干、十二地支申論類化。

2. 四柱八字排盤定位及第五柱排列、應用法。

3. 十神申論類化，六親宮位定位法則。

4. 刑、沖、會、合、害、申論、變化、抽爻換象法。

5. 太極兩儀法論斷及演練。

6. 格局及宮位的互動變化申論。

7. 長相、個性、心性論斷法。

8. 父母宮位、緣份、助力論斷法。

9. 兄弟姊妹、朋友、客戶緣份或成就論斷。

10. 桃花、感情、婚姻、外遇及夫妻緣份之論斷。

11. 考運、學業、成就論斷。

12. 子媳緣份及成就論斷。

13. 財富、事業、官貴、成就論斷。

14. 疾病、傷害、疤痕申論類化論斷。

15. 陽宅及居家環境,地理方位論斷技法。

16. 數字推論技法、位序法演化論斷。

17. 流年、流月、流日起伏論斷技法、應期法。

18 掐指神算演化實戰法(不需任何資料就能掌握住對方的過去、現況及未來,快、狠、準。

19. 綜合實戰演練及技巧解說。

　　以上1～6大題讓你將五行、十天干、十二地支、十神、六親及刑沖會合害,再繼續往下延伸類化,萬丈高樓平地起7～14大題的論斷技巧來自於這6大題的根基,是實戰課程中最重要的築基篇,不可跳躍的課程。

7～14大題是人生的妻財、子祿論斷技法分析演練,讓你掌握住精隨,快速又準確。

15～19大題是高級職業八字論斷秘訣是坊間千金不傳之訣,讓你深入其中之祕,讚嘆不已。

◎上課中歡迎同學提問題發問,乃可當實例解說,所以以上的課程內容及應用論斷法,會以同學提出的案例解析,直接套入應用說明演練,及分發前幾期同學的上課實錄筆記,作為直斷式解說演練。

◎總上課時數16堂共35小時

◎每堂課程,前二十分鐘,複習上一堂的課程,以便進度銜接要轉為終生八字職業班可扣除已繳交的金額,及上課時數

開啟八字命運的金鑰匙

(長長久久終身八字職業班面授總課程表)

課程內容:

1. 五行及十天干、十二地支申論類化。

2. 八字排盤定位、大運、流年

3. 地支藏干排列組合應用法

4. 十神申論類化, 六親宮位定位法則

5. 刑、沖、會、合、害、申論、變化、抽爻換象法

6. 格局取象及宮位互動變化均衡式論命法

7. 十二長生及空亡應用論斷法

8. 十天干四時喜忌論命法

9. 長相、個性、心性論斷法

10. 父母宮位、緣份、助力論斷法。

11. 兄弟姊妹、朋友、客戶緣份或成就論斷。

12. 桃花、感情、婚姻、外遇及夫妻緣份之論斷。

13. 夫妻先天命卦合參論斷法

14. 考運、學業、成就論斷。

15. 子媳緣份及成就論斷。

16. 財富、事業、官貴、成就論斷。

17. 疾病、傷害、疤痕申論類化論斷。

18. 神煞法的應用、論斷及準確度分析。

19. 陽宅、陰宅、方位及居家環境申論類化。

20. 數目字演化論斷。

21. 六親定位配盤法。

22. 大運、流年、流月、流日起伏論斷、應期法及化解法

23. 掐指神算演化實戰法(不需任何資料就能掌握住對方的
    過去、現況及未來,快、狠、準)

24. 六十甲子配卦論斷法,一柱論命法,將每一柱詳細作情
    境解析。

25. 干支獨立分析論斷法。

26. 命卦合參論斷法

27. 奇門遁甲化解、轉化法。

28. 奇門遁甲時空造運催動法。

29. 綜合實戰技巧演練, 及成果分享)。

　　以上課程總時數約 96 小時(含演練, 及成果分享)

　　課程, 前 20 分鐘複習上一堂的課程, 以便進度銜接

◎課程以小班制為主, 6 人開班(不足六人將會縮短時數)

◎另有一對一的課程, 時間彈性, 總時數約 64 小時(8 個月
　之內完成)

　　以上 1~8 大題讓你將五行、十天干、十二地支、十神、六親及刑沖會合害, 深入淺出, 往下延伸類化, 是實戰重要的築基篇, 不可跳躍的課程。

9~18 大題是人生的妻、財、子、祿論斷技法分析演練, 讓你掌握住精髓, 快速又準確。

19~23 大題是職業八字論斷秘訣, 是坊間千古不傳之祕, 讓你深入其中之祕, 讚嘆不已。

24~26 大題, 讓你一窺八字結合易經之妙, 體悟祕中精髓, 深入觀象類化, 再窺因果之祕。

27~28 大題, 讓你掌握造運之竅, 催動無形能量, 創造磁場。

◎上課中歡迎同學提問題發問, 乃可當實例解說, 所以以上的課程內容及應用論斷法, 會以同學提出的案例解析, 直接套入應用說明演練, 及分發前幾期同學的上課實錄筆記, 作為直斷式解說演練。

課程結束後, 不定時回訓及心得分享
◎有再開八字課程時, 可無限期旁聽複訓◎

太乙（天易）老師經歷簡介

經歷: 79年成立太乙三元地命理擇日中心,開始從事命
諮詢、陽宅、風水、堪輿服務,目前積極從事推廣
五術,用大自然觀象法理論教學及諮詢服務。

現任台南市救國團命理五術指導老師

指導項目：

◎十個數字看一生　　　　◎揭開數字、姓名文字密碼
◎開啟八字命運金鑰匙　　◎揭開八字神秘的面紗
◎基本擇日入門初學法　　◎姓名、易經、心易占卜
◎直斷式姓名學與八字學　◎十全派姓名學

現任

台南市國立生活美學館（前社教館）：揭開八字的奧秘
授課老師

附設長青生活美學大學：揭開八字時空及姓名的奧秘
授課老師

太乙（天易）老師著作簡介

著作：

民國七十九年統一日報命理專欄作家，著作「果老星學祕論」。

民國八十年著作中原時區陰陽對照萬年曆，由文國書局出版，筆名：王皇智。

九十九年十月著作的中原時區陰陽對照彩色版萬年曆，由文國書局出版，筆名王皇智

◎一百年八月著作「窮通寶鑑評註」，筆名：太乙 。

◎一百年十月著作「八字時空洩天機-雷集」。雅書堂出版

◎一百零一年三月出版「八字時空洩天機-風集」。雅書堂

◎一百零一年七月出版「史上最便宜、最豐富、最精準彩色精校萬年曆」易林堂文化出版

◎一百零一年八月出版《教您使用農民曆》易林堂文化出版

◎一百零一年九月出版《教您使用農民曆及紅皮通書的第一本教材(上冊)》。易林堂文化出版

◎一百零一年十月出版《教您使用農民曆及紅皮通書的第二本教材(中冊)》。易林堂文化出版

◎一百零一年十一月出版《八字十神洩天機-上冊》。易林
　堂文化出版

◎一百零一年十一月出版《剋擇講義》。易林堂文化出版

◎一百零一年十二月出版《八字十神洩天機-十天干顯用法
　上冊》。易林堂文化出版

◎一百零二年二月出版《結婚擇日全選》。易林堂文化出版

◎《雷、風兩集》基礎理論及中階課程現場教學 DVD 影片。
　太乙文化出版。郵購附錄於後

◎《姓名、易經、心易占卜解碼全書》，現場教學 DVD 影片。
　太乙文化出版。郵購附錄於後

◎《姓名、易經、心易占卜解碼全書》。太乙文化出版。
　郵購附錄於後

◎《三八四爻占卦體用註解》。太乙文化出版。
　郵購附錄於後

本書編者，服務項目

★陰宅或陽宅鑑定，鄰近地區每間、每次壹萬陸仟捌佰元。

★現場八字時空卦象解析論命，每小時貳仟肆佰元整，超
　過另計（每十分鐘肆佰元整），以此類推。

★細批流年每年六仟六佰元整。

★取名改名每人六仟六佰元整

★名鑑定隨緣。

★剖腹生產擇日八仟八佰元整。

★一般擇日每項六仟六佰元整

（一項嫁娶）（二項.動土、上樑、入宅）（　三項.入殮、進塔）

請事先以電話預約服務時間。以上價格至民國 105 年止，另行調整。

★八字時空卦高級班、終身班傳授面議。（不需任何資料直　斷過去、現況、未來）。

★直斷式八字學傳授面議。

★十全派姓名學傳授面議。

★手機、電話號碼選號及能量催動傳授。

★陽宅、風水、易經六十四卦陽宅學傳授面議。

★九宮派、易經六十卦、玄空、陽宅學傳授面議。

★**整套擇日教學:**一般擇日、入宅、安香、豎造、喪葬　　　　　　　課、嫁娶結婚日課、　地理造葬課傳授面議。

★　**兩儀:**數字卦傳授教學。

以上的教學一對一為責任教學，保證學成。

☞ **預約電話：0982571648　　0929208166**

（06）2158531

☞ **服務地址：台南市國民路 270 巷 75 弄 33 號**

好消息：涵授資訊 DVD 來了
　　　千載難逢的命理寶典出爐了
　　　鐵口直斷的切入角度
　　　讓您茅塞頓開

八字時空洩天機教學篇:

　　「八字時空洩天機-雷、風集」的基礎理論及中階課程已錄製好現場教學 DVD 影片，共有 10 集，每集約 1 小時 30 分鐘，此套課程由「十天干、十二地支的基礎，延申，八字排盤、掌訣、大運排法，刑、沖、會、合、害的延申、應用實際案例解析，太乙兩儀卦應用、實戰、分析，讓您掌握快、狠、準的現況分析」；全套 10 集共約 15 小時（價格低於市價，市價平均每小時 600 元），原價 6600 元，優惠「雷、風集」的讀者 3980 元，再附送彩色萬年曆及講義一本，是學習此套學術最有經濟價值、最好最划算的一套現場教學錄製 DVD，內容活潑生動，原汁原味，可反覆播放研究，讓您快速學習到此套精華的學術。

易經占卜教學篇：

◎占卜字典：《姓名、易經、心易占卜解碼全書》及《384
爻占卦體用註解》，可成為日常生活中的葵花寶典，鐵口
直斷，機會難逢。當您遇到難以啟齒的問題時，不必求
助神明或命理大師，自己占卜讓您嘖嘖稱奇，準到不可
思議。全套共 2 冊（共 1004 頁）原價 3200 元， 優惠價
2200 元

◎DVD：現場教學錄製 DVD 一套四集，共約六小時。內容教
您如何應用字占、數字占、時間占、姓名起卦、生日起
卦、梅花心易、金錢、米粒骰子、樹葉、火柴棒起卦，
也可用聲音、人物、面相起卦，不同的起卦方法是講究
方便及靈活性為主，但作用則殊途同歸，以「易經」卦、
爻、辭來解惑，用以開創新契機，將可成為日常生活中
解決困難的好方法，機會難逢。優惠價 2200 元（價格低
於市價，市價平均每小時 600 元）。

◎全套共 2 冊合購加現場教學錄製 DVD 一套四集共約六小
時原價 4400 元，優惠價 3980 元

◎《易經、心易占卜解碼全書》加《384 爻占卦體用註解》
加「現場教學 DVD 影片」再加「八字時空洩天機-雷、風
集」的基礎理論及中階課程現場教學 DVD 影片，四者合
購特價優惠 7600 元

◎購買此套 DVD 兩個月內，觀看影片內容有任何問題歡迎

　來電諮詢　※電話諮詢時間：

　星期一至星期五早上 10:00～11:00　下午 4:00～5:00

諮詢專線：06-2158531（楊小姐、杜小姐）

訂購方法：　1. 請撥 06-2158531（楊小姐、杜小姐）

　　　　　　2. 傳 E-mail 到　too_sg@yahoo.com.tw

　　　　　　3. 傳真訂購專線：06-2130812

請註明訂購者姓名、電話、地址以及購買內容

付款方法：1. 郵局帳號：**局號** 0031204　**帳號** 0571561

　　　　　　戶名：楊貴美

　　太乙文化事業部，有很多即時資訊，歡迎上部落格觀賞。

除此之外，筆者也不定時在　太乙文化事業　部落格與大家分

享相關最新訊息及上課心得。

請搜尋　　太乙文化事業　有詳細資

八字時空洩天機【雷集】 軟皮精裝　訂價:380元　作者：太乙

　　《八字時空洩天機》是結合「鐵板神數」之理論，利用當下的時間，作為一個契機的引動，也將一個時辰兩個小時的組合轉化為一百二十分鐘，再將一百二十分鐘套入於十二地支當中，每十分鐘為一個變化、一個命式，套入此契機法，配合主、客體的交媾直斷事項結果，結合第五柱論命的原理，及易象法則與論命思想精華匯集而成的一套學術。

　　本書突破子平八字命理類化的推命法則，及同年同月同日同時生的迷惑，而且其中的快、準、狠讓求算者嘖嘖稱奇。以最自然的生態、日月運行交替、五行變化，帶入時空，運用四季，推敲八字中的奧妙與玄機。

八字時空洩天機【風集】 軟皮精裝　訂價:380元　作者：太　乙

　　《八字時空洩天機》是結合「鐵板神數」之理論，利用當下的時間，作為一個契機的引動，也將一個時辰兩個小時的組合轉化為一百二十分鐘，再將一百二十分鐘套入於十二地支當中，每十分鐘為一個變化、一個命式，套入此契機法，配合主、客體的交媾直斷事項結果，結合第五柱論命的原理，及易象法則與論命思想精華匯集而成的一套學術。《八字時空洩天機》【風集】則從最基礎的《易經》卜求、五行概念、八字基礎，以十神篇，說明《八字時空洩天機》的命理基礎，再運用契機法，算出自己想知的答案，讓你在輕鬆的氛圍中，領悟出相關卦象及自然科學生態循環之要點，不求人地算出自己的前程未來。

八字十神洩天機【上冊】作者：太乙 易林堂　定價：398 元

　　「八字十神洩天機—上冊」是再次經過精心設計編排的基礎五行、十天干、十二地支、十神特性論斷，彙集十神生成導引之事項細節延申、時空論斷及推命之步驟要領、論命之斷訣、八字天機秘論、個性導引十神代表，以及六十甲子一柱論事業、公司、老闆、六十甲子配合六十四卦、一柱斷訣之情性，結合時空論命訣竅及易經原理、直斷訣，論命技巧與思想，精華串連起來彙集而成的一套學術更是空前的編排組合，請拭目以待。

史上最便宜、最精準、最實用的彩色精校萬年曆
作者：太乙　慶祝首次發行　特優價精裝：320元

　　萬年曆書，向來為星命相學家所必備之工具手冊，而易林堂出版的陰曆及陽曆對照之萬年曆，尤便利世人對於出生日期作陰陽曆之換算、八字排盤，或是商業既往之時日對照。所謂「工欲善其事，必先利其器。」　　本書系除了提供正確精算的陰陽曆書外，亦包括擇日、八字排盤、斗數排盤、命名、印相、名片等基本知識，為星命相學家之最好的一本工具書，更是一本命理八字的活字典。

　　　易林堂出版的五術系類書籍，就是要讓您如何知命、用命、運命，由觀察大自然無常現象的變化，體驗出其中的道理，強調的是德行、能力、契機與智慧融合的一整套萬用命理書籍。

「教您使用農民曆」　作者：太乙　易林堂出版　平裝：280元

　　農民曆及紅皮通書是我們的老祖先，將宇宙的萬物、萬象，利用大自然和氣的變化知識、歸納、綜合，而產生的一份統計數據報告，這份的數據就成陰陽五行、八卦、十天干、十二地支等，用此作為表徵各種事物功能性質的一個符號，用自然生態的哲學，而予以錯綜複雜的關係，如同八卦以錯卦、綜卦、互卦的關係解釋，處理人們每天所面對的實事，進而「趨吉避凶」。

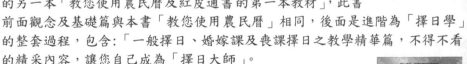

　　　農民曆的內涵博大精深，本書「教您使用農民曆」不僅以淺顯易懂的圖文導讀，還教您怎樣活用農民曆，另外進階的另一本「教您使用農民曆及紅皮通書的第一本教材」，此書前面觀念及基礎篇與本書「教您使用農民曆」相同，後面是進階為「擇日學」的整套過程，包含：「一般擇日、婚嫁課及喪課擇日之教學精華篇，不得不看的精采內容，讓您自己成為「擇日大師」。

「教您使用農民曆及紅皮通書的第一本教材」上冊
安神位、入宅、開市、買車、擇日篇。結婚、嫁娶細批
全章吉課篇　作者：太乙　易林堂出版　精裝：480元

「教您使用農民曆及紅皮通書的第二本教材」中冊
起基、動土、造宅、修造、入殮、地理、安葬吉課篇
　　　　作者：太乙　易林堂出版精裝：450元

八字快、易、通　作者：宏宥　易林堂出版　定價：398元

　　【八字 快、易、通】本書內容運用十天干、
十二地支，透過大自然情性法則，解析五行的屬性、
特質、意義。五行間的生剋變化，構成了萬物和磁
場之間的交互作用，為萬物循環不息的源頭。本書
捨棄傳統八字之格局、用神、喜忌，深入淺出之方式讓初學者很快進入
八字的領域，為初學者最佳工具書。本書內容在兩儀卦象、直斷式八字
與時空卦的運用皆有詳細、精闢之論述。

您可以這樣玩八字　作者：小孔明　易林堂出版　定價：398元

　　您玩過瘋迷全世界的魔術方塊嗎???
解魔術方塊的層先法與推算八字有著異曲同工之妙，
方法是先解決頂層（先定出八字宮位），然後是中間
層（再找出八字十神），最後是底層（以觀查易象之法
來完成解構），這種解法可以在一分鐘內復原一個魔術方塊（所以可以一
眼直斷八字核心靈魂）。命理是以時間為經，空間為緯來交媾而出的立
體人生，若說魔術方塊的解法步數為《上帝的數字》，那八字則是《上
天給的DNA密碼》，一樣的對偶性與雙螺旋性，只要透過大自然生態的
天地法則，熟悉日月與五行季節變化的遊戲規則，就可以輕輕鬆鬆用玩
索有得的童心去解析出自己的人生旅程，準備好透過本書輕鬆學習如何
來用自己的雙手去任意扭轉玩出自己的命運魔術方塊嗎？

心易姓名學　作者　張士凱　易林堂出版　定價：320 元

　　中國文化五千年來，老祖先的智慧「山、醫、命、
相、卜」，而姓名學為相術的應用，也就是觀察字
的意涵和數字五行 「木、火、土、金、水 」的概念，
以及五行的「生、剋、平」所產生的現象，和五行
情性特質。本書探討數字的含意，以及五行「生、剋、平」和五格
本身含意的說明。兩格之間「生、剋、平」的論法，以及如何論斷
的應用說明，讓您見識到心易姓名學的魅力。

千載難逢的自然生態八字命理DVD寶典出爐了
鐵口直斷的切入角度 讓您茅塞頓開
馬上讓您快速進入命理堂奧

八字時空洩天機教學篇 （初、中級） 易林堂出版 定價：3980元

「八字時空洩天機-雷、風集」的基礎理論及中階課程已錄製好現場教學DVD影片，共有10集，每集約1小時30分鐘，此套課程由「十天干、十二地支的基礎，延申，八字排盤、掌訣、大運排法，刑、沖、會、合、害的延申、應用實際案例解析，太乙兩儀卦應用、實戰、分析，讓您掌握快、狠、準的現況分析」；全套10集共約15小時（價格低於市價，市價平均每小時六佰元），原價六千六百元，優惠「雷、風集」的讀者三千九百八十元，再附送彩色萬年曆及講義一本，是學習此套學術最有經濟價值、最好最划算的一套現場教學錄製DVD，內容活潑生動，原汁原味，可反覆播放研究，讓您快速學習到此套精華的學術。看過此DVD保證讓您八字功力大增十年。

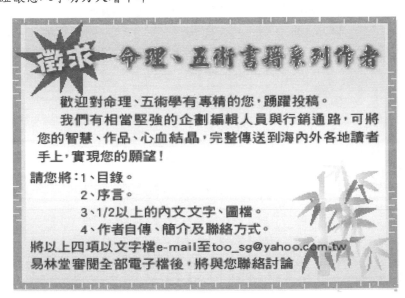

十二長生訣

	甲	乙	丙	丁	戊	己	庚	辛	壬	癸
十二長生排列表										
長生+3	亥	午	寅	酉	寅	酉	巳	子	申	卯
沐浴+4	子	巳	卯	申	卯	申	午	亥	酉	寅
冠帶+5	丑	辰	辰	未	辰	未	未	戌	戌	丑
臨官+6	寅	卯	巳	午	巳	午	申	酉	亥	子
帝旺5	卯	寅	午	巳	午	巳	酉	申	子	亥
衰4	辰	丑	未	辰	未	辰	戌	未	丑	戌
病3	巳	子	申	卯	申	卯	亥	午	寅	酉
死2	午	亥	酉	寅	酉	寅	子	巳	卯	申
墓1	未	戌	戌	丑	戌	丑	丑	辰	辰	未
絕0	申	酉	亥	子	亥	子	寅	卯	巳	午
胎+1	酉	申	子	亥	子	亥	卯	寅	午	巳
養+2	戌	未	丑	戌	丑	戌	辰	丑	未	辰